Lecture Notes in Mathematics

Edited by A. Dold and B. Eckmann

946

Nicolas Spaltenstein

Classes Unipotentes et Sous-groupes de Borel

Springer-Verlag
Berlin Heidelberg New York 1982

Auteur
N. Spaltenstein
Forschungsinstitut für Mathematik, ETH-Zentrum
8092 Zürich, Switzerland

AMS Subject Classifications (1980): 14 L XX, 20-02, 20 G XX

ISBN 3-540-11585-4 Springer-Verlag Berlin Heidelberg New York
ISBN 0-387-11585-4 Springer-Verlag New York Heidelberg Berlin

Printing and binding: Beltz Offsetdruck, Hemsbach/Bergstr.
2146/3140-543210

A ma mère

Introduction

L'objet principal de ces notes est l'étude de la variété $\mathcal{B}_x^G$ des points fixes d'un élément x d'un groupe algébrique affine G sur la variété $\mathcal{B}^G$ des sous-groupes de Borel de G , en particulier dans le cas où x est unipotent et G réductif.

Cette variété a été l'objet de divers travaux. Mentionnons en particulier ceux de Steinberg [42], [43], Vargas [45] et Cross (thèse, Durham), dont les méthodes sont semblables à celles utilisées ici. Presque tous se bornent à considérer le cas où G est connexe; en fait ces techniques s'adaptent souvent au cas où G n'est pas connexe, pour autant qu'on utilise les bonnes formulations, et on a essayé de travailler dans cette situation. En particulier, les groupes réductifs ne sont pas supposés forcément connexes. Comme groupes réductifs non connexes apparaissant naturellement, on trouve O_{2n} (où intervient la symétrie d'ordre 2 du graphe D_n) et le groupe des colinéations et corrélations d'un espace projectif (où intervient la symétrie d'ordre 2 du graphe A_n) . D'autres groupes proviennent de la symétrie d'ordre 3 du graphe D_4 et de la symétrie d'ordre 2 du graphe E_6 . On a ainsi deux familles et deux cas exceptionnels. Quand la caractéristique du corps de base est égale à l'ordre de la symétrie, on obtient de nouvelles classes unipotentes. Avec ces classes unipotentes et celles des groupes simples connexes, on a essentiellement toutes les classes unipotentes des groupes réductifs (en supposant résolus certains problèmes concernant le groupe fini G/G^o) .

Une première partie - "Notations et rappels" - a pour but de fixer les notations et de formuler certaines définitions et quelques résultats sous une forme appropriée à l'usage qui en est fait. En particulier, le groupe de Weyl est défini comme étant l'ensemble des G^o-orbites dans $\mathcal{B}^G \times \mathcal{B}^G$ muni de la structure du groupe convenable (voir par exemple [19]).

Le chapitre I est consacré à l'étude des classes unipotentes des groupes réductifs. Au paragraphe 1 on montre en particulier comment se ramener aux cas cités plus haut. Le paragraphe 2 est consacré à un exposé des résultats concernant la classification des éléments unipotents, en particulier pour les groupes classiques. Au paragraphe 3 on traite le cas de la symétrie d'ordre 3 du graphe D_4 par des calculs explicites utilisant les formules de commutation. La même méthode pourrait être utilisée pour la symétrie d'ordre 2 du graphe E_6 . Les calculs seraient cependant beaucoup plus longs et sensiblement plus longs que ceux faits en (II.10.14). On se contente de montrer au paragraphe 4 qu'il n'y a qu'un nombre fini de classes unipotentes provenant de cette symétrie du graphe E_6 . La démonstration est due à G. Lusztig. C'est une adaptation de la démonstration pour les groupes réductifs connexes de la finitude du nombre de classes unipotentes. On en déduit que le même résultat est vrai pour les groupes réductifs non connexes. Ce paragraphe fait appel à des techniques et des résultats qui dépassent de loin ce qui est utilisé dans le reste de l'ouvrage.

La finitude du nombre de classes unipotentes se révèle extrêmement utile par la suite. Les lecteurs que cette démonstration rebuterait peuvent, soit accepter ce résultat, soit rajouter aux endroits appropriés une hypothèse de finitude et se contenter de savoir qu'elle est vraie dans certains cas importants (groupes classiques d'après les travaux de Wall [46], groupes réductifs connexes en bonne caractéristique d'après Richardson [25], etc.).

Le chapitre II est consacré à l'étude de $\mathcal{B}_x^G$ et à quelques applications. La plupart du temps, on considère une composante unipotente fixe uG^o de G. Les résultats les plus complets sont obtenus pour les groupes classiques et, surtout, pour GL_n. Au paragraphe 9 on étudie certaines relations d'équivalence sur les groupes de Weyl. Ces relations d'équivalence s'apparentent à celle qui intervient dans l'étude du spectre primitif des algèbres enveloppantes des algèbres de Lie semi-simples complexes. On a en fait la même relation pour le type A_n, mais pour B_n ces relations d'équivalence ne sont pas comparables.

Au chapitre III on suppose, pour simplifier, que G est un groupe réductif connexe. L'ensemble X des classes unipotentes de G possède un ordre naturel. Lorsque $G = GL_n$, X possède aussi une involution décroissante. On regarde dans quelle mesure un résultat similaire existe dans le cas général. On étudie aussi la dépendance de X par rapport à la caractéristique, et on met en correspondance les éléments de X avec certaines classes unipotentes de certains sous-groupes d'un groupe dual G^* de G. Tout le chapitre est basé sur l'utilisation systématique de la structure d'ordre de X. Malheureusement, les résultats sont obtenus par des considérations cas par cas et en utilisant la classification des éléments unipotents. Les résultats de ce chapitre peuvent donc plutôt être vus comme une partie de ce que devrait recouvrir une théorie générale des classes unipotentes.

Deux aspects de l'étude des classes unipotentes ont été laissés de côté. Le premier est la théorie de Springer [37] qui met en relation les classes unipotentes de G et les représentations complexes irréductibles du groupe de Weyl de G. Certaines opérations sur les classes unipotentes se traduisent facilement en termes de représentations (voir, par exemple, [22]), ce qui aurait pu permettre de simplifier certains énoncés du chapitre III, mais ce n'est pas toujours le cas, surtout pour les opérations qui dépendent de la caractéristique du corps de base. De plus, la théorie de Springer a pour l'instant certaines limitations en mauvaise caractéristique.

L'autre aspect est l'étude des nappes dans G, c'est-à-dire des sous-variétés irréductibles de G formées de classes d'une même dimension, et maximales pour cette propriété. Cet aspect est lié à l'induction pour les classes unipotentes.

Beaucoup des résultats obtenus s'appliquent aussi aux éléments nilpotents des algèbres de Lie des groupes réductifs. La difficulté principale provient, dans ce cas, du fait qu'on ne dispose pas actuellement d'un théorème de finitude pour le nombre d'orbites nilpotentes sans hypothèse sur la caractéristique.

Certains résultats bien connus sont redémontrés dans ce travail. On en a profité pour adopter les énoncés qui conviennent le mieux à l'usage qu'on veut en faire et pour expliciter certains résultats annexes. C'est le cas, par exemple, pour les résultats du paragraphe 1 du chapitre II concernant les centralisateurs d'éléments quasi-semi-simples des groupes réductifs. Cela permet aussi de limiter le nombre de références. En plus de la théorie classique des groupes algébriques affines sur un corps algébriquement clos telle qu'elle est exposée dans les livres de Borel [2] et Humphreys [16], les principaux résultats supposés connus sont ainsi ceux ayant trait à la finitude du nombre de classes unipotentes et à la détermination de ces dernières, et le résultat de Steinberg selon lequel $\mathcal{B}_x^G$ n'est jamais vide [41].

Durant la réalisation de ce travail j'ai beaucoup bénéficié de l'aide directe ou indirecte de nombreux mathématiciens. Parmi eux je tiens à remercier tout particulièrement George Lusztig qui m'a parlé le premier de ces problèmes et qui m'a stimulé et guidé, et aussi R.W. Carter, R.W. Richardson, T.A. Springer et J. Tits. Ce travail a été commencé à l'Université de Warwick, poursuivi à l'IHES, à l'Ecole Polytechnique Fédérale de Lausanne et à l'Université de Lausanne; j'ai bénéficié à divers moments du soutien matériel du Fonds national suisse de la recherche scientifique et de la Royal Society. Je désire enfin exprimer ma gratitude à Madame Suzanne Assal qui s'est chargée de la frappe du manuscript.

Lausanne, août 1980

TABLE DES MATIERES

Notations et rappels.

0.1. Toutes les variétés algébriques considérées ici sont définies sur un corps algébriquement clos k . On note en général p la caractéristique de k .

0.2. On ne considère que des groupes algébriques linéaires.

0.3. Si G est un groupe algébrique, on note $\mathcal{B}^G$ la variété des sous-groupes de Borel de G . Le groupe G agit par conjugaison sur $\mathcal{B}^G$. Nous étudions ici la variété $\mathcal{B}^G_x = \{B' \in \mathcal{B}^G \mid {}^xB' = B'\}$, où $x \in G$. Cette variété n'est jamais vide [41,p.49] et $C_G(x)$ agit sur $\mathcal{B}^G_x$. On note $S^G(x)$, ou $S(x)$ quand aucune confusion n'est à craindre, l'ensemble des composantes irréductibles de $\mathcal{B}^G_x$. On écrit aussi $(X_\sigma)_{\sigma \in S(x)}$ pour ces composantes. Le groupe $A(x) = C_G(x)/C_G(x)^0$ agit sur $S(x)$. Soit aussi $A_0(x) = C_{G^0}(x)/C_G(x)^0 \subset A(x)$.

Si G' est un sous-groupe fermé de G normalisé par x , on définit de même $\mathcal{B}^{G'}_x$.

Dans ce qui suit, G est toujours un groupe algébrique.

0.4. Si H est un sous-groupe de G et $x \in G$, on note $c\ell_H(x) = \{hxh^{-1} \mid h \in H\}$ la H-classe de conjugaison de x . Si X est une sous-variété de G , on note $\mathcal{U}(X)$ la variété des éléments unipotents de G contenus dans X . Si X est H-stable, on note $\mathcal{C}\ell_H(X)$ l'ensemble des H-classes de conjugaison d'éléments de X et on écrit $\mathcal{C}\mathcal{U}_H(X)$ pour $\mathcal{C}\ell_H(\mathcal{U}(X))$. Quand aucune confusion n'est à craindre on écrit aussi $c\ell(x)$ pour $c\ell_G(x)$, $c\ell^0(x)$ pour $c\ell_{G^0}(x)$, $\mathcal{C}\ell(X)$ pour $\mathcal{C}\ell_G(X)$, $\mathcal{C}\ell^0(X)$ pour $\mathcal{C}\ell_{G^0}(X)$, $\mathcal{C}\mathcal{U}(X)$ pour $\mathcal{C}\mathcal{U}_G(X)$ et $\mathcal{C}\mathcal{U}^0(X)$ pour $\mathcal{C}\mathcal{U}_{G^0}(X)$.

0.5. On note R_G le radical de G et U_G le radical unipotent de G.

0.6. Dans ce travail, u est un élément unipotent d'un groupe algébrique. En particulier, si $s \in G$ et si $x=su$ est la décomposition de Jordan de x, alors u est la partie unipotente de x et s la partie semi-simple.

0.7. On choisit une fois pour toutes un sous-groupe de Borel B de G et un tore maximal T de B. On écrit U pour U_B et N pour $N_G(B)$, sauf mention expresse du contraire. On note B^- l'unique sous-groupe de Borel de G tel que $B \cap B^- = TU_G$, et on pose $U^- = U_{B^-}$.

0.8. Si X est un ensemble, on note $|X|$ le cardinal de X, et si H est un groupe qui agit sur X on note X/H l'ensemble des orbites pour cette action.

0.9. On note W_G, ou W si aucune confusion n'est possible, le groupe de Weyl de G. On le définit de la manière suivante. Comme ensemble, $W = (\mathcal{B}^G \times \mathcal{B}^G)/G^o$, où l'on considère l'action diagonale. On écrira souvent w pour une telle orbite considérée comme un élément du groupe fini W, et $O(w)$ pour la même orbite considérée comme variété. Si $w \in W$, la longueur de w est $\ell(w) = \dim O(w) - \dim \mathcal{B}^G$.

Soit $\Pi = \{w \in W \mid \ell(w)=1\}$. La loi de composition dans W est définie par :

a) $s^2 = 1$ si $s \in \Pi$

b) si $w, w', w'' \in W$ et $O(w) = O(w'') \bullet O(w')$, alors $w=w'w''$ (par définition, $O(w'') \bullet O(w') = \{(B_o, B_2) \in \mathcal{B}^G \times \mathcal{B}^G \mid$ il existe $B_1 \in \mathcal{B}^G$ tel que $(B_o, B_1) \in O(w')$ et $(B_1, B_2) \in O(w'')\}$).

Cela fait de (W, Π) un système de Coxeter. Si $O(w'') \bullet O(w') = O(w)$, alors $\ell(w) = \ell(w') + \ell(w'')$. Pour tout $w \in W$, $\ell(w) = \min\{j \in \mathbb{N} \mid \exists\ s_1,\dots,s_j \in \Pi$ tels que $w = s_1\dots s_j\}$.

Si $I \subset \Pi$, on note W_I le sous-groupe de W engendré par I .

Il existe dans W un unique élément de longueur maximale. On le note w_G .

0.10. L'action diagonale de G sur $\mathcal{B}^G \times \mathcal{B}^G$ induit une action $(g,w) \mapsto g\cdot w$ de G (ou G/G^o) sur W , et Π est stable pour cette action. Si $w \in W$, on note $\bar{w}$ l'orbite de w et $\bar{W} = \{\bar{w} \mid w \in W\}$. Pour tout $x \in G$, $w \mapsto x\cdot w$ est un automorphisme de W .

0.11. Nous considérons maintenant l'action de u sur W (c'est-à-dire l'action du groupe cyclique engendré par u). On note $o(s)$ l'orbite de $s \in \Pi$ pour cette action. Soit s^* l'unique élément de longueur maximale dans $W_{o(s)}$. Le groupe $W^u = \{w \in W \mid u\cdot w = w\}$ est engendré par $\Pi_u = \{s^* \mid s \in \Pi\}$, et (W^u, Π_u) est un système de Coxeter. Si $w \in W^u$, soit $\ell_u(w) = \min\{j \in \mathbb{N} \mid$ il existe $s_1,\dots,s_j \in \Pi$ tels que $w = s_1^*\dots s_j^*\}$. Si $w = s_1^*\dots s_j^*$, alors $\ell_u(w) = j$ si et seulement si $\ell(w) = \ell(s_1^*)+\dots+\ell(s_j^*)$.

Si $u \in G^o$, alors $W^u = W$ et $\ell_u(w) = \ell(w)$ pour tout $w \in W$.

0.12. Si $w, w' \in W$ et $\ell(ww') = \ell(w)+\ell(w')$, alors $O(ww')$ est le produit fibré de $O(w)$ et $O(w')$ pour les morphismes $pr_2 : O(w) \to \mathcal{B}^G$ et $pr_1 : O(w') \to \mathcal{B}^G$. En particulier, si $(B_o, B_2) \in O(ww')$, il existe un unique $B_1 \in \mathcal{B}^G$ tel que $(B_o, B_1) \in O(w)$ et $(B_1, B_2) \in O(w')$. Cela définit un morphisme surjectif $O(ww') \to \mathcal{B}^G$, $(B_o, B_2) \mapsto B_1$. Si $w = s_1^*\dots s_j^*$ et $\ell_u(w) = j$ $(s_1,\dots,s_j \in \Pi)$, alors pour tout couple $(B_o, B_j) \in O(w)$ il existe une famille $(B_i)_{1\leq i\leq j-1}$ d'éléments de $\mathcal{B}^G$ telle que $(B_{i-1}, B_i) \in O(s_i^*)$ pour $1 \leq i \leq j$, et cette famille est unique.

0.13. Soit X une sous-variété irréductible de $\mathcal{B}^G \times \mathcal{B}^G$. On lui associe l'unique élément $w = \varphi^G(X)$ de W tel que $\overline{X \cap O(w)} = \overline{X}$. Si $x \in G$ et $\sigma, \tau \in S(x)$, on pose $\varphi^G(\sigma,\tau) = \varphi^G(X_\sigma \times X_\tau)$. On obtient ainsi une application φ^G de $S(x) \times S(x)$ dans W. On écrit aussi φ au lieu de φ^G si aucune confusion n'est possible. On note $\overline{\varphi}(\sigma,\tau)$ l'orbite de $\varphi(\sigma,\tau)$ pour l'action de G/G^0 sur W, et $\overline{\varphi}$ l'application correspondante $S(x) \times S(x) \to \overline{W}$.

0.14. Supposons que G soit réductif. Alors W peut être identifié à $N_{G^0}(T)/T$. Si $n \in N_{G^0}(T)$, nT correspond à la G^0-orbite de $(B, {}^nB)$ dans $\mathcal{B}^G \times \mathcal{B}^G$, et on écrit ${}^wB$ pour ${}^nB$ si cette orbite est $O(w)$. De cette manière W correspond à un sous-groupe normal de $N_G(T)/T$ et l'action de G/G^0 sur W correspond à l'action par conjugaison de $N_N(T)$ sur $N_{G^0}(T)/T$.

On note $\Delta_0(G)$ le graphe de Dynkin de G^0 et on prend les éléments de Π comme sommets de $\Delta_0(G)$. Le groupe G/G^0 agit sur $\Delta_0(G)$. On note $\Delta(G)$ le triple $(\Delta_0(G), G/G^0, \gamma_G)$ constitué de $\Delta_0(G)$, du groupe fini G/G^0 et de l'homomorphisme naturel $\gamma_G : G/G^0 \to \Gamma(G)$, où $\Gamma(G)$ est le groupe des automorphismes de $\Delta_0(G)$.

Soit Φ_G le système de racines de G^0 (par rapport à T) et soit X_λ le sous-groupe unipotent de dimension 1 correspondant à $\lambda \in \Phi_G$. Pour tout $\lambda \in \Phi_G$ on choisit un isomorphisme $x_\lambda : \mathbb{G}_a \to X_\lambda$, où $\mathbb{G}_a$ est le groupe additif de k considéré comme groupe algébrique. On note Φ_G^+ l'ensemble des racines positives (par rapport à B) et Π' la base correspondante.

On peut aussi considérer W comme un groupe d'automorphisme de Φ_G. De manière plus générale, $N_G(T)/T$ agit sur Φ_G, et $N_N(T)/T$ agit sur Π'. A tout $\lambda \in \Phi_G$ correspond une réflection s_λ que nous considérons comme un élément de W . Alors $\alpha \mapsto s_\alpha$ donne une bijection $\Pi' \to \Pi$, et on pose $o(\alpha) = \{\beta \in \Pi' | s_\beta \in o(s_\alpha)\}$. On dit que $-1 \in W$ si l'automorphisme $\lambda \mapsto -\lambda$ de Φ_G peut être réalisé par un élément de W .

Soit H un sous-groupe connexe distingué de G^o . Il existe alors un sous-groupe connexe distingué K de G^o tel que G^o soit le produit presque direct de H et K , et $\mathcal{B}^G \cong \mathcal{B}^H \times \mathcal{B}^K$. Cela permet d'identifier W_H à un sous-groupe normal de W . Si $H \supset T$, l'identification de W_H et $N_H(T)/T$ est compatible avec les inclusions $W_H \subset W$ et $N_H(T)/T \subset N_{G^o}(T)/T$.

Si $\Pi' = \{\alpha_1,\dots,\alpha_N\}$ (avec $N = |\Pi'|$) , on dit que la caractéristique p est bonne si $p = 0$ ou si $p \notin \{n_{\lambda,i} | \lambda \in \Phi_G\ ,\ 1 \leq i \leq N\}$, où les entiers $n_{\lambda,i}$ sont définis par la formule $\lambda = \sum_{1 \leq i \leq N} n_{\lambda,i}\alpha_i$, et la hauteur de λ est $h(\lambda) = \sum_{1 \leq i \leq n} n_{\lambda,i}$. On dit que la caractéristique p est assez grande si $p \geq 4h(\lambda)+3$ pour tout $\lambda \in \Phi_G$.

Quand il n'y a pas de risque de confusion, on écrit aussi Φ au lieu de Φ_G , et Φ^+ au lieu de Φ_G^+ .

0.15. Supposons que G soit réductif et soit $x \in N_N(T)$. On a alors une action de x sur Φ . Soit $\Phi/\langle x\rangle$ l'ensemble des orbites pour cette action. Alors $W^x = \{w \in W | x.w = w\}$ agit sur $\Phi/\langle x\rangle$.

Il existe un système de racines Φ_x et une surjection $\pi_x : \Phi \to \Phi_x$ qui ont les propriétés suivantes :

a) les fibres de π_x sont les x-orbites dans Φ ;

b) $\pi_x(\Pi')$ est une base de Φ_x ;

c) si λ, μ et $\lambda + \mu$ sont des éléments de Φ , alors $\pi_x(\lambda) + \pi_x(\mu) = \pi_x(\lambda+\mu)$ et $\pi_x(-\lambda) = -\pi_x(\lambda)$;

d) π_x induit un isomorphisme de W^x sur le groupe de Weyl W_x de Φ_x. De plus, si $\alpha \in \Pi'$, soit s_α^* l'élément de longueur maximale dans le sous-groupe de W engendré par la x-orbite de s_α et soit $s_{\pi_x(\alpha)} \in W_x$ la réflection correspondant à la racine $\pi_x(\alpha) \in \Phi_x$. Alors s_α^* et $s_{\pi_x(\alpha)}$ se correspondent par π_x.

0.16. Si $P, Q, \ldots$ sont des sous-groupes paraboliques de G, on note $\mathcal{P}, \mathcal{Q}, \ldots$ les classes de conjugaison de $P, Q, \ldots$ respectivement, et $\mathcal{P}^o, \mathcal{Q}^o, \ldots$ les G^o-classes de conjugaison de $P, Q, \ldots$ respectivement. La G^o-classe de conjugaison $\mathcal{P}^o$ contient un unique sous-groupe qui contient B. L'inclusion $\mathcal{B}^P \times \mathcal{B}^P \subset \mathcal{B}^G \times \mathcal{B}^G$ induit un homomorphisme $W_P \to W$ qui est injectif et qui permet de considérer W_P comme un sous-groupe de W. On associe à P le sous-ensemble $W_P \cap \Pi$ de Π. Cela donne une bijection de l'ensemble des sous-groupes paraboliques de G^o contenant B sur l'ensemble des parties de Π. Si $W_P \cap \Pi = I$, alors $W_P = W_I$. Si $J \subset \Pi$, on note $\mathcal{P}_J$ (resp. $\mathcal{P}_J^o$) la classe (resp. la G^o-classe) de conjugaison du normalisateur d'un sous-groupe parabolique de G^o correspondant à J.

Supposons que G soit réductif. Si $P \supset B$ est un sous-groupe parabolique de G, on associe aussi à P le sous-ensemble $\{\alpha \in \Pi' \mid X_{-\alpha} \subset P\}$ de Π'. Soit aussi L l'unique sous-groupe de Levi de P^o contenant T. Alors $N_L(T)/T = N_{P^o}(T)/T \subset N_{G^o}(T)/T$. On obtient ainsi, à identification près, le sous-ensemble $W_P \cap \Pi$ de Π et l'inclusion $W_P \subset W$.

Supposons toujours G réductif et soit P un sous-groupe parabolique quelconque de G. Soit M un sous-groupe de Levi de P^o et soit $L = N_P(M)$. Alors $L^o = M = L \cap P^o$, L rencontre toutes les composantes de P et P est le produit semi-direct de L par U_P. On dit qu'un tel sous-groupe est un sous-groupe de Levi de P.

0.17. Soit $f : X \to Y$ un morphisme surjectif de variétés algébriques. Alors : a) si toutes les fibres de f sont irréductibles et ont la même dimension et si f est un morphisme ouvert ou fermé, alors l'image réciproque par f de toute sous-variété irréductible de Y est irréductible.

b) Supposons que G agisse sur X et Y, transitivement sur Y, et que f soit G-équivariant. Alors si toutes les composantes irréductibles de X ont la même dimension et si Y' est une sous-variété de Y dont toutes les composantes irréductibles ont la même dimension, toutes les composantes irréductibles de $f^{-1}(Y')$ ont la même dimension.

* * *

CHAPITRE I

CLASSES UNIPOTENTES

1. Résultats généraux sur les classes unipotentes.

1.1. On note $rg(G)$ le rang de G, c'est-à-dire la dimension d'un tore maximal de G. Pour tout $x \in G$, définissons $rg_x(G) = \max\{rg(C_G(g)) \mid g \in xG^o\}$. On a $rg_x(G) = rg_y(G)$ si $y \in xG^o$, et $rg_x(G) = rg(G)$ si $x \in G^o$.

On dit qu'un élément de G est quasi-semi-simple s'il normalise un sous-groupe de Borel de G et un tore maximal de ce sous-groupe. Si $g \in G$ normalise B, alors T et ${}^gT$ sont des tores maximaux de B, et il existe donc $b \in B$ tel que ${}^{bg}T = T$. Ainsi $bg \in gB$ est quasi-semi-simple. En particulier, si $B' \in \mathcal{B}^G$, toute composante de $N_G(B')$ contient des éléments quasi-semi-simples dans G. Comme $C_B(T) = N_B(T)$, on a $C_T(x) = C_T(y)$ si x et $y \in xG^o$ normalisent B et T.

1.2. LEMME. Supposons que $x \in G$ normalise B et T, et soit $y \in xG^o$.

Alors :

a) $\dim C_T(x) \geq rg(C_G(y))$.

b) $C_T(x)$ est un tore maximal de $C_G(x)$.

c) $rg_y(G)$ <u>est le rang commun des centralisateurs des éléments quasi-semi-simples contenus dans</u> yG^o .

d) $rg_y(G) = rg_{yU_G}(G/U_G)$.

e) <u>Si</u> $B' \in \mathcal{B}_y^G$ <u>et</u> $N' = N_G(B')$, <u>alors</u> $rg_y(G) = rg_y(N') = \dim C_{N'/U_{B'}}(yU_{B'})$.

Soit S un tore maximal de $C_G(y)$ et soit $B' \supset S$ un point fixe de S sur $\mathcal{B}_y^G$. Soit $T' \supset S$ un tore maximal de B' et soit $x' \in yB'$ un élément tel que ${}^{x'}T' = T'$. Comme les actions de y et x' sur $B'/U_{B'} \cong T'$ coïncident, $S \subset C_{T'}(x')$. Comme $\dim C_{T'}(x') = \dim C_T(x)$, on a $\dim S \leq \dim C_T(x)$. Cela démontre (a) . Les autres assertions découlent de (a) .

1.3. <u>Remarque</u> : nous montrerons plus loin que si $x = su$ est la décomposition de Jordan d'un élément quelconque $x \in G$, alors $rg_x(G) = rg_u(C_G(s))$ (II.1.14).

1.4. LEMME. <u>Soit</u> Z <u>un sous-groupe fermé distingué de</u> G <u>contenu dans un tore maximal et soient</u> $u \in G$ <u>et</u> $z \in Z$ <u>des éléments tels que</u> u <u>et</u> uz <u>soient unipotents. Alors</u> u <u>et</u> uz <u>sont conjugués sous l'action de</u> Z .

Remarquons que Z est central dans G^o . Soit q l'ordre de uG^o dans G/G^o . C'est une puissance de p . Nous aurons besoin des endomorphismes suivants de Z , $f : x \mapsto u x u^{-1}$, $\Phi : x \mapsto \prod_{0 \leq i \leq q-1} f^i(x)$, $\Psi : x \mapsto x f(x)^{-1}$. Comme $u^q \in G^o$, f^q est l'identité et par conséquent $\Phi \circ f = f \circ \Phi = \Phi$, $\Phi^2(x) = \Phi(x)^q$ et $\Phi \circ \Psi(x) = (\Phi \circ \Psi)(x) = 1$ pour tout $x \in Z$.

Comme les éléments de Z sont semi-simples, $x \mapsto x^q$ est un endomorphisme bijectif de Z . De $\Phi^2(x) = \Phi(x)^q$, on déduit donc que $\mathrm{Ker}\ \Phi \cap \mathrm{Im}\ \Phi = \{1\}$, ce qui implique que l'homomorphisme canonique $\mathrm{Ker}\ \Phi \times \mathrm{Im}\ \Phi \to Z$ est bijectif.

De $(\Phi\circ\Psi)(x) = (\Psi\circ\Phi)(x) = 1$, on déduit que $\mathrm{Im}\,\Psi \subset \mathrm{Ker}\,\Phi$ et $\mathrm{Im}\,\Phi \subset \mathrm{Ker}\,\Psi$. Mais tout $x \in Z$ est de la forme $x = y^q$ pour un unique $y \in Z$. Par conséquent, si $\Psi(x) = 1$, on a aussi $\Psi(y)^q = 1$, donc $\Psi(y) = 1$, c'est-à-dire $f(y) = y$, et alors $\Phi(y) = \prod_{0 \leq i \leq q-1} f^i(y) = y^q = x$. On a donc $\mathrm{Ker}\,\Psi = \mathrm{Im}\,\Phi$. Mais $\mathrm{Ker}\,\Psi \cap \mathrm{Im}\,\Psi \subset \mathrm{Im}\,\Phi \cap \mathrm{Ker}\,\Phi = \{1\}$. Cela montre que l'homomorphisme canonique $\mathrm{Ker}\,\Psi \times \mathrm{Im}\,\Phi \to Z$ est aussi bijectif. On en déduit que $\mathrm{Im}\,\Psi = \mathrm{Ker}\,\Phi$.

Nous pouvons maintenant démontrer le lemme.

Les éléments u^q et $(uz)^q$ de G^o sont unipotents. Mais $(uz)^q = (uzu^{-1})(u^2zu^{-2})\ldots(u^qzu^{-q})u^q = \Phi(z)u^q$. Comme $\Phi(z)$ est semi-simple et central dans G^o, u^q et $(uz)^q$ ne peuvent être tous deux unipotents que si $\Phi(z) = 1$, c'est-à-dire s'il existe $x \in Z$ tel que $\Psi(x) = z$. On a alors $f(x)uf(x)^{-1} = uxf(x)^{-1} = uz$.

1.5. COROLLAIRE. a) <u>L'homomorphisme canonique</u> $G \to G/Z$ <u>induit une bijection</u> $\mathcal{CU}(G) \to \mathcal{CU}(G/Z)$.

b) <u>L'homomorphisme canonique</u> $C_G(u) \to C_{G/Z}(uZ)$ <u>est surjectif.</u>

a) Vu (1.4), il suffit de constater que le morphisme $\mathcal{U}(G) \to \mathcal{U}(G/Z)$ est surjectif, ce qui est vrai puisque si $xZ \in \mathcal{U}(G/Z)$ et si u est la partie unipotente de x , alors $uZ = xZ$.

b) Si $gZ \in C_{G/Z}(uZ)$, on a $g^{-1}ug \in uZ$. Comme u et $g^{-1}ug$ sont unipotents, il existe $z \in Z$ tel que $zuz^{-1} = g^{-1}ug$. Alors $gz \in C_G(u)$ et $gzZ = gZ$.

1.6. COROLLAIRE. <u>Soit</u> uG^o <u>une composante unipotente de</u> G . <u>Alors</u> $\mathcal{U}(uG^o)$ <u>est une sous-variété fermée irréductible de</u> G <u>et</u> $\operatorname{codim}_G \mathcal{U}(uG^o) = rg_u(G)$.

Il est clair que $\mathcal{U}(uG^o)$ est une sous-variété fermée de G . Il faut montrer qu'elle est irréductible et que $\operatorname{codim}_G \mathcal{U}(uG^o) = rg_u(G)$. Si G^o est un tore, il suffit d'utiliser (1.4) avec $Z = G^o$: on a $\mathcal{U}(uG^o) = c\ell^o(u)$ et $\operatorname{codim}_G \mathcal{U}(uG^o) = \dim C_G(u) = rg_u(G)$. Comme un élément de G est unipotent si et seulement si son image dans G/U_G l'est, (1.2.d) et (0.17) montrent que le corollaire est vrai aussi dans le cas où G^o est résoluble.

Dans le cas général, on peut supposer que $B \in \mathcal{B}_u^G$. Alors $\mathcal{U}(uG^o)$ est l'image de $f : (\mathcal{U}(uB) \times G^o) \to \mathcal{U}(uG^o)$, $(v,g) \mapsto gvg^{-1}$, et donc $\mathcal{U}(uG^o)$ est irréductible. De plus $\dim(\mathcal{U}(uB) \times G^o) = \dim G^o + \dim B - rg_u(G)$ puisque le corollaire est vrai pour $N = N_G(B)$ et $rg_u(G) = rg_u(N)$. Toutes les fibres de f ont une dimension $\geq \dim B$, et il suffit de prouver qu'il existe un élément unipotent $v \in uG^o$ tel que $\mathcal{B}_v^G$ soit un ensemble fini. Nous montrerons plus tard qu'un tel élément existe (II.1.8). L'assertion concernant la dimension de $\mathcal{U}(uG^o)$ dans le cas général ne sera pas utilisée d'ici là.

1.7. Soit H un groupe réductif tel que H^o soit adjoint et tel que $\gamma_H : H/H^o \to \Gamma(H)$ soit un isomorphisme. On peut considérer H comme le groupe $\operatorname{Aut}(H^o)$ des automorphismes de H^o . Ecrivons Δ,Γ pour $\Delta_o(H)$, $\Gamma(H)$ respectivement, et identifions H/H^o et Γ au moyen de γ_H . Si F est un groupe fini et $\gamma: F \to \Gamma$ est un homomorphisme, le produit fibré $K = F \times_\Gamma H = \{(f,h) \mid \gamma(f) = \gamma_H(hH^o)\}$ est un sous-groupe fermé de $F \times H$ qui contient H^o . C'est donc un groupe réductif et par construction K/K^o s'identifie à F et γ_K à γ . On a donc $\Delta(K) = (\Delta, F, \gamma)$.

Supposons maintenant que G soit un groupe réductif. Prenons pour H le groupe des automorphismes du groupe adjoint de G^o. Appliquons la construction précédente avec $F = G/G^o$ et $\gamma = \gamma_G$ (on identifie ici $\Delta_o(G)$ et $\Delta_o(H)$). Notons G^* le produit fibré $F \times_\Gamma H$. Remarquons que G^* ne dépend, à isomorphisme près, que de $\Delta(G)$ et qu'on a un homomorphisme naturel $f_G : G \to G^*$ qui permet d'identifier $\Delta(G)$ et $\Delta(G^*)$.

On dira que G^* est le <u>groupe adjoint</u> de G et que G est adjoint si f_G est un isomorphisme.

1.8. THEOREME. <u>Si</u> G <u>est un groupe réductif, les classes unipotentes de</u> G <u>ne dépendent que de</u> $\Delta(G)$. <u>De manière plus précise, si</u> G^* <u>et</u> $f_G : G \to G^*$ <u>sont comme ci-dessus, alors</u> f_G <u>induit une bijection naturelle</u> $\mathcal{CU}(G) \to \mathcal{CU}(G^*)$.

Soit Z le centre de G^o. A la factorisation $G \to G/Z \to G^*$ de f_G correspond une factorisation $\mathcal{CU}(G) \to \mathcal{CU}(G/Z) \to \mathcal{CU}(G^*)$. Il suffit donc d'utiliser (1.5) et le fait que $G/Z \to G^*$ est bijectif.

1.9. <u>Remarque</u> : l'homomorphisme $f_G : G \to G^*$ induit aussi une bijection naturelle (G/G^o)-équivariante $\mathcal{CU}^o(G) \to \mathcal{CU}^o(G^*)$, si G est réductif. C'est cette formulation que nous utiliserons par la suite.

1.10. Si G est réductif, on peut procéder comme suit pour déterminer les classes unipotentes de G. On commence par chercher les classes unipotentes dans G/G^o et le centralisateur d'un élément de chacune de ces classes. On supposera que ceci a déjà été fait. Si uG^o est une composante unipotente et si $H \supset G^o$ est le sous-groupe de G tel que $H/G^o = C_{G/G^o}(uG^o)$, les classes unipotentes de G qui rencontrent uG^o correspondent bijectivement aux classes unipotentes de H contenues dans uG^o. On se ramène ainsi au cas où uG^o est dans le centre de G/G^o.

1.11. Supposons que G soit semi-simple et adjoint et que uG^o soit une composante unipotente de G centrale dans G/G^o. Soit $H \supset uG^o$ un sous-groupe distingué de G et soient $G_1,\dots,G_r$ les sous-groupes connexes distingués minimaux de H. L'action par conjugaison de H sur chacun des G_i donne une famille d'homomorphismes $H/G^o \to \Gamma(G_i)$, et l'on obtient comme en (1.7) une famille de produits fibrés $G_i^* = (H/G^o) \times_{\Gamma(G_i)} \mathrm{Aut}(G_i)$, et nous avons un homomorphisme naturel $f : H \to \prod_{1\leq i\leq r} G_i^*$ qui donne un isomorphisme de H sur son image. Soit $(u_1,\dots,u_r) = f(u)$. Alors f induit une bijection naturelle $\mathcal{CU}^o(uG^o) \to \prod_{1\leq i\leq r} \mathcal{CU}_{G_i}(u_iG_i)$. Rappelons que $\mathcal{CU}(uG^o)$ s'identifie à l'ensemble des (G/G^o)-orbites dans $\mathcal{CU}^o(uG^o)$.

Prenons tout d'abord $H = G$. Alors $G \subset \prod_{1\leq i\leq r} G_i^*$, et pour $1\leq i\leq r$, $G_i^*/G_i \cong G/G^o$, G/G^o agit sur $\mathcal{CU}_{G_i}(u_iG_i)$ et cette action s'identifie à celle de G_i^*/G_i. L'action de G/G^o sur $\mathcal{CU}^o(uG^o)$ se déduit de l'action de $\prod_{1\leq i\leq r}(G_i^*/G_i)$ sur $\prod_{1\leq i\leq r} \mathcal{CU}_{G_i}(u_iG_i)$ à l'aide de l'homomorphisme diagonal $G/G^o \to \prod_{1\leq i\leq r}(G_i^*/G_i)$ et de la bijection $\mathcal{CU}^o(uG^o) \to \prod_{1\leq i\leq r} \mathcal{CU}_{G_i}(u_iG_i)$. Il suffit donc en principe de connaître l'action de G_i^*/G_i sur $\mathcal{CU}_{G_i}(u_iG_i)$ $(1\leq i\leq r)$ pour déterminer $\mathcal{CU}(uG^o)$.

Nous pouvons donc supposer que G^o et $\{1\}$ sont les seuls sous-groupes connexes distingués de G. Prenons maintenant pour H le sous-groupe engendré par uG^o. Si $g \in G$, l'action par conjugaison de g sur G^o donne une permutation de $\{G_1,\dots,G_r\}$, donc une permutation $\sigma(g) \in \mathfrak{S}_r$, qui ne dépend que de gG^o, et une famille d'isomomorphismes $G_i \to G_{\sigma(g)(i)}$. Remarquons que l'homomorphisme $G/G^o \to \mathfrak{S}_r$, $gG^o \mapsto \sigma(g)$, ne dépend que de $\Delta(G)$. Comme g agit trivialement sur H/G^o, on obtient une famille d'isomorphismes $\mathrm{int}(g)_i : G_i^* \to G_{\sigma(g)(i)}^*$, et $\mathrm{int}(g)_i\,(u_iG_i) = u_{\sigma(g)(i)}G_{\sigma(g)(i)}$. L'action de G/G^o sur $\{G_1,\dots,G_r\}$ est transitive puisque G^o et $\{1\}$ sont les seuls sous-groupes connexes distingués de G. Les groupes G_i^* sont donc tous isomorphes. Choisissons une fois pour toutes des composan-

tes $x_i G^0$ de G, $(1 \leq i \leq r)$, telles que $\sigma(x_i)(1) = i$ (cela peut se faire à partir de $\Delta(G)$) et soit $f_i = \mathrm{int}(x_i)_1 : G_1^* \to G_i^*$. On a alors une bijection $\prod_{1 \leq i \leq r} \mathcal{CU}_{G_i}(u_1 G_1) \to \prod_{1 \leq i \leq r} \mathcal{CU}_{G_i}(u_i G_i)$ induite par $f_1 \times \ldots \times f_r$, qui ne dépend que de $x_1 G^0, \ldots, x_r G^0$. Si $g \in G$, soit g_i la permutation de $\mathcal{CU}_{G_1}(u_1 G_1)$ induite par $\mathrm{int}(x^{-1}_{\sigma(g)(i)} g x_i)_1$, $(1 \leq i \leq r)$. Elle ne dépend que de i, gG^0, $x_1 G^0, \ldots x_r G^0$. On obtient une action de G/G^0 sur $\prod_{1 \leq i \leq r} \mathcal{CU}_{G_1}(u_1 G_1)$ en posant, pour $g \in G$ et $c_1, \ldots c_r \in \mathcal{CU}_{G_1}(u_1 G_1)$:
$(gG^0) \cdot (c_1, \ldots, c_r) = (g_{\tau(1)}(c_{\tau(1)}), \ldots, g_{\tau(r)}(c_{\tau(r)}))$, où τ est l'inverse de $\sigma(g)$. Les bijections $\prod_{1 \leq i \leq r} \mathcal{CU}_G(u_1 G_1) \to \prod_{1 \leq i \leq r} \mathcal{CU}_{G_i}(u_i) \to \mathcal{CU}^0(uG^0)$ sont alors (G/G^0)-équivariantes.

Pour déterminer $\mathcal{CU}^0(uG^0)$ et l'action de (G/G^0) sur $\mathcal{CU}^0(uG^0)$, il suffit donc en principe de déterminer $\mathcal{CU}_{G_1}(uG_1)$ et l'action de $N_G(G_1)/G^0$ sur $\mathcal{CU}_{G_1}(u_1 G_1)$. Remarquons encore que $N_G(G_1)/G^0$ se déduit facilement de $\Delta(G)$ et qu'on peut remplacer ici $N_G(G_1)$ par le produit fibré correspondant $(N_G(G_1)/G^0) \times_{\Gamma(G_1)} \mathrm{Aut}(G_1) \supset G_1^*$.

1.12. Nous pouvons donc supposer maintenant que G est un groupe semi-simple adjoint, que uG^0 est une composante centrale dans G/G^0 et que G^0 et 1 sont les seuls sous-groupes connexes distingués du sous-groupe de G engendré par uG^0.

Soient $G_1, G_2, \ldots, G_r$ les sous-groupes distingués minimaux de G^0. Si $x \in G$, notons f_x l'automorphisme $G^0 \to G^0$, $g \mapsto xgx^{-1}$. Si $x \in uG^0$, on a $f_{x^r}(G_r) = G_r$ et on pose $\theta_x = f_{x^r}|_{G_r} \in \mathrm{Aut}(G_r)$. Alors $\{\theta_x | x \in uG^0\}$ est une composante irréductible X de $\mathrm{Aut}(G_r)$, et comme $\theta_{gxg^{-1}} = f_g \circ \theta_x \circ f_g^{-1}$ si $x \in uG^0$ et $g \in G^0$, on obtient une bijection $\theta : \mathcal{C\ell}^0(uG^0) \to \mathcal{C\ell}_{G_r}(X)$. On vérifie de plus facilement que $\theta(\mathcal{U}(uG^0)) = \mathcal{U}(X)$.

Il ne reste qu'à récupérer l'action de G/G^o . Soit $\Delta_i = \Delta(G_i)$. On peut supposer que $\Delta_1, \ldots, \Delta_r$ sont des copies d'un même graphe et que uG^o induit l'identité $I : \Delta_i \to \Delta_{i+1}$ pour $1 \leq i \leq r-1$ et un isomorphisme $J : \Delta_r \to \Delta_1$. Alors l'action de $u^r G^o$ sur Δ_r est $I^{r-1} \circ J = J : \Delta_r \to \Delta_r$. Comme uG^o agit trivialement sur $\mathcal{CU}^o(uG^o)$, il suffit de considérer l'action de $N_G(G_r)/G^o$. Soit donc gG^o une composante normalisant G_r . Comme elle centralise uG^o dans G/G^o , elle normalise aussi chacun des G_i et induit donc une famille d'isomorphismes $K_i : \Delta_i \to \Delta_i$ $(1 \leq i \leq r)$. Cela donne un diagramme

$$\begin{array}{ccccccccccccc}
\ldots \xrightarrow{I} & \Delta_r & \xrightarrow{J} & \Delta_1 & \xrightarrow{I} & \Delta_2 & \xrightarrow{I} \ldots \xrightarrow{I} & \Delta_r & \xrightarrow{J} & \Delta_1 & \xrightarrow{I} \\
& \downarrow K_r & & \downarrow K_1 & . & \downarrow K_2 & & \downarrow K_r & & \downarrow K_1 & \\
\ldots \xrightarrow{I} & \Delta_r & \xrightarrow{J} & \Delta_1 & \xrightarrow{I} & \Delta_2 & \xrightarrow{I} \ldots \xrightarrow{I} & \Delta_r & \xrightarrow{J} & \Delta_1 & \xrightarrow{I}
\end{array}$$

qui est commutatif puisque $(uG^o)(gG^o) = (gG^o)(uG^o)$. On en tire $K_1 = K_2 = \ldots K_r = K$, disons , et $KJ = JK$. Soit Y la composante de $\mathrm{Aut}(G_r)$ correspondant à K . L'action de gG^o sur $\mathcal{CU}^o(uG^o)$ correspond par θ à celle de Y sur $\mathcal{CU}_{G_r}(X)$. Cela découle de la définition de θ et du fait que $(gxg^{-1})^r = g(x^r)g^{-1}$.

Cela réduit en principe le problème au cas où G^o est simple et, dans ce cas, l'homomorphisme canonique $G \to \mathrm{Aut}(G^o)$ ramène le problème au cas où $\gamma_G : G/G^o \to \Gamma(G)$ est injectif.

Remarquons que d'après (1.6) il suffit de résoudre le problème pour un groupe réductif H tel que $\Delta(G)$ et $\Delta(H)$ soient isomorphes.

1.13. On a montré que l'étude des classes unipotentes des groupes réductifs se ramène aux problèmes suivants :

a) <u>déterminer</u> $\mathcal{CU}(G)$ <u>quand</u> G <u>est un groupe simple (connexe), et</u> l'action de $\Gamma(G)$ <u>sur</u> $\mathcal{CU}(G)$;

b) <u>quand</u> $p=2$, <u>déterminer les classes unipotentes qui proviennent des symétries d'ordre</u> 2 <u>des graphes</u> A_n $(n\geq 2)$, D_n $(n\geq 4)$ <u>et</u> E_6;

c) <u>quand</u> $p=3$, <u>déterminer les classes unipotentes qui proviennent des symétries d'ordre</u> 3 <u>du graphe</u> D_4 .

1.14. Dans la situation de (1.11), $\dim C_G(u) = \sum_{1\leq i\leq r} \dim C_{G_i^*}(u_i)$ et $rg_u(G) = \sum_{1\leq i\leq r} rg_{u_i}(G_i^*)$. Si W_i est le groupe de Weyl de G_i , alors $W \cong \prod_{1\leq i\leq r} W_i$ et $W^u \cong \prod_{1\leq i\leq r} W_i^{u_i}$. Dans la situation de (1.12), soient $G' = \mathrm{Aut}(G_r)$ et $u' = \theta_u \in G'$. Alors $\dim C_G(u) = \dim C_{G'}(u')$ et $rg_u(G) = rg_{u'}(G')$. Si W_r est le groupe de Weyl de G_r , on a un isomorphisme :

$$W_r^{u'} \to W^u , \quad w \mapsto \prod_{0\leq i\leq r-1} (u^{-i}).w .$$

D'autre part, dans la situation de (1.4), on a $\dim C_G(u) - rg_u(G) = \dim C_{G/Z}(uZ) - rg_{uZ}(G/Z)$. En effet, toutes les fibres du morphisme surjectif $\mathcal{U}(uG^o) \to \mathcal{U}(uG^o/Z)$ sont isomorphes et ont donc pour dimension $\dim \mathcal{U}(uG^o) - \dim \mathcal{U}(uG^o/Z)$. Pour calculer $rg_u(G)$, $rg_{uZ}(G/Z)$ et la dimension de ces fibres, on peut remplacer G par $N_G(B')$, où $B' \in \mathcal{B}_u^G$. Il suffit alors d'utiliser (1.6). (Remarquons que la formule $\mathrm{codim}_G \mathcal{U}(uG^o) = rg_u(G)$ a été établie dans le cas où G^o est résoluble.)

2. <u>Classification des éléments unipotents.</u>

2.1. On considère ici le problème suivant : pour chaque paire (Δ,c) - prise à équivalence près, c'est-à-dire à isomorphisme près pour Δ et à conjugaison près pour c - formée d'un graphe de Dynkin connexe Δ et d'un automorphisme c de Δ d'ordre 1 ou p , décrire $C\mathcal{U}^o(uG^o)$ et l'action de G/G^o sur cet ensemble pour au moins un groupe réductif

G et une composante uG^o de G qui ont les propriétés suivantes : $\Delta(G) = \Delta$, $\gamma_G(uG^o) = c$, $\gamma_G(G/G^o) = C_{\Gamma(\Delta)}(c)$ et γ_G est injectif.

Nous allons passer en revue certains résultats connus. On décrira aussi, dans certains cas, les groupes $A(u)$, $A_o(u)$ et la relation d'ordre dans $\mathcal{CU}^o(uG^o)$.

Remarquons encore que si l'on s'intéresse à un groupe réductif H particulier, il suffit pour décrire $\mathcal{CU}(H)$ de résoudre le problème ci-dessus pour les paires (Δ,c) où Δ est une composante connexe de $\Delta_o(H)$ et c est un automorphisme de Δ obtenu par restriction d'un élément de $\gamma_H(H/H^o) \subset \Gamma(H)$.

La plupart des résultats de (2.5) à (2.9) sont tirés de [39] et de l'article de Wall [46].

2.2. Considérons tout d'abord le cas où p est nul ou assez grand (0.14) et $c = 1$ (on considère donc les classes unipotentes contenues dans G^o) . Dans ce cas $G/G^o \cong \Gamma$, où $\Gamma = \Gamma(\Delta)$. Les classes unipotentes de G^o peuvent être représentées par des graphes de Dynkin pondérés (voir, par exemple, [39, pp. 235-247]). L'action de G/G^o sur Δ s'étend de manière naturelle en une action sur l'ensemble des graphes de Dynkin pondérés, et cette action correspond à l'action sur $\mathcal{CU}^o(G^o)$.

Le groupe G/G^o agit trivialement sur $\mathcal{CU}^o(uG^o)$ si G est de type A_1, B_n, C_n, E_7, E_8, F_4 ou G_2 car alors $\Gamma = \{1\}$. Si G est de type $A_n (n \geq 2)$, $D_{2n+1} (n \geq 2)$ ou E_6 , alors $-1 \notin W$, et il existe $x \in G/G^o$ tel que ${}^xT = T$ et tel que la conjugaison par x agisse comme -1 sur le système de racines de G (c'est-à-dire envoie chaque racine sur son opposé) . En utilisant le théorème de Jacobson-Morozov, on montre que x agit trivialement sur $\mathcal{CU}^o(G^o)$ [22]. On en déduit que $G/G^o \cong \Gamma \cong \mathfrak{S}_2$ agit trivialement sur $\mathcal{CU}^o(G^o)$. Il reste le cas de D_{2n} , $n \geq 2$.

a) G est de type D_4 . Alors $\Gamma \cong \mathfrak{S}_3$. Il y a deux orbites formées de 3 classes unipotentes. Les autres classes unipotentes sont fixées par G/G^o .

b) G est de type D_{2n} $n \geq 3$. Alors $\Gamma \cong \mathfrak{S}_2$. Il y a $p(n)$ orbites formées de 2 classes unipotentes. Les autres classes unipotentes sont fixées par G/G^o ($p(n)$ est le nombre de partitions de n).

Cette classification a été reformulée comme suit par Bala et Carter [1]. Soit I l'ensemble des couples (L,P) , où L est un sous-groupe de Levi d'un sous-groupe parabolique de G^o et Q un sous-groupe parabolique de L , qui satisfont la condition suivante : $\dim U_Q/U'_Q = \dim L'$, où U'_Q et L' sont les sous-groupes dérivés de U_Q et L respectivement. Le groupe G agit sur I . Si $(L,Q) \in I$, il existe une unique classe unipotente C de G^o telle que $C \cap U_Q$ soit dense dans U_Q, et ceci définit une bijection entre $\mathcal{U}^o(G^o)$ et l'ensemble des G^o-orbites dans I .

On peut vérifier que la description de l'action de Γ donnée ci-dessus reste correcte quelle que soit la caractéristique de k .

2.3. Si $n \in \mathbb{N}$, on appelle partition de n toute suite décroissante $\lambda = (\lambda_1, \lambda_2, \ldots)$ d'entiers presque tous nuls dont la somme est n . On identifie souvent la partition λ au diagramme de Young d_λ dont les lignes ont longueur $\lambda_1, \lambda_2, \ldots$. On écrit aussi d , ou d_n , pour d_λ quand il n'y a pas de risque de confusion. Les partitions de n sont ordonnées par $\lambda \leq \mu$ si $\sum_{j=1}^{i} \lambda_j \leq \sum_{j=1}^{i} \mu_j$ pour tout $i \geq 1$. On note $\lambda^* = (\lambda_1^*, \lambda_2^*, \ldots)$ la partition duale de λ , c'est-à-dire la partition donnée par la longueur des colonnes de d_λ . On a $\lambda^{**} = \lambda$, et $\lambda \leq \mu \iff \mu^* \leq \lambda^*$.

Si λ et μ sont des partitions de m et n respectivement, on note $\lambda \circledast \mu$ la partition de $m+n$ obtenue en arrangeant les termes de la suite $(\lambda_1, \mu_1, \lambda_2, \mu_2, \ldots)$. Si $i \in \mathbb{N}$, on écrit aussi i pour la partition $(i,0,\dots)$, et i^r pour $i\oplus\dots\oplus i$ (r termes). Si λ est une partition , on pose $c(i) = c_i = \lambda_i^* - \lambda_{i+1}^*$. Donc $\lambda = 1^{c(1)} \oplus 2^{c(2)} \oplus \dots$

2.4. Supposons que $G = GL_n$, ou que $G = GL(V)$ où V est un espace vectoriel sur k de dimension n . On associe à l'élément unipotent $u \in G$ la partition λ pour laquelle, pour $i \geq 1$, c_i est le nombre de blocs de Jordan de u de dimension i . De cette façon $\mathcal{U}(G)$ est paramétré par l'ensemble des partitions de n . On note C_λ la classe unipotente correspondant à λ . On a $C_\lambda \leq C_\mu$ si et seulement si $\lambda \leq \mu$. Il est facile de vérifier que $C_G(u)$ est connexe et $\dim C_G(u) = \sum_i \lambda_i^{*2}$.

2.5. Soit maintenant $G = Sp_{2n} \subset GL_{2n}$ (resp. $G = O_n \subset GL_n$) . Supposons $p \neq 2$. Chaque classe unipotente de G est l'intersection de G avec une classe unipotente de GL_{2n} (resp. GL_n) . De cette manière les classes unipotentes de G correspondent bijectivement aux partitions de $2n$ (resp. n) pour lesquelles c_i est pair pour tout i impair (resp. pour tout i pair) . Une classe unipotente de O_n pour laquelle tous les λ_i et tous les c_i sont pairs consiste en deux classes dans SO_n (cela n'arrive que si $4|n$) . Dans les autres cas les classes unipotentes de O_n et SO_n coïncident.

Soit ω un objet distinct de 0 et 1 . On ordonne l'ensemble $\{\omega,0,1\}$ par $\omega < 0 < 1$. Pour uniformiser les notations avec celles qui seront utilisées dans le cas où $p = 2$, on associe à la classe correspondant à $\lambda = 1^{c(1)} \oplus 2^{c(2)} \oplus \dots$ une application $\varepsilon : \mathbb{N} \to \{\omega,0,1\}$ telle que $\varepsilon(0) = 1$ (resp. $\varepsilon(0) = \omega$) , $\varepsilon(i) = 1$ si $i \geq 1$ est pair (resp. impair) et $c_i \neq 0$, et $\varepsilon(i) = \omega$ dans les autres cas. Ici λ détermine donc entièrement ε . On note $C_{\lambda,\varepsilon}$ (ou C_λ si aucune confusion n'est possible avec GL_{2n} (resp. GL_n)) la classe unipotente correspondant à (λ,ε) (c'est-à-dire à λ) .

Si C_λ , C_μ sont des classes unipotentes de G , on a $C_\lambda \leq C_\mu$ si et seulement si $\lambda \leq \mu$ [12, 3.6].

2.6. Supposons maintenant que $p = 2$. Soit $G = Sp_{2n} \subset GL_{2n}$ (resp. $G = O_{2n} \subset Sp_{2n}$) .

Les classes unipotentes de G sont en correspondance bijective avec les couples (λ, ε) satisfaisant les conditions suivantes :

a) $\lambda = 1^{c(1)} \oplus 2^{c(2)} \oplus \ldots$ est une partition de $2n$ pour laquelle c_i est pair pour tout i impair.

b) $\varepsilon : \mathbb{N} \to \{\omega, 0, 1\}$ est une application telle que

b_1) $\varepsilon(i) = \omega$ si i est impair ou si $i \geq 1$ et $c_i = 0$,

b_2) $\varepsilon(i) = 1$ si i est pair et c_i impair $(i \neq 0)$,

b_3) $\varepsilon(i) \neq \omega$ si i est pair et $c_i \neq 0$ $(i \neq 0)$,

b_4) $\varepsilon(0) = 1$ (resp. $\varepsilon(0) = 0$) .

On écrit aussi ε_i au lieu de $\varepsilon(i)$.

La correspondance s'établit comme suit. Un élément unipotent u de G détermine une classe de GL_{2n} , donc une partition λ , et cette partition satisfait (a). De plus, si $i \neq 0$ est pair et $c_i \neq 0$, on pose $\varepsilon_i = 0$ si $f((u-1)^{i-1}(x), x) = 0$ pour tout $x \in \mathrm{Ker}(u-1)^i$, et $\varepsilon_i = 1$ dans le cas contraire (ici f est la forme bilinéaire utilisée pour définir Sp_{2n}) . Avec la condition (b), cela définit ε entièrement.

On note $C_{\lambda,\varepsilon}$ la classe unipotente de G correspondant à (λ,ε) . On remarquera que chaque classe unipotente de Sp_{2n} rencontre O_{2n} en une unique classe de O_{2n} . On vérifie facilement que les classes unipotentes de O_{2n} contenues dans SO_{2n} sont celles pour lesquelles λ_1^* est pair. Si tous les λ_i et tous les c_i sont pairs et si $\varepsilon_i \neq 1$ pour tout i , la classe unipotente $C_{\lambda,\varepsilon}$ de O_{2n} est formée de deux classes unipotentes dans SO_{2n} . Les autres classes unipotentes de SO_{2n} sont déjà des classes unipotentes dans O_{2n} (on définit SO_{2n} comme la composante neutre de O_{2n}) .

2.7. Soit V un espace vectoriel sur k, de dimension n. Soit $G_o = G_o(V) = GL(V)$ et soit $G_1 = G_1(V)$ l'ensemble des formes bilinéaires non-singulières $f : V \times V \to k$ (c'est-à-dire telles que $f(x,y) = 0$ pour tout $y \in V \Rightarrow x = 0$). Soit $G(V) = G_o \cup G_1$. On fait de $G(V)$ un groupe de la façon suivante. Si $a,b \in G_o$ et $f,g \in G_1$, $ab \in G_o$ est le produit usuel dans $GL(V)$, af est la fome bilinéaire $(x,y) \mapsto f(a^{-1}x,y)$, fa est la forme bilinéaire $(x,y) \mapsto f(x,ay)$ et $fg \in G_o$ est l'automorphisme de V tel que $fg(x) = y$ si et seulement si $f(y,v) = g(v,x)$ pour tout $v \in V$.

Il est facile de vérifier qu'on obtient bien un groupe et que c'est de façon naturelle un groupe algébrique. Si $f \in G_1$, f^{-1} est la forme bilinéaire $(x,y) \mapsto f(y,x)$, et $f^2 = 1$ si et seulement si f est symétrique.

Soit $G = G(V)$. On a $G^o = GL(V)$, $[G/G^o] = 2$ et G/G^o agit non trivialement sur $\Delta_o(G)$ si $\dim V \geq 3$.

Supposons maintenant que $p = 2$. On a alors des éléments unipotents dans G_1. Les classes unipotentes contenues dans G_1 sont en correspondance bijective avec les couples (λ, ε) satisfaisant les conditions suivantes :

a) $\lambda = 1^{c(1)} \oplus 2^{c(2)} \oplus \dots$ est une partition de n pour laquelle c_i est pair pour tout i pair $(i \geq 2)$.

b) $\varepsilon : \mathbb{N} \to \{\omega, 0, 1\}$ est une application telle que

   b_1) $\varepsilon_i = \omega$ si i est pair ou si $c_i = 0$,

   b_2) $\varepsilon_i = 1$ si i et c_i sont impairs,

   b_3) $\varepsilon_i \neq \omega$ si i est impair et $c_i \neq 0$,

   b_4) $\varepsilon_o = \omega$.

(En fait, (b_4) est ici une conséquence de (b_1)).

La correspondance se fait comme suit. Une forme bilinéaire $f \in G_1$ est unipotente si et seulement si $u = f^2$ est un élément unipotent de $GL(V)$. Si f est unipotente, u fournit donc une partition de n , et cette partition satisfait (a). Si i est impair et $c_i \neq 0$, on pose $\varepsilon_i = 0$ si $f(x,(u-1)^{i-1}(x)) = 0$ pour tout $x \in \mathrm{Ker}(u-1)^i$, et $\varepsilon_i = 1$ dans le cas contraire. La condition (b) détermine alors ε complètement.

On note $C_{\lambda,\varepsilon}$ la classe unipotente de G contenue dans G_1 et correspondant à (λ,ε) .

2.8. Supposons $p \neq 2$ et soit G l'un des groupes Sp_{2n} ou O_n . Soit $u \in G$ un élément unipotent et soit λ la partition correspondante. Choisissons, dans $Sp_{2n}(\mathbb{C})$ si $G = Sp_{2n}$ et dans $O_n(\mathbb{C})$ si $G = O_n$, un élément unipotent u_λ dans la classe correspondant à λ . On a alors $\dim C_G(u) = \dim C_{Sp_{2n}(\mathbb{C})}(u_\lambda)$ si $G = Sp_{2n}$, et $\dim C_G(u) = \dim C_{O_n(\mathbb{C})}(u_\lambda)$ si $G = O_n$.

Supposons $p = 2$ et soit G l'un des groupes Sp_{2n} , O_{2n} ou $G(V)$, V étant un espace vectoriel sur k de dimension n . Soit $u \in G$ un élément unipotent. Si $G = G(V)$ on suppose que $u \notin G^o$. Soit (λ,ε) le couple correspondant. Choisissons, dans $Sp_{2n}(\mathbb{C})$ si $G = Sp_{2n}$ ou O_{2n} , dans $O_n(\mathbb{C})$ si $G = G(V)$, un élément unipotent u_λ dans la classe correspondant à λ . On a alors :

a) Si $G = Sp_{2n}$, $\dim C_G(u) = \dim C_{Sp_{2n}(\mathbb{C})}(u_\lambda) + \left(\sum_{\substack{i>0\\ \varepsilon_i=0}} c_i\right)$,

b) Si $G = O_{2n}$, $\dim C_G(u) = \dim C_{Sp_{2n}(\mathbb{C})}(u_\lambda) + \left(\sum_{\substack{i>0\\ \varepsilon_i=0}} c_i\right) - \lambda_1^*$,

c) Si $G = G(V)$ et $u \in G - G^o$ $\dim C_G(u) = \dim C_{O_n(\mathbb{C})}(u_\lambda) + \sum_{\varepsilon_i = 0} c_i$.

Pour (a), soit V l'espace vectoriel de dimension $2n$ sur lequel $Sp_{2n} \subset GL_{2n}$ agit. Considérons l'ensemble des décompositions $V = V_1 \oplus V_2 \oplus \ldots$ de V en sous-espaces u-stables deux à deux orthogonaux tels que pour chaque i la restriction de u à V_i n'ait que des blocs de Jordan de dimension i . Ces familles de sous-espaces forment une variété sur laquelle $C_G(u)$ agit transitivement. Faisons de même avec $u_\lambda \in Sp_{2n}(\mathbb{C})$. On obtient ainsi une variété qui a la même dimension que la précédente et sur laquelle $C_{Sp_{2n}(\mathbb{C})}(u_\lambda)$ agit transitivement. En prenant le stabilisateur d'un élément de chacune de ces variétés, on se ramène au cas où tous les blocs de Jordan de u ont la même dimension. Supposons donc que $\lambda = i^{c(i)}$. Il est facile dans ce cas de décrire l'ensemble des formes bilinéaires alternées non singulières préservées par u et qui donnent la valeur correcte pour ε_i . C'est en fait une variété sur laquelle $C_{GL(V)}(u)$ agit transitivement. Si $\varepsilon_i \neq 0$, notons d sa dimension , et si $\varepsilon_i = 0$, notons-la $d - c_i$. On fait de même avec u_λ (sans tenir compte de ε_i) et on obtient une variété de dimension d sur laquelle $C_{GL_{2n}(\mathbb{C})}(u_\lambda)$ agit transitivement. En prenant le stabilisateur d'un élément de chacune de ces variétés, on trouve le résultat désiré. On fait de même pour (b),et pour (c) en utilisant $u^2 \in GL(V)$. Voir aussi [13].

2.9. Pour décrire les groupes $A(u) = C_G(u)/C_G(u)^o$ et $A_o(u) = C_{G_o}(u)/C_G(u)^o$ dans le cas des groupes Sp_{2n} , O_n , $G(V)$ (avec $u \notin G^o$ si $G = G(V)$) , on utilisera une suite a_0 , a_1 , a_2 ,... d'objets distincts. On fait correspondre a_i à la ligne i de $d_\lambda (i \geq 1)$. Dans chaque cas on utilisera un sous-ensemble de $\{a_i | i \geq 0\}$ comme système de générateurs.

Soit $u \in C_{\lambda,\varepsilon}$ un élément unipotent de G . Si $G = G(V)$ on suppose que $u \notin G^o$.

Si $p \neq 2$ et $G = Sp_{2n}$ (resp. $G = O_n$) , $A(u)$ est le groupe abélien engendré par $\{a_i | \; i \geq 1$ et $\varepsilon(\lambda_i) = 1\}$, avec les relations $a_i a_j = 1$ si $\lambda_i = \lambda_j$ et $a_i = 1$ si $\lambda_i = 0$. Dans le cas de O_n , $A_o(u)$ est le sous-groupe de $A(u)$ formé des éléments qui sont le produit d'un nombre pair de générateurs.

Si $p=2$ et $G=Sp_{2n}$ (resp. $G=O_{2n}$) , $A(u)$ est le groupe abélien engendré par $\{a_i \mid \lambda_i \geq 1$ et $\varepsilon(\lambda_i) \neq 0\}$, avec les relations $a_i a_j = 1$ si $\lambda_i = \lambda_j$, ou si $\lambda_i = \lambda_j + 1$, ou si λ_i est pair et $\lambda_i = \lambda_j + 2$ et $a_i = 1$ si $\lambda_i = 0$. Dans le cas de O_{2n} , $A_o(u)$ est le sous-groupe de $A(u)$ formé des éléments qui sont le produit d'un nombre pair de générateurs.

Si $p=2$ et $G=G(V)$, alors $A_o(u)$ est le groupe abélien engendré par $\{a_i \mid i \geq 1$ et $\varepsilon(\lambda_i) \neq 0\}$, avec les relations $a_i a_j = 1$ si $\lambda_i = \lambda_j$, ou si $\lambda_i = \lambda_j + 1$, ou si λ_i est impair et $\lambda_i = \lambda_j + 2$ et $a_i = 1$ si $\lambda_i = 0$. On obtient $A(u)$ en prenant le groupe abélien engendré par a_o et $A_o(u)$, avec la relation $a_o = \prod_{i \in I} a_i$, où $I = \{i \geq 1 \mid \lambda_i \neq 0$ et $\varepsilon(\lambda_i) \neq 0\}$.

2.10. Soit G l'un des groupes Sp_{2n} , O_{2n} , O_{2n+1} ou $G(V)$, et soit u un élément unipotent de G . On suppose que $G \neq O_{2n+1}$ si $p=2$ et que $u \notin G^o$ si $G=G(V)$.

Soit I l'ensemble des couples (λ,ε) correspondant à des classes unipotentes contenues dans uG^o . Si $(\lambda,\varepsilon) \in I$ et $(\mu,\phi) \in I$, on pose $(\lambda,\varepsilon) \leq (\mu,\phi)$ si pour tout $i \geq 1$ les conditions suivantes sont satisfaites :

a) $\sum_{j \leq i} \lambda_j^* \geq \sum_{j \leq i} \mu_j^*$.

b) $\left(\sum_{j \leq i} \lambda_j^*\right) - \max(\varepsilon_i, 0) \geq \sum_{j \leq i} \mu_j^* - \max(\phi_i, 0)$.

c) Si $\sum_{j \leq i} \lambda_j^* = \sum_{j \leq i} \mu_i^*$ et $\lambda_{i+1}^* - \mu_{i+1}^*$ est impair, alors $\phi_i \neq 0$.

On vérifie facilement que cela fait de I un ensemble ordonné. Si $p \neq 2$, alors $(\lambda,\varepsilon) \leq (\mu,\phi)$ si et seulement si $\lambda \leq \mu$.

On montrera que $C_{\lambda,\varepsilon} \leq C_{\mu,\phi}$ si et seulement si $(\lambda,\varepsilon) \leq (\mu,\phi)$ (II.8.2). Si $p \neq 2$, c'est le résultat de Hesselink [12] et Gerstenhaber [10] mentionné en (2.5).

2.11. Si $p=2$, il existe un homomorphisme bijectif $SO_{2n+1} \to Sp_{2n}$. Pour toutes les questions traitées ici cet homomorphisme permet de remplacer SO_{2n+1} par Sp_{2n} (quand $p=2$) . Pour étudier les classes unipotentes provenant des symétries d'ordre ≤ 2 des graphes A_n, B_n, C_n, D_n, il suffit donc de considérer les groupes suivants : $GL(V)$, O_{2n+1} $(p \neq 2)$, Sp_{2n} , O_{2n} , $G(V)$ $(p=2)$ (V étant un espace vectoriel sur k , de dimension $n+1$) . Ce sont ces groupes qu'on appelle <u>groupes classiques</u> dans le reste de cet ouvrage.

Soit G un groupe classique autre que le groupe linéaire général et soit (λ,ε) un couple représentant une classe unipotente de G (contenue dans $G-G^o$ si $G=G(V)$) .

On utilise la notation $(\lambda,\varepsilon) = 1^{c(1)}_{\varepsilon(1)} \oplus 2^{c(2)}_{\varepsilon(2)} \oplus \ldots$ où c_1 , $c_2, \ldots$ sont tels que $\lambda = 1^{c(1)} \oplus 2^{c(2)} \oplus \ldots$. Remarquons que ε_0 ne dépend que de G . On utilise de plus les conventions suivantes : on se permet d'omettre les termes avec $c_i = 0$ et de ne pas écrire c_i si $c_i = 1$ et ε_i si $\varepsilon_i \neq 0$. De plus l'ordre des termes peut être modifié. Par exemple, soit $G = Sp_{2n}$, $p=2$, et soit $\lambda = (4,4,2,2,0,\ldots)$.

Si $(\lambda,\varepsilon) = 4^2_0 \oplus 2^2$, alors $(\varepsilon_0,\varepsilon_1,\varepsilon_2,\ldots) = (1,\omega,1,\omega,0,\omega,\omega,\ldots)$.

Si $(\lambda,\varepsilon) = 4^2 \oplus 2^2$, alors $(\varepsilon_0,\varepsilon_1,\varepsilon_2,\ldots) = (1,\omega,1,\omega,1,\omega,\omega,\ldots)$.

2.12. Soit G le groupe des automorphismes du groupe adjoint de SO_8 et soit $f : SO_8 \to G$ l'homomorphisme canonique. La bijection $\mathcal{CU}(SO_8) \to \mathcal{CU}^o(G^o)$ induite par f permet de paramétrer les classes unipotentes de G^o à l'aide de couples (λ,ε) , où λ est une partition de 8 (avec 2^4 et 4^2 répétés deux fois si $p \neq 2$, et 2^4_0 et 4^2_0 répétés deux fois si $p=2$) . Le groupe G/G^o laisse fixe chacun de ces couples, à l'exception des suivants :

a) Si $p \neq 2$:

a_1) il permute entre eux $5 \oplus 1^3$ et les deux copies de 4^2 ;

a_2) il permute entre eux $3 \oplus 1^5$ et les deux copies de 2^4 .

b) Si $p = 2$:

b_1) il permute entre eux $4 \oplus 2 \oplus 1^2$ et les deux copies de 4_0^2 ;

b_2) il permute entre eux $2^2 \oplus 1^4$ et les deux copies de 2_0^4 .

Si u appartient à l'une de ces classes, $A_0(u) = 1$ et $A(u) \cong \mathfrak{S}_2$.

Si u est dans la classe correspondant à $3^2 \oplus 1^2$, $A_0(u) \cong \mathfrak{S}_2$ et $A(u) \cong \mathfrak{S}_2 \times \mathfrak{S}_3$.

Si $p = 2$ et u appartient à la classe correspondant à $6+2$, $A_0(u) \cong \mathfrak{S}_2$ et $A(u) \cong \mathfrak{S}_2 \times \mathfrak{S}_3$.

Dans tous les autres cas $A_0(u) = 1$ et $A(u) \cong \mathfrak{S}_3$.

2.13. Pour les groupes exceptionnels connexes on dispose maintenant d'une classification complète des éléments unipotents, due à Stuhler [45], Chang [6], Enomoto [9] (G_2) , Shoji [31] (F_4, $p \neq 2$) , Shinoda [29], [30] (F_4, $p = 2$) , Mizuno [23], [24] (E_6, E_7, E_8) . Certains de ces résultats apparaissent dans les tables du chapitre IV. Les notations utilisées sont les suivantes.

Soit G un groupe reductif connexe. On dit que $u \in \mathcal{U}(G)$ est semi-régulier si les éléments semi-simples de $C_G(u)$ sont tous centraux dans G . On vérifie facilement que si $u \in \mathcal{U}(G)$, alors il existe un sous-groupe réductif connexe H de même rang que G , tel que u soit un élément semi-régulier de H . On peut définir une classe unipotente de G en se donnant un tel sous-groupe H (à conjugaison près) et une classe unipotente semi-régulière de ce sous-groupe. On obtient de cette manière toutes les classes unipotentes de G (certaines éventuellement plusieurs fois).

Soit H un sous-groupe réductif connexe de G . Quitte à conjuguer H par un élément convenable, on peut supposer que $H \supset T$. Alors $\Phi_H \subset \Phi_G$, et la classe de conjugaison de H ne dépend que de l'orbite de Φ_H dans l'ensemble des sous-systèmes de Φ_G . Dans de nombreux cas, cette orbite est entièrement déterminée par le type de Φ_H . Pour les groupes exceptionnels simples, on élimine toute ambiguïté en ajoutant les précisions suivantes :

a) si les racines de G ne sont pas toutes de même longueur, on note $\tilde{A}_i$ un sous-système de type A_i formé de racines courtes, et on réserve la notation A_i pour les sous-systèmes formés de racines longues. Par exemple si G est de type F_4 on a des sous-systèmes de type $A_1+\tilde{A}_2$ et $\tilde{A}_1+A_2$;

b) si G est de type E_7 (resp. E_8) , on a deux familles de sous-systèmes de chacun des types suivants : $3A_1$, A_3+A_1, $4A_1$, A_3+2A_1, A_5, A_5+A_1 (resp. $4A_1$, A_3+2A_1, $2A_3$, A_5+A_1, A_7). La convention usuelle est de noter $(3A_1)'$, $(A_3+A_1)'$,... (resp. $(4A_1)'$, $(A_3+2A_1)'$, ...) ceux qui sont des sous-systèmes de $A_7 \subset E_7$ (resp. $A_8 \subset E_8$) , et $(3A_1)''$, $(A_3+A_1)''$,... (resp. $(4A_1)''$, $(A_3+2A_1)''$, ...) ceux qui ne le sont pas.

Pour alléger les notations, en particulier dans les tables, on écrira aussi $4A_1$ et A_3+2A_1 pour $(4A_1)''$ et $(A_3+2A_1)''$ respectivement si G est de type E_7 , et $4A_1$, A_3+2A_1 , $2A_3$, A_7 pour $(4A_1)'$, $(A_3+2A_1)'$, $(2A_3)'$ et A_7' respectivement si G est de type E_8 . Avec les notations de Mizuno, nous n'avons en effet pas besoin d'utiliser les sous-systèmes $(4A_1)'$ et $(A_3+2A_1)'$ si G est de type E_7 et les sous-systèmes $(4A_1)''$, $(A_3+2A_1)''$, $(2A_3)''$ et A_7'' si G est de type E_8 .

Pour obtenir une classe unipotente de G , il faut encore indiquer quelle est la classe unipotente semi-régulière de H que l'on considère. Il y a dans G une classe unipotente de dimension maximale, la classe régulière (4.8). Cette classe est toujours semi-régulière.

Supposons maintenant que la caractéristique soit bonne. Si G est simple, la classe unipotente régulière est alors la seule classe unipotente semi-régulière, sauf dans les cas suivants :

a) si G est de type D_n $(n \geq 4)$, il y a $r = \left[\frac{n-2}{2}\right]$ autres classes semi-régulières. Ce sont celles correspondant aux partitions $(2n-3)\oplus 3$, $(2n-5)\oplus 5,\ldots,(2n-2r-1)\oplus(2r+1)$. On les note $D_n(a_1), D_n(a_2),\ldots,D_n(a_r)$ respectivement.

b) Si G est de type E_6, il y a une autre classe semi-régulière. On la note $E_6(a_1)$.

c) Si G est de type E_7, (resp. E_8), il y a deux autres classes semi-régulières. On les note $E_7(a_1)$ et $E_7(a_2)$, avec $E_7(a_2)\leq E_7(a_1)$ (resp. $E_8(a_1)$ et $E_8(a_2)$, avec $E_8(a_2)\leq E_8(a_1)$).

Pour définir une classe unipotente de G, si la caractéristique est bonne, on se contente de caractériser le sous-système Φ_H de Φ_G si la classe unipotente semi-régulière de H que l'on considère est la classe régulière. Dans les autres cas on utilise les notations ci-dessus. Si par exemple G est de type E_8, on obtient deux classes unipotentes de G en prenant H de type D_4+A_2, et on les note D_4+A_2 et $D_4(a_1)+A_2$.

Certaines classes peuvent être représentées de plusieurs manières. Si $G=SO_{16}$, par exemple, $D_4+D_4(a_1)$ et $D_6(a_2)+2A_1$ représentent la classe correspondant à la partition $7\oplus 5\oplus 3\oplus 1$.

Pour les tables du chapitre IV qui décrivent la structure d'ordre de $\mathcal{CU}(G)$ on a choisi une fois pour toutes une manière de représenter chaque classe unipotente, dans le cas où la caractéristique est bonne. Pour les goupes de type E_6, E_7 et E_8 ce choix est celui fait par Mizuno [23], [24].

Supposons que G soit de type E_6, E_7, E_8, F_4 ou G_2 et que la caractéristique ne soit pas bonne. Les notations introduites par Mizuno pour E_6, E_7 et E_8 peuvent s'utiliser aussi pour F_4 et G_2. Considérons par exemple le cas où $p=2$ et G est de type E_7. Soit $H\supset T$ un sous-groupe réductif connexe de G de type A_3+A_2. Mizuno considère deux classes unipotentes de G qu'il note A_3+A_2 et $(A_3+A_2)_2$. La classe notée $(A_3+A_2)_2$ est celle qui contient les éléments unipotents réguliers de H . Celle notée A_3+A_2 est une autre classe de G qui ne rencontre pas H mais qui en un certain sens joue le rôle de la classe notée A_3+A_2 dans le cas où la caractéristique est nulle (une formulation précise sera donnée plus loin (III.5.2)). Pour l'instant il suffit de savoir que les classes obtenues en caractéristique 0 se retrouvent en toutes caractéristiques, mais que certaines se partagent en plusieurs classes dans les cas suivants :

E_7 , $p=2$	:	A_3+A_2	donne	A_3+A_2	et	$(A_3+A_2)_2$
E_8 , $p=2$	:	$D_7(a_1)$	donne	$D_7(a_1)$	et	$D_7(a_1)_2$
		D_5+A_2	donne	D_5+A_2	et	$(D_5+A_2)_2$
		D_4+A_2	donne	D_4+A_2	et	$(D_4+A_2)_2$
		A_3+A_2	donne	A_3+A_2	et	$(A_3+A_2)_2$
E_8 , $p=3$	:	A_7	donne	A_7	et	$(A_7)_3$
F_4 , $p=2$	:	B_2+A_1	donne	B_2+A_1	et	$(B_2+A_1)_2$
		$\tilde{A}_2+A_1$	donne	$\tilde{A}_2+A_1$	et	$(\tilde{A}_2+A_1)_2$
		B_2	donne	B_2	et	$(B_2)_2$
		$\tilde{A}_1$	donne	$\tilde{A}_1$	et	$(\tilde{A}_1)_2$
G_2 , $p=3$		$\tilde{A}_1$	donne	$\tilde{A}_1$	et	$(\tilde{A}_1)_3$.

On peut aussi adapter les notations de [1]. Pour F_4, p=2, on écrit par exemple $C_3(a_1)$, $C_3(a_1)_2$ au lieu de B_2+A_1, $(B_2+A_1)_2$ respectivement.

Pour éviter toute confusion, voici la correspondance avec les notations de [30] et [9] :

Pour F_4 , $p=2$, les classes $\tilde{A}_1$, $(\tilde{A}_1)_2$, B_2, $(B_2)_2$, $\tilde{A}_2+A_1$, $(\tilde{A}_2+A_1)_2$, B_2+A_1 et (B_2+A_1) sont respectivement les classes notées C_2, C_3, C_7, C_{10}, C_9, C_{12}, C_{11} et C_{13} par Shinoda.

Pour G_2 , $p=3$, les classes $\tilde{A}_1$ et $(\tilde{A}_1)_3$ sont respectivement les classes des éléments x_7 et x_6 d'Enomoto.

3. Groupes de type D_4 .

Dans ce paragraphe G est un groupe semi-simple adjoint de type D_4 . On suppose que $p = 3$, que $|G/G^o| = 3$ et que $\gamma_G : G/G^o \to \Gamma(G)$ est injectif. On considère les classes unipotentes de G contenues dans une composante d'ordre 3 . On aura ainsi une image complète des classes unipotentes pour les groupes de type D_4 .

Pour éviter de devoir revenir plus tard sur ces calculs, nous démontrerons en même temps certains résultats en utilisant des notions développées aux paragraphes 1 et 2 du chapitre II. Ces passages seront placés entre deux astérisques : *...* .

3.1. On peut choisir T , B , $x \in G$ et les isomorphismes $x_\lambda : \mathbb{G}_a \to X_\lambda$ $(\lambda \in \Phi)$ de telle sorte que ${}^xT = T$, ${}^xB = B$,

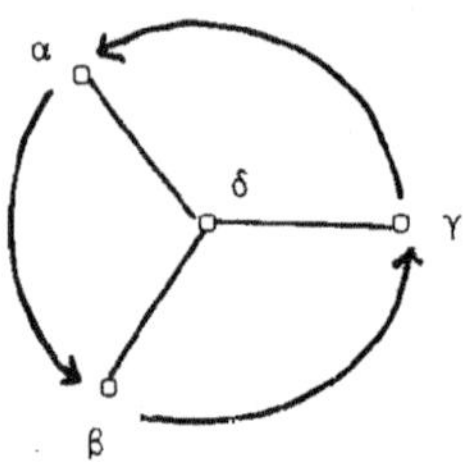

$x \cdot \alpha = \beta$, $x \cdot \beta = \gamma$, $x \cdot \gamma = \alpha$ et $x(x_\lambda(1))x^{-1} = x_{x\cdot\lambda}(1)$ pour tout $\lambda \in \Phi$, où α, β, γ et δ forment la base de Φ (voir la figure). On écrira les racines dans l'ordre suivant : α, β, γ, δ, $\alpha+\delta$, $\beta+\delta$, $\gamma+\delta$, $\alpha+\beta+\delta$ $\beta+\gamma+\delta$, $\gamma+\alpha+\delta$, $\alpha+\beta+\gamma+\delta$, $\alpha+\beta+\gamma+2\delta$.

On a maintenant un isomorphisme de variétés bien déterminé $U = \prod_{\lambda \in \Phi^+} X_\lambda \cong \mathbb{A}^{12}$.

On va considérer la situation suivante. On conjugue un élément $xu \in xU$ par un élément convenable $y \in G^o$ pour obtenir un élément $xu' \in xU$. Dans cette situation on notera a_1, a_2, a_3, a_4, b_1, b_2, b_3, c_1, c_2, c_3, d_1, e_1 les coordonnées de u , et a_1', a_2',...,e_1' les coordonnées de u' .

Soit $T_o = \{t \in T | \alpha(t)\ \beta(t)\ \gamma(t) = \delta(t) = 1\}$. C'est un tore et $xT_oU = \mathcal{U}(xB)$. Tout élément de xT_oU est T-conjugué à un élément de xU , et pour cette raison nous ne considérons que ces derniers.

Soit $S = \{t \in T \mid \alpha(t) = \beta(t) = \gamma(t)\}$. C'est un tore (connexe) qui agit sur xU par conjugaison.

Soit $u_o = x_\alpha(1)x_\delta(1)$. On vérifie facilement à l'aide de la formule de commutation que le morphisme $f : SU \to xU$, $su \mapsto su(xu_o)(su)^{-1}$, a une différentielle surjective à 1 . Il en découle que $c\ell_{SU}(xu_o)$ est dense dans xU et que $c\ell_G(xu_o)$ est dense dans $\mathcal{U}(xG^o)$. Par conséquent $\dim C_G(xu_o) = 2$.

Soit $U' = \{u \in U \mid a_1 + a_2 + a_3 = a_4 = 1\}$. Si u est un élément quelconque de U tel que $a_1 + a_2 + a_3 \neq 0$ et $a_4 \neq 0$, alors xu est S-conjugué à un élément de xU' , et par conséquent $xu \in c\ell_G(xu_o)$. En effet, $c\ell_U(xu_o) \subset xU'$, $\dim c\ell_U(xu_o) \geq \dim U - \dim C_G(xu_o) = \dim U - 2 = \dim U'$, et $c\ell_U(xu_o)$ est fermée dans xU' puisque U est unipotent, et cela montre que $c\ell_U(xu_o) = xU'$.

Soit $C_o = c\ell_G(xu_o)$. *C'est la classe unipotente régulière contenue dans xG^o , et $\mathcal{B}^G_{xu_o} = \{B\}$*.

Soient $U_3 = \prod_{h(\lambda)\geq 2} X_\lambda$, $U_1 = X_\alpha X_\beta X_\gamma U_3$, $U_2 = X_\delta U_3$. Si $u \in U$ est tel que $a_1 + a_2 + a_3 = 0$, en conjugant par $x_\beta(a_2 + a_3)x_\gamma(a_3)$ on obtient xu' avec $a'_1 = a'_2 = a'_3 = 0$.

Ces calculs montrent que tout élément de $xU - C_o$ est B-conjugué à un élément de $xU_1 \cup xU_2$. *Inversément, si $u \in U_1$ (resp. $u \in U_2$) , alors il existe une droite de type δ (resp. α) passant par B contenue dans $\mathcal{B}^G_{xu}$, donc $\dim \mathcal{B}^G_{xu} \geq 1$ et $xu \notin C_o$.*

Supposons que $u \in U_1 - U_3$. Si $a_1 + a_2 + a_3 = 0$, xu est B-conjugué à un élément de xU_3 . Supposons que $a_1 + a_2 + a_3 \neq 0$. On peut alors supposer aussi que $b_1 + b_2 + b_3 \neq 0$ (sinon, il suffit de remplacer xu par $x_\delta(r)(xu)x_\delta(-r)$ pour un $r \in \mathbb{F}_a$ convenable). Prenons alors $xu' = x_{-\delta}(t)(xu)x_{-\delta}(-t)$. Les formules de commutation montrent que $a'_1 + a'_2 + a'_3$ est une fonction de la forme $at + b$, avec $a \neq 0$, qui s'annule donc pour une unique valeur de t . On en déduit facilement que xu est conjugué à un élément de xU_3, *que si $v \in \mathcal{U}(xG^o)$, alors toute droite de type δ contenue dans $\mathcal{B}_v^G$ rencontre une droite de type α contenue dans $\mathcal{B}_v^G$, et que les éléments $u \in U_1$ tels que la droite de type δ par B contenue dans $\mathcal{B}_{xu}^G$ rencontre exactement une droite de type α contenue dans $\mathcal{B}_{xu}^G$ sont denses dans U_1* .

On fait de même si $u \in U_1 - U_3$. On peut supposer que $d_1 \neq 0$ (sinon, il suffit de conjuguer xu par $x_\alpha(r)x_\beta(r)x_\gamma(r)$ pour un élément $r \in \mathbb{G}_a$ convenable). En conjugant xu par $x_{-\alpha}(t)x_{-\beta}(t)x_{-\gamma}(t)$ on obtient xu' avec a_4' de la forme $at^3 + bt^2 + ct + d$, avec $a \neq 0$, et où b et c sont des combinaisons linéaires à coefficients non nuls de c_1, c_2, c_3 et b_1, b_2, b_3 respectivement. On en déduit que xu est conjugué à un élément de xu_3, *que si $v \in \mathcal{U}(xG^o)$, alors toute droite de type α contenue dans $\mathcal{B}_v^G$ rencontre une droite de type δ contenue dans $\mathcal{B}_v^G$, et que les éléments $u \in U_2$ tels que la droite de type α par B contenue dans $\mathcal{B}_{xu}^G$ rencontre exactement trois droites de type δ contenues dans $\mathcal{B}_{xu}^G$ sont denses dans U_2* .

Tout élément de $xU - C_o$ est donc conjugué à un élément de xU_3.

Soit $U_4 = X_{\alpha+\beta+\gamma}X_{\beta+\gamma+\delta}X_{\gamma+\alpha+\delta}X_{\alpha+\beta+\gamma+2\delta}$.

Si $u \in U_3$ et $b_1 + b_2 + b_3 \neq 0$, on peut s'arranger, en conjugant par $x_{\beta+\delta}(b_2+b_3)x_{\gamma+\delta}(b_3)$ et par un élément convenable de S si nécessaire, pour avoir $b_1 = 1$, $b_2 = b_3 = 0$. Conjugons alors xu par $x_\alpha(t)x_\beta(t)x_\gamma(t)$. On trouve que d_1' est de la forme $at^2 + bt + c$, avec $a \neq 0$. Par conséquent xu est conjugué à un élément de $xx_{\alpha+\delta}(1)U_4$.

Supposons donc que $u \in x_{\alpha+\delta}(1)U_4$. Si $c_1 + c_2 + c_3 \neq 0$, on voit, en conjugant xu par $x_{\beta+\gamma+\delta}(c_2 + c_3)x_{\gamma+\alpha+\delta}(c_3)$ et par un élément convenable de S, que xu est conjugué à un élément de

$xx_{\alpha+\beta}(1)x_{\alpha+\beta+\gamma}(1)X_{\alpha+\beta+\gamma+2\delta}$. Soit $u_1 = x_{\alpha+\beta}(1)x_{\alpha+\beta+\gamma}(1)$. Tout élément de $xu_1X_{\alpha+\beta+\gamma+2\delta}$ est conjugué à xu_1 par un élément de la forme

$x_{\alpha+\beta+\gamma}(t)x_{\beta+\gamma+\delta}(t)x_{\gamma+\alpha+\delta}(t)$. Cela montre que $C_1 = cl_G(xu_1)$ est dense dans $\mathcal{U}(xG^o) - C_o$ (ou que $C_1 = C_o$) .

Si $u \in x_{\alpha+\delta}(1)U_4$ et $c_1 + c_2 + c_3 = 0$, le même argument montre que xu est conjugué à xu_2 , où $u_2 = x_{\alpha+\delta}(1)$. Soit $C_2 = cl_G(xu_2)$.

Si $u \in U_3$ est tel que $cu \notin C_1$, alors $xu \in C_2$ ou $b_1 + b_2 + b_3 = 0$. Si $b_1 + b_2 + b_3 = 0$ et $c_1 + c_2 + c_3 \neq 0$, on peut s'arranger pour avoir $b_1 = b_2 = b_3 = 0$, $c_2 = 1$, $c_1 = c_3 = 0$. En conjugant xu par $x_\alpha(t)x_\beta(t)x_\gamma(t)$ pour un t convenable, on peut avoir de plus $d_1 = 0$, et en conjugant par $x_{\alpha+\delta}(t')x_{\beta+\delta}(t')x_{\gamma+\delta}(t')$ pour un t' convenable, on obtient encore $e_1 = 0$. Donc xu est conjugué à $xx_{\beta+\gamma+\delta}(1)$. Il est facile de voir qu'il existe $n \in N_{G^o}(T)$ représentant $s^*_\alpha = s_\alpha s_\beta s_\gamma$ dans W tel que $n(xx_{\beta+\gamma+\delta}(1))n^{-1} = xx_{\alpha+\delta}(1) = xu_2$. On a donc $xu \in C_2$.

Si $u \in U_3$ est tel que $b_1 + b_2 + b_3 = c_1 + c_2 + c_3 = 0$, on peut d'abord supposer que $b_1 = b_2 = b_3 = c_1 = c_2 = c_3 = 0$. On a donc $u \in X_{\alpha+\beta+\gamma+\delta}X_{\alpha+\beta+\gamma+2\delta}$. Soit $u_3 = x_{\alpha+\beta+\gamma+2\delta}(1)$ et soit $C_3 = cl_G(xu_3)$. Si $e_1 \neq 0$, xu est conjugué à xu_3 par un élément de $X_{-\delta}S$. Si $e_1 = 0$ et $d_1 \neq 0$, alors il existe $n \in N_{G^o}(T)$ représentant s_δ tel que $n(xu)n^{-1} = xu_3$. Par conséquent tout élément unipotent dans xG^o qui n'est pas contenu dans $C_0 \cup C_1 \cup C_2 \cup C_3$ est conjugué à x . Soit $C_4 = cl_G(x)$.

3.2. PROPOSITION. *<u>Il y a exactement 5 classes unipotentes contenues dans xG^o</u> .* <u>En particulier</u> $\mathcal{CU}(xG^o)$ <u>est un ensemble fini</u>.

D'après les calculs de (3.1) il y a au plus 5 classes unipotentes dans xG^o .

*Montrons que ces classes sont distinctes. On sait que C_o est la classe régulière et C_4 la classe quasi-semi-simple. On a donc $\dim \mathcal{B}^G_{xu_o} = 0$ et $\dim \mathcal{B}^G_x = 6$ (Φ_x est de type G_2 , et donc $\ell_x(w_G) = 6$) . On déduit facilement des calculs de (2.1) que $\operatorname{codim}_{\mathcal{U}(xB)} xB \cap C_1 \leq 1$, $\operatorname{codim}_{\mathcal{U}(xB)} xB \cap C_2 \leq 2$ et $\operatorname{codim}_{\mathcal{U}(xB)} xB \cap C_3 \leq 3$. On sait déjà que

$\dim \mathcal{B}^G_{xu_1} \geq 1$, et que si $u' = x_{\beta+\gamma+\delta}(1)$, alors $xu' \in C_2$. Soient $r, s, t \in \mathbb{G}_a$ et soient $y = x_{-\delta}(r)x_{-\alpha}(s)x_{-\beta}(s)x_{-\gamma}(s)$, $z = x_{-\alpha}(t)x_{-\beta}(t)x_{-\gamma}(t)y$. On a $y_B \in \mathcal{B}^G_{xu'}$ et $z_B \in \mathcal{B}^G_{xu_3}$, d'où $\dim \mathcal{B}^G_{xu_2} \geq 2$, $\dim \mathcal{B}^G_{xu_3} \geq 3$. D'après (II.2.7), on a donc $\dim \mathcal{B}^G_{xu_1} = 1$, $\dim \mathcal{B}^G_{xu_2} = 2$, $\dim \mathcal{B}^G_{xu_3} = 3$. Cela montre que les classes C_0, C_1, C_2, C_3, C_4 sont distinctes.*

*3.3. Les résultats suivants sont des conséquences de (3.2) et des calculs de (3.1) :

a) toute droite de type α (resp. δ) contenue dans $\mathcal{B}^G_u$ $(u \in \mathcal{U}(xG^o))$ rencontre une droite de type δ (resp. α) contenue dans $\mathcal{B}^G_u$;

b) si $u \in C_1$, $\mathcal{B}^G_u$ est formé d'une droite de type α et de trois droites de type δ qui la rencontrent;

c) on a $C_4 \leq C_3 \leq C_2 \leq C_1 \leq C_0$;

d) avec les notations de (II.2.4), on a :

$Q(C_0) = \{1\}$

$Q(C_1) = \{s^*_\alpha , s_\delta , s^*_\alpha s_\delta , s_\delta s^*_\alpha , s_\delta s^*_\alpha s_\delta\}$

$Q(C_2) = \{s^*_\alpha s_\delta s^*_\alpha , s^*_\alpha s_\delta s^*_\alpha s_\delta , s_\delta s^*_\alpha s_\delta s^*_\alpha , s_\delta s^*_\alpha s_\delta s^*_\alpha s_\delta\}$

$Q(C_3) = \{s^*_\alpha s_\delta s^*_\alpha s_\delta s^*_\alpha\}$

$Q(C_4) = \{w_G\}$ *.

4. Finitude du nombre de classes unipotentes.

4.1. THEOREME. Le nombre de classes unipotentes d'un groupe réductif est fini.

Il s'agit essentiellement de rassembler des résultats de Wall et de Lusztig. George Lusztig a montré que les groupes réductifs connexes n'ont qu'un nombre fini de classes unipotentes [18] . En utilisant ce résultat et les réductions faites au paragraphe 1, on voit qu'il suffit de considérer le cas des classes unipotentes provenant des symétries des graphes de Dynkin connexes. Pour les symétries d'ordre 2 des graphes A_n et D_n le théorème découle de la classification donnée par Wall [46] (voir (2.6), (2.7)), et le cas des symétries d'ordre 3 du graphe D_4 a été vu au paragraphe 3. Il ne reste donc qu'à voir le cas de la symétrie d'ordre 2 du graphe E_6 en caractéristique 2, et on peut supposer que k est la clôture algébrique d'un corps fini $\mathbb{F}_q$ de caractéristique 2 [18].

La démonstration qui suit est due à George Lusztig.

4.2. Si H est un groupe algébrique défini sur $\mathbb{F}_q$, notons H^F l'ensemble des points $\mathbb{F}_q$-rationnels de H, c'est-à-dire $H^F = \{h \in H | F(h) = h\}$, F étant l'endomorphisme de Frobenius de H. On note $(H^F)^\wedge$ l'ensemble des classes d'isomorphisme de représentations complexes irréductibles du groupe fini H^F, et $r(H) = |(H^F)^\wedge|$. Soient encore $c(H)$ le nombre de classes de conjugaison de H^F, et $c_u(H)$ le nombre de classes de conjugaisons unipotentes de H^F.

Rappelons que $r(H) = c(H)$.

4.3. Nous aurons besoin des résultats suivants de Deligne-Lusztig [7] et Lusztig [18], [20].

Soit G un groupe algébrique réductif connexe défini sur $\mathbb{F}_q$ et soit $F : G \to G$ son endomorphisme de Frobenius.

Le groupe G a un groupe dual G^* qui est aussi un groupe réductif connexe défini sur $\mathbb{F}_q$, et on note aussi F son endomorphisme de Frobenius. On peut définir le tore canonique de G. Le dual du groupe des caractères de ce tore s'identifie au groupe des caractères du tore canonique de G^*.

Supposons que le centre de G soit connexe. Il existe alors une partition naturelle de $(G^F)^\wedge$ indexée par les classes de conjugaison semi-simples de G^{*F} . Soit X_s le sous-ensemble de $(G^F)^\wedge$ correspondant à l'élément semi-simple $s \in G^{*F}$. On a donc $r(G) = \sum_{s \in S} |X_s|$, où S est un système de représentants des classes semi-simples de G^{*F} .

Soit $G^{*\prime}$ le groupe dérivé de G^* et soit H le groupe semi-simple simplement connexe associé à G^* . De l'hypothèse que G a un centre connexe, on déduit que l'homomorphisme canonique $H \to G^{*\prime}$ est bijectif. D'après [41, p.51], $C_{G^*}(s)$ est donc un groupe réductif connexe défini sur $\mathbb{F}_q$ $(s \in S)$ et il a par conséquent un dual $C_{G^*}(s)^*$ aussi défini sur $\mathbb{F}_q$.

Il y a une notion de représentations unipotentes (toujours irréductibles). Notons $r_u(G)$ le nombre de classes d'isomorphisme de représentations unipotentes de G^F . Ce nombre ne dépend que du graphe de Dynkin de G et de l'action de F sur le graphe de Dynkin. Soit $s \in S$. Si $C_{G^*}(s)$ est un sous-groupe de Levi d'un sous-groupe parabolique de G^* (pas forcément défini sur $\mathbb{F}_q$) , alors X_s correspond de manière naturelle aux représentations unipotentes de $C_{G^*}(s)^*$. On a dans ce cas $|X_s| = r_u(C_{G^*}(s)^*)$.

4.4. Rappelons que la caractéristique est 2 . Soit $\tilde{G}$ un groupe réductif sur $\mathbb{F}_q$ tel que $G = \tilde{G}^o$ ait un centre connexe et tel que $|\tilde{G}/G| = 2$. Le groupe $\tilde{G}/G$ agit sur le tore canonique de G^o , donc sur son dual, c'est-à-dire sur le tore canonique de G^* , et cela fournit une involution de l'ensemble des classes semi-simples de G^* . On obtient ainsi une involution σ de S (comme $C_{G^*}(s)$ est connexe, s et $s' \in S$ sont conjugués dans G^{*F} si et seulement s'ils le sont dans G^* , c'est-à-dire si $s = s'$ [39, p.174]). Le groupe $\tilde{G}^F$ agit aussi sur G^F et fournit une involution de $(G^F)^\wedge$ qu'on note aussi σ . Si $s \in S$, on a $\sigma(X_s) = X_{\sigma s}$. (Cela découle de la définition de X_s) . Soit $\theta \in (G^F)^\wedge$. Si $\theta = \sigma\theta$, alors θ est la restriction à G^F de deux représentations irréductibles (distinctes) de $\tilde{G}^F$. Si $\theta \neq \sigma\theta$, alors il existe une représentation irréductible de $\tilde{G}^F$ dont la restriction à G^F a pour composantes θ et $\sigma\theta$. On obtient de cette manière toutes les représentations irréductibles de $\tilde{G}^F$, une fois chacune. Si $s \in S$ est tel que $s = \sigma s$, soit $\tilde{X}_s = \{\psi \in (\tilde{G}^F)^\wedge \mid$ les composantes de la restriction de ψ à G^F appartiennent à $X_s\}$. On a : $r(\tilde{G}) = \sum_{s=\sigma s} |\tilde{X}_s| + 1/2 \sum_{s \neq \sigma s} |X_s|$

(dès maintenant, la relation $s \in S$ (ou $s' \in S'$, voir plus loin) est toujours sous-entendue dans les sommes).

Si $s = \sigma s$, on a aussi $|\tilde{X}_s| = 2|X_s^\sigma| + 1/2|X_s - X_s^\sigma|$, où $X_s^\sigma = \{\theta \in X_s \mid \sigma\theta = \theta\}$.

On dit que $\psi \in (\tilde{G}^F)^\wedge$ est unipotente si les composantes de sa restriction à G^F sont unipotentes, et on note $r_u(\tilde{G})$ le nombre de représentations unipotentes de $\tilde{G}^F$. On a : $r_u(\tilde{G}) = 2|\{\theta \in (G^F)^\wedge \mid \theta$ est unipotente et $\sigma\theta = \theta\}| + 1/2|\{\theta \in (G^F)^\wedge \mid \theta$ est unipotente et $\sigma\theta \neq \theta\}|$.

Soit maintenant S' un système de représentants des classes semi-simples de G^F. L'action de $\tilde{G}/G$ sur G fournit une involution de S', aussi notée σ. Comme la caractéristique est 2, tous les éléments semi-simples de $\tilde{G}$ sont contenus dans G. De plus $C_{\tilde{G}}(s')$ rencontre les deux composantes de $\tilde{G}$ si et seulement si s' et $\sigma(s')$ sont conjugués dans G. Si G^* a un centre connexe cela n'est possible que si $s' = \sigma s'$ ($s' \in S'$). En utilisant la décomposition de Jordan, on trouve dans le cas où G^* a un centre connexe :

$$c(G) = \sum_{s'} c_u(C_G(s'))$$
$$c(\tilde{G}) = \sum_{s'=\sigma s'} c_u(C_{\tilde{G}}(s')) + 1/2 \sum_{s' \neq \sigma s'} c_u(C_G(s')) .$$

4.5. PROPOSITION (Lusztig). _Considérons les groupes_ $\tilde{G}$ _et_ G _de_ (4.4). _Supposons que_ G _vérifie les propriétés_ (a) _et_ (b) _suivantes_ :

a) _toutes les composantes de_ $\Delta(G)$ _sont de type_ A_n ou D_n (_pour diverses valeurs de_ n)

b) G _et_ G^* _ont des centres connexes_.

<u>Alors</u> $r_u(\tilde{G}) = c_u(\tilde{G})$.

Considérons un groupe $H = \Pi GL_{n_i} \times \Pi SO_{2m_j}$ ($n_1, n_2, \ldots$ et $m_1, m_2, \ldots$ tels que $\Delta_o(H) = \Delta_o(G)$) muni d'une structure rationnelle correspondant à celle de G et choisissons un automorphisme σ de H (défini sur $\mathbb{F}_q$) d'ordre 2 qui agisse sur $\Delta_o(H)$ comme $\tilde{G}/G$ sur $\Delta_o(G)$. Soit $\tilde{H}$ le produit semi-direct de H et $\{1, \sigma\}$. On déduit de [7] que $r_u(\tilde{H}) = r_u(\tilde{G})$. D'autre part $c_u(\tilde{H}) = c_u(\tilde{G})$ d'après (1.4) et le théorème de Lang [39, p. 174]. Il suffit de démontrer la proposition pour $\tilde{G} = \tilde{H}$.

Dans ce cas G^* est isomorphe à G , et on peut identifier ces deux groupes. On peut donc prendre $S = S'$. L'égalité $r(\tilde{G}) = c(\tilde{G})$ donne :

$$\sum_{s=\sigma s} c_u(C_{\tilde{G}}(s)) + 1/2 \sum_{s\neq\sigma s} c_u(C_G(s)) = \sum_{s=\sigma s} |\tilde{X}_s| + 1/2 \sum_{s\neq\sigma s} |X_s| .$$

Tous les groupes $C_G(s)$ sont des sous-groupes de Lévi de sous-groupes paraboliques de G (en particulier parce que $p = 2$) . On a donc $|X_s| = r_u(C_G(s))$. Tous les termes avec $s \neq \sigma s$ disparaissent, et il reste :

$$\sum_{s=\sigma s} c_u(C_{\tilde{G}}(s)) = \sum_{s=\sigma s} |\tilde{X}_s| .$$

Considérons d'une part l'action de $C_{\tilde{G}}(s)/C_G(s) \cong \tilde{G}/G$ sur l'ensemble des représentations unipotentes de $C_G(s)$, et d'autre part l'action de $\tilde{G}/G$ sur X_s . Il découle de [20] que la correspondance entre X_s et les représentations unipotentes de $C_G(s)$ est compatible avec ces actions. Par conséquent $r_u(C_{\tilde{G}}(s)) = |\tilde{X}_s|$ si $s = \sigma s$.

Les groupes $C_{\tilde{G}}(s)$ et $C_G(s)$ sont du type considéré dans la proposition. Par induction sur $\dim G$ on peut supposer que $r_u(C_{\tilde{G}}(s)) = c_u(C_{\tilde{G}}(s))$ si $s \notin Z(\tilde{G})$, où $Z(\tilde{G})$ est le centre de $\tilde{G}$. Les termes avec $s = \sigma s$, $s \notin Z(\tilde{G})$ disparaissent, et il reste

$$|Z(\tilde{G})^F| c_u(\tilde{G}) = |Z(\tilde{G})^F| r_u(\tilde{G}) \text{ , d'où } c_u(\tilde{G}) = r_u(\tilde{G}) .$$

4.6. COROLLAIRE (Lusztig). <u>Si</u> V <u>est un espace vectoriel sur</u> $\mathbb{F}_q$, <u>de di-</u>

<u>mension</u> n , <u>il y a exactement</u> $p(n)$ <u>classes d'équivalence de formes bilinéaires unipotentes sur</u> V , <u>où</u> $p(n)$ <u>est le nombre de partitions de</u> n .

Soit $V' = V \otimes_{\mathbb{F}_q} k$, soit $\tilde{G} = G(V')$ (défini comme en (2.7)) et soit $G = GL(V') = (\tilde{G})^o$. Munissons $\tilde{G}$ de la structure rationnelle sur $\mathbb{F}_q$ telle que $\tilde{G}^F$ soit formé de $GL(V)$ et des formes bilinéaires non-singulières sur V . On sait que $GL(V)$ a $p(n)$ représentations unipotentes et que le $\mathbb{Z}$-module engendré par leurs caractères est aussi engendré par les caractères de la forme $\mathrm{Ind}_{P^F}^{GL(V)}(1)$, où P est un sous-groupe parabolique de $GL(V')$ défini sur $\mathbb{F}_q$. Il est facile de vérifier que $\mathrm{Ind}_{P^F}^{GL(V)}(1)$ est invariant sous l'action de $\tilde{G}/G$. On a donc $r_u(\tilde{G}) = 2p(n)$. Mais $\tilde{G}^F$ a $p(n)$ classes unipotentes contenues dans $G^F = GL(V)$. D'après la proposition, il y a aussi $p(n)$ classes unipotentes dans $\tilde{G}^F - G^F$, c'est-à-dire $p(n)$ classes d'équivalence de formes bilinéaires unipotentes sur V .

4.7. Soit H un groupe algébrique semi-simple simplement connexe de type E_7 défini sur $\mathbb{F}_q$. D'après [39, p.174] H possède un sous-groupe parabolique P défini sur $\mathbb{F}_q$ qui a un sous-groupe de Levi G de type E_6 défini sur $\mathbb{F}_q$, et G est unique à conjugaison par un élément de H^F près.

On peut prendre pour H^* le goupe adjoint de H , et on a alors un homomorphisme $f : H \to H^*$ défini sur $\mathbb{F}_q$. Comme $p = 2$, le centre de H est trivial et donc f est bijectif. L'image de G par f est définie sur $\mathbb{F}_q$ et est un sous-groupe de Levi d'un sous-groupe parabolique de H^* défini sur $\mathbb{F}_q$. Remarquons que de tels sous-groupes de H^* sont certainement conjugués. D'après [20, 7.2], G^* est isomorphe à un sous-groupe de H^* qui a ces propriétés. On peut donc prendre $G^* = f(G)$. En particulier, comme f est bijectif, on peut identifier les systèmes de représants S et S' pour les classes semi-simples de G^{*F} et G^F respectivement.

Soit $\tilde{G} = N_H(G)$. On vérifie facilement que $\tilde{G}$ est engendré par $G = G^o$ et par un élément $x \in N_H(T)$ qui représente l'élément de longueur maximale dans le groupe de Weyl de H (T étant un tore maximal défini sur $\mathbb{F}_q$, contenu dans un sous-groupe de Borel B de P défini sur $\mathbb{F}_q$). Par conjugaison, x agit comme -1 sur le système de racine de G, donc $\tilde{G}/G$ agit non trivialement sur $\Delta(G)$.

Les égalités $2c(\tilde{G}) = 2r(\tilde{G})$ et $c(G) = r(G)$ donnent :

$$2\sum_{s=\sigma s} c_u(C_{\tilde{G}}(s)) + \sum_{s\neq\sigma s} c_u(C_G(s)) = 2\sum_{s=\sigma s} |\tilde{X}_s| + \sum_{s\neq\sigma s} |X_s|$$

$$\sum_{s=\sigma s} c_u(C_G(s)) + \sum_{s\neq\sigma s} c_u(C_G(s)) = \sum_{s=\sigma s} |X_s| + \sum_{s\neq\sigma s} |X_s| .$$

En soustrayant et en réarrangeant les termes, on obtient :

$$2\sum_{s=\sigma s} c_u(C_{\tilde{G}}(s)) - |\tilde{X}_s|) = \sum_{s=\sigma s} (c_u(C_G(s)) - |X_s|) .$$

Pour tout $s \in S$, $C_G(s)$ est un groupe réductif de même rang que G , et on déduit facilement de [3] que les possibilités sont les suivantes :

a) si $s = 1$, $C_{\tilde{G}}(s) = \tilde{G}$;

b) il existe un unique $s_o \in S$ tel que $s_o = \sigma s_o$ et tel que $C_G(s_o)$ soit de type $A_2 + A_2 + A_2$;

c) si $s \in S-\{1,s_o\}$ et $s = \sigma s$, alors $C_G(s)$ est un sous-groupe de Levi d'un sous-groupe parabolique propre de G , et est du type considéré dans (4.5). On a alors $|X_s| = r_u(C_G(s)) = c_u(C_G(s))$ d'après [20], et d'après la démonstration de (4.5) on a aussi $|\tilde{X}_s| = c_u(C_{\tilde{G}}(s))$.

Il ne reste donc que les termes avec $s = 1$ et $s = s_o$. Comme de plus $|\tilde{X}_s| \leq 2|X_s|$ et $c_u(C_G(s)) \leq 2c_u(C_{\tilde{G}}(s))$, on obtient

$$2c_u(\tilde{G}) \leq 3|X_1| + 3|X_{s_o}| + c_u(G) .$$

Si G avait un nombre infini de classes unipotentes, le terme de gauche pourrait être rendu arbitrairement grand en remplaçant q par une puissance convenable. Mais le terme de droite a une borne indépendante de q [18]. Le groupe G n'a donc qu'un nombre fini de classes unipotentes.

Cela démontre le théorème (4.1).

4.8. Soit G un groupe réductif (défini sur un corps algébriquement clos k quelconque) et soit xG^0 une composante unipotente de G . Comme G n'a qu'un nombre fini de classes unipotentes et que $\mathcal{U}(xG^0)$ est irréductible, il existe une G^0-classe unipotente C (unique) telle que $\overline{C} = \mathcal{U}(xG^0)$. On dit que C est la classe unipotente <u>régulière</u> contenue dans xG^0 .

CHAPITRE II

POINTS FIXES SUR LA VARIETE DES SOUS-GROUPES DE BOREL

1. Equidimensionalité.

Nous montrons dans ce paragraphe que $\mathcal{B}_u^G$ est connexe et que pour tout $x \in G$ les composantes irréductibles de $\mathcal{B}_x^G$ ont toutes la même dimension. Ces résultats sont connus si G est connexe [36], [42, p.131], [35]. Nous utiliserons certaines sous-variétés de $\mathcal{B}^G$ isomorphes à des droites projectives qui ont été introduites par Tits dans le cas où G est connexe.

1.1. Pour étudier $\mathcal{B}_x^G$, on peut souvent supposer que G est réductif ou semi-simple : il suffit de remplacer G par G/U_G ou G/R_G. Il est souvent possible aussi de supposer que G est engendré par G^o et x. Si c'est le cas, soient $G_1, \ldots G_r$ les sous-groupes connexes distingués minimaux de G. Alors $\mathcal{B}_x^G \cong \prod_{1 \leq i \leq r} \mathcal{B}_x^{G_i}$. On peut donc supposer aussi que G n'a pas de sous-groupes distingués connexes autres que 1 et G^o. Si c'est le cas, soient $H_1, \ldots, H_s$ les sous-groupes connexes distingués minimaux de G^o. Alors $\mathcal{B}_x^G \cong \mathcal{B}_{(x^s)}^{H_1}$. On peut donc supposer encore que $\Delta_o(G)$ est connexe.

Quand G est semi-simple, on peut souvent remplacer aussi G par $\mathrm{Aut}(G^o)$.

1.2. LEMME. <u>Supposons que</u> $B_o, B_j \in \mathcal{B}_u^G$ <u>et</u> $(B_o, B_j) \in O(w)$.
<u>Alors</u> :

a) $w \in W^u$;

b) <u>si</u> $\ell_u(w) = j$ <u>et</u> $w = s_1^* s_2^* \ldots s_j^*$ $(s_1, \ldots, s_j \in \Pi)$, <u>alors les sous-groupes de Borel</u> $B_1, \ldots, B_{j-1}$ <u>de</u> (0,12) <u>appartiennent tous</u> à $\mathcal{B}_u^G$.

On a (a) parce que (B_o, B_j) est fixé par u , et (b) découle de l'unicité de $B_1, \ldots, B_{j-1}$.

1.3. LEMME. <u>Si</u> $s \in \Pi$ <u>et</u> $P \in \mathcal{P}^o_{o(s)}$, <u>on a</u> :

a) $\mathcal{B}_u^G \cap \mathcal{B}^P$ <u>est vide, ou bien réduit à un point, ou bien isomorphe à</u> $\mathbb{P}^1$;

b) <u>si, de plus,</u> $B \in \mathcal{B}_u^G$ <u>et</u> $P \supset B$, <u>alors</u> $V(s) = \{v \in \mathcal{U}(uB) \mid \dim \mathcal{B}_v^P = 1\}$ <u>est une hypersurface dans</u> $\mathcal{U}(uB)$.

On peut supposer que $B \in \mathcal{B}_u^G$ et $P \supset B$, Alors $u \in P$. Il suffit de prouver le lemme avec G remplacé par P . Les remarques de (1.1) montrent alors qu'il suffit de prouver le lemme dans les deux cas suivants :

a) G est connexe simple de type A_1 ;

b) $G = \mathrm{Aut}(SL_3)$, $p = 2$ et $u \in G - G^o$.

Cela se vérifie comme suit.

1.4. Si G est connexe simple de type A_1 , $\mathcal{U}(uB) = U \cong \mathbb{A}^1$. Si $u \in U$ et $u \neq 1$, $\mathcal{B}_u^G = \{B\}$. Si $u = 1$, $\mathcal{B}_u^G \cong \mathcal{B}^G \cong \mathbf{P}^1$.

1.5. Soit E un espace vectoriel sur k , de dimension 3 , et supposons que $p = 2$. Définissons $G = G(V)$ comme en (I.2.7) . Alors $\mathrm{Aut}(SL(E)) \cong G/Z$, où Z est le centre de $GL(E)$.

Soit $f \in G$ une forme bilinéaire unipotente. De la classification donnée en (I.2.7) , on déduit qu'il y a deux cas. Si $f^2 \in GL(E)$ a un seul bloc de Jordan, alors $\mathcal{B}_f^G \subset \mathcal{B}_{f^2}^G$ est réduit à un seul point. Sinon, $f^2 = 1$. Alors f est symétrique et $\mathcal{B}_f^G$, étant isomorphe à la variété des drapeaux isotropes pour f, est isomorphe à $\mathbf{P}^1$. Cela prouve (1.3.a) pour $\mathrm{Aut}(SL(E))$.

Choisissons maintenant une base (e_1, e_2, e_3) de E telle que B corresponde aux matrices triangulaires supérieures. Une forme bilinéaire $f \in N_G(B)$ a une matrice de la forme

$$\begin{pmatrix} 0 & 0 & f_{13} \\ 0 & f_{22} & f_{23} \\ f_{31} & f_{32} & f_{33} \end{pmatrix}$$

où $f_{ij} = f(e_i, e_j)$. Il est facile de vérifier que f est unipotente si et seulement si $f_{13} = f_{31}$, et f est symétrique si et seulement si $f_{13} = f_{31}$ et $f_{23} = f_{32}$. Comme $f \mapsto (f_{23} + f_{32})/f_{22}$ est une fonction régulière sur $(N_G(B) - B)/Z$, cela démontre (1.3.б) pour $\mathrm{Aut}(SL(E))$.

1.6. <u>Définition</u>. Une sous-variété L de $\mathcal{B}^G$ est une droite de type s $(s \in \Pi)$ si $\dim L = 1$ et s'il existe $P \in \mathcal{P}_{o(s)}^o$ et $v \in \mathcal{U}(uG^o \cap P)$ tels que $L = \mathcal{B}_v^P$. Si G est réductif et $s = s_\alpha$ $(\alpha \in \Pi')$, on dit aussi que L est une droite de type α.

1.7. COROLLAIRE. <u>Deux points quelconques de $\mathcal{B}_u^G$ peuvent être reliés par une suite d'arcs de droites du type décrit ci-dessus entièrement contenues dans $\mathcal{B}_u^G$ (pour différents $s \in \Pi$). En particulier $\mathcal{B}_u^G$ est connexe.</u>

C'est une conséquence de (1.2) et (1.3).

1.8. COROLLAIRE. <u>Il existe dans uG^o un élément unipotent v tel que</u> $|\mathcal{B}_v^G| = 1$.

Nous pouvons supposer que G est réductif. Alors uG^0 contient un élément unipotent x qui normalise B et T (par exemple la partie unipotente de n'importe quel élément de $N_N(T) \cap uG^0$) . Choisissons une racine $\alpha_1,\ldots,\alpha_m$ dans chaque x-orbite dans Π' . Alors $v = x \prod_{1\leq i\leq m} x_{\alpha_i}(1)$ est unipotent et $B \in \mathcal{B}_v^G$. Il est facile de vérifier que pour tout $\alpha \in \Pi'$ il n'y a pas de droite de type α passant par B et contenue dans $\mathcal{B}_v^G$. On a donc $\mathcal{B}_v^G = \{B\}$.

Remarquons que cela complète la démonstration de (I.1.6).

1.9. Soit x un élément quelconque de G . Il existe une correspondance naturelle entre $c\ell^0(x) \cap N$ et $\mathcal{B}_x^G$.

Considérons les morphismes $\Pi_1 : G^0 \to \mathcal{B}^G$, $g \mapsto {}^gB$ et $\Pi_2 : G^0 \to c\ell(x)$, $g \mapsto g^{-1} x g$. Soient $Y = \Pi_1^{-1}(\mathcal{B}_x^G) = \Pi_2^{-1}(c\ell^0(x) \cap N)$, $Y_\sigma = \Pi_1^{-1}(X_\sigma)$ $(\sigma \in S(x))$, $Y_i = \Pi_2^{-1}(C_i)$ $(1\leq i\leq n)$, où $C_1,\ldots,C_n$ sont les composantes irréductibles de $c\ell^0(x) \cap N$. Les variétés Y_i et Y_σ sont fermées dans Y , $C_{G^0}(x)YB = Y$, $C_{G^0}(x)Y_iB = Y_i$ et $C_G(x)^0 Y_\sigma B = Y_\sigma$.

Pour tout $\sigma \in S(x)$, Y_σ est irréductible car X_σ et B le sont (0.17), et $(Y_\sigma)_{\sigma \in S(x)}$ est donc la famille des composantes irréductibles de Y . De plus, $C_{G^0}(x)Y_\sigma = \bigcup_{a\in A_0(x)} Y_{a\sigma}$ est une réunion de fibres de Π_2 et est fermé dans Y . Comme Π_2 est un morphisme ouvert, $\Pi_2(Y_\sigma)$ $= \Pi_2\left(\bigcup_{a\in A_0(x)} Y_{a\sigma}\right)$ est fermé dans $c\ell^0(x) \cap N$. On en déduit que pour chaque i $(1 \leq i \leq n)$, il existe $\tau \in S(x)$ tel que $\Pi_2(Y_\tau) = C_i$.

Supposons que $\Pi_2(Y_\sigma) \subset C_i$. Alors Y_σ est une composante irréductible de Y_i . Si $C_i = \Pi_2(Y_\tau)$, $Y_i = \bigcup_{a\in A_0(x)} Y_{a\tau}$. Les composantes irréductibles de Y_i sont donc de la forme $Y_{a\tau}$, donc σ est de cette forme et $\Pi_2(Y_\sigma) = C_i$.

Cela définit une surjection naturelle $\Pi : S(x) \to \{C_1,\ldots,C_n\}$,

$\sigma \mapsto \Pi_2(\Pi_1^{-1}(X_\sigma))$. Pour tout i $(1 \leq i \leq n)$, $S_i = \Pi^{-1}(C_i)$ est une A_o-orbite dans $S(x)$.

Plus généralement le même argument donne une bijection entre l'ensemble des $C_{G^o}(x)$-orbites dans $\mathcal{B}_x^G$ et l'ensemble des B-orbites dans $\mathcal{cl}^o(x) \cap N$, et les orbites fermées se correspondent. De même, à toute sous-variété irréductible B-stable de $\mathcal{cl}^o(x) \cap N$ de codimension r correspond une sous-variété $C_{G^o}(x)$-stable de $\mathcal{B}_x^G$ dont les composantes irréductibles sont permutées transitivement par $A_o(x)$, et chaque composante est de codimension r dans $\mathcal{B}_x^G$.

Un argument similaire donne une correspondance bijective entre l'ensemble des $A(x)$-orbites dans $S(x)$ et l'ensemble des N/B-orbites dans l'ensemble des composantes irréductibles de $\mathcal{cl}(x) \cap N$.

1.10. Avec les notations de (1.9), on a, si $\sigma \in S_i$,

$\dim X_\sigma + \dim B = \dim C_i + \dim C_G(x)$.

1.11. LEMME. <u>Soit</u> X <u>une sous-variété fermée irréductible de</u> $\mathcal{B}_u^G$. <u>Supposons que pour un certain</u> $s \in \Pi$ <u>chaque</u> $x \in X$ <u>appartienne à une droite de type</u> s <u>contenue dans</u> $\mathcal{B}_u^G$. <u>Si ces droites ne sont pas toutes contenues dans</u> X , <u>leur réunion</u> Y <u>est alors une sous-variété fermée irréductible de</u> $\mathcal{B}_u^G$ <u>et</u> $\dim Y = \dim X + 1$.

Soit $\overline{O(s^*)}$ l'adhérence de $O(s^*)$ dans $\mathcal{B}^G \times \mathcal{B}^G$. Soit $Y' = (X \times \mathcal{B}_u^G) \cap \overline{O(s^*)}$. C'est une variété projective qui est irréductible car X est irréductible et toutes les fibres de $pr_1 : Y' \to X$ sont isomorphes à $\mathbb{P}^1$, et de plus $\dim Y' = \dim X + 1$ (on utilise (1.3) et (0.17)). La variété $Y = pr_2(Y')$ est donc une sous-variété fermée irréductible de $\mathcal{B}_u^G$, et $\dim Y \leq \dim Y' = \dim X + 1$. On doit avoir $\dim Y = \dim X + 1$ car $Y \supset X$ et $Y \neq X$.

1.12. PROPOSITION. Toutes les composantes irréductibles de $\mathcal{B}_u^G$ ont la même dimension.

D'après (1.7), il suffit de prouver que si X_σ est une composante irréductible de dimension maximale et L une droite de type s contenue dans $\mathcal{B}_u^G$ telle que $L \cap X_\sigma \neq \emptyset$, alors L est contenue dans une composante de dimension maximale.

Avec les notations de (1.3), $V(s)$ est une hypersurface dans $\mathcal{U}(uG^o \cap N)$. Utilisons la correspondance de (1.9) avec $x = u$. Choisissons $B' \in L \cap X_\sigma$. Si $\sigma \in S_i$, soit $X \ni B'$ une composante irréductible de la sous-variété de $\mathcal{B}_u^G$ correspondant à $C_i \cap V(s)$. Si X_σ est une réunion de droites de type s, alors $L \subset X_\sigma$ et il n'y a rien à démontrer. Dans le cas contraire, X est de codimension 1 dans $\mathcal{B}_u^G$ car $\operatorname{codim}_{C_i}(V(s) \cap C_i) = 1$ et $\dim C_i = \dim(c\ell^o(u) \cap N)$.

Il existe $a \in A_o(u)$ tel que $X \subset X_{a\sigma}$, et $X_{a\sigma}$ est une composante irréductible de dimension maximale. On peut supposer que $L \not\subset X$. Mais par tout point de X passe une droite de type s contenue dans $\mathcal{B}_u^G$. Par conséquent la réunion de ces droites est une sous-variété fermée irréductible de $\mathcal{B}_u^G$ contenant L, de dimension $\dim X + 1 = \dim \mathcal{B}_u^G$. C'est la composante irréductible cherchée.

1.13. On dit qu'un élément $x \in G$ est quasi-semi-simple s'il normalise un sous-groupe de Borel de G et un tore maximal de ce sous-groupe [41]. Nous dirons que x est presque semi-simple si pour tout $B' \in \mathcal{B}_x^G$ il existe un tore maximal de B' normalisé par x si de plus $c\ell_{B'}(x)$ est fermée dans G. D'après [16, p.117] et [41, p.51], tout élément semi-simple est presque semi-simple, et il est clair que tout élément presque semi-simple est quasi-semi-simple. Nous montrerons plus loin que si G est réductif et x quasi-semi-simple, alors x est presque semi-simple.

1.14. LEMME. <u>Soit</u> $x = su$ <u>la décomposition de Jordan d'un élément quelconque</u> $x \in G$. <u>Alors</u> $rg_x(G) = rg_u(C_G(s))$.

On peut supposer que $B \in \mathcal{B}_x^G = \mathcal{B}_s^G \cap \mathcal{B}_u^G$ et que s normalise T . Alors $S = C_T(s)^o$ est un tore maximal de $C_G(s)$ (I.1.2). Choisissons un élément $y \in uC_N(s)^o$ qui normalise S .

Comme s est semi-simple, $c\ell_B(s)$ est fermée dans N . D'après (1.9) la $C_{G^o}(s)$-orbite de B dans $\mathcal{B}_s^G$ est donc fermée et, par conséquent, complète, ce qui montre que $B \cap C_{G^o}(s)$ est un sous-groupe parabolique de $C_{G^o}(s)$. On en déduit que $C_B(s)^o$ est un sous-groupe de Borel de $C_G(s)$. D'après (I.1.2) on a donc $rg_u(C_G(s)) = \dim C_S(y)^o$, $rg_x(G) = rg_x(N)$ et $rg_u(C_G(s)) = rg_u(C_N(s))$. En particulier, on peut remplacer G par N et G^o par B .

Soit alors $x' \in xB$ un élément qui normalise T et soit $x' = s'u'$ sa décomposition de Jordan. On a $s' \in sB$, $u' \in uB$ et $rg_x(N) = rg_{x'}(N) = \dim C_T(x')^o$. Mais s et s' diffèrent par un élément de B qui normalise (et donc centralise) T , ce qui fait que $C_T(s')^o = C_T(s)^o = S$. De même, y et u' diffèrent par un élément de B qui normalise S , et donc $C_S(u')^o = C_S(y)^o$. Comme $C_T(x')^o = C_S(u')^o$, on en déduit que $rg_u(C_G(s)) = \dim C_S(y)^o = \dim C_T(x')^o = rg_{x'}(G) = rg_x(G)$.

1.15. LEMME. <u>Supposons que</u> G <u>soit réductif et que</u> $x \in G$ <u>normalise</u> B <u>et</u> T . <u>Soit</u> G' <u>le groupe dérivé de</u> G^o <u>et soit</u> T_o <u>la composante neutre de</u> $\{t \in T \cap G' | \alpha(t) = \beta(t) \quad \forall \alpha, \beta \in \Pi'\}$. <u>Alors, si</u> G^o <u>n'est pas un tore, on a</u> :

a) T_o <u>est un tore de dimension</u> 1 <u>et</u> $T_o \subset C_T(x)$;

b) T <u>est le seul tore maximal de</u> G <u>contenant</u> $C_T(x)^o$;

c) $C_T(x)^o$ <u>est un tore maximal de</u> $C_G(x)$;

d) $c\ell^o(x) \cap N_N(T) = c\ell_H(x)$, <u>où</u> $H \supset T$ <u>est le sous-groupe de</u> $N_{G^o}(T)$ <u>correspondant à</u> W^x ;

e) $cl_B(x)$ <u>est fermée dans</u> N ; <u>pour tout</u> $y \in N$, $\overline{cl_B(y)}$ <u>contient des éléments qui normalisent</u> B <u>et</u> T ;

f) $cl(x)$ <u>et</u> $cl^o(x)$ <u>sont fermées dans</u> G .

L'assertion (a) est évidente, (b) découle du fait que T_o contient des éléments réguliers [42, p.96] et (c) a déjà été démontré (I.1.2).

Si $y = gxg^{-1} \in N_N(T)$ $(g \in G^o)$, y normalise B et T , donc d'après (c) $C_T(y)^o$ et $C_{gTg^{-1}}(y)^o$ sont des tores maximaux de $C_G(y)$. Il existe donc $z \in C_G(y)^o$ tel que $C_{hTh^{-1}}(y)^o = C_T(y)^o$, où $h = zg$. D'après (b) on a ${}^hT = T$, donc $h \in N_{G^o}(T)$. Il est clair que $hxh^{-1} = y$. Comme $xT = yT$, on a aussi $h(xT)h^{-1} = xT$, et cela montre que $h \in H$. On en déduit (d).

Si $t \in T$ et $v \in U$, $(tv)x(tv)^{-1} = x(x^{-1}txt^{-1})(t(x^{-1}vxv^{-1})\ t^{-1})$. Mais $t(x^{-1}vxv^{-1})t^{-1} \in U$, et $T' = \{x^{-1}txt^{-1} \mid t \in T\}$ est un sous-tore de T . On a donc $xT' \subset cl_B(x) \subset xT'U$. En outre $xT'U$ est une sous-variété fermée B-stable de N , et si $y = xtv$ $(t \in T',\ v \in U)$, alors $xt \in \overline{cl_{T_o}(y)}$. Cela montre que $cl_B(x) \subset \overline{cl_B(y)}$. Cela implique (e), et aussi (f) puisque G/B est une variété complète.

1.16. LEMME. <u>Soit</u> $x \in G$ <u>un élément qui normalise</u> B <u>et</u> T . <u>Alors</u> $cl^o(x) \cap N_N(T)$ <u>est contenu dans la réunion des</u> U_G<u>-orbites des éléments de</u> $cl_H(x)$, <u>où</u> H <u>est défini comme en</u> (1.15.d).

On peut supposer que G^o n'est pas résoluble. Soit Π l'homomorphisme canonique $G \to G/U_G$. Si $y \in cl^o(x) \cap N_N(T)$, on trouve comme dans la démonstration de (1.15.d) qu'il existe $g \in G^o$ tel que $y = gxg^{-1}$ et $C_T(y)^o = C_{gTg^{-1}}(y)^o$. Mais $\Pi(C_T(y)^o) = C_{\Pi(T)}(\Pi(y))^o$ et $\Pi(C_{gTg^{-1}}(y)^o)$ sont des tores maximaux de $C_{G/U_G}(\Pi(y))$. D'après (1.15.b) on a donc $\Pi(T) = \Pi(gTg^{-1})$, ce qui montre que ${}^gT \subset TU_G$. Donc T et ${}^gT$ sont des tores maximaux de TU_G , et il existe par conséquent $v \in U_G$ tel que ${}^{vg}T = T$.

Alors $vyv^{-1} \in cl_H(x)$, ce qui démontre le lemme puisque y est U_G-conjugué à vyv^{-1} .

1.17. PROPOSITION. Soit x un élément de G . Supposons que l'une des conditions (a), (b) suivantes soit satisfaite :

a) x est semi-simple ;

b) x est presque semi-simple et G est réductif.

Soit $H = C_G(x)$. Alors $B' \mapsto B' \cap H^0$ définit un morphisme H-équivariant de $\mathcal{B}_x^G$ dans $\mathcal{B}^H$ dont la restriction à n'importe quelle composante irréductible de $\mathcal{B}_x^G$ est un isomorphisme. De plus $U_H = C_{U_G}(x)$. En particulier H est réductif si G l'est.

Supposons que x normalise B et T . D'après (1.15) et (1.16), $cl^0(x) \cap N$ est une réunion finie de B-orbites qui sont toutes fermées. Ainsi B agit transitivement sur chacune des composantes irréductibles de $cl^0(x) \cap N$, et donc d'après (1.9) H^0 agit transitivement sur chacune des composantes irréductibles de $\mathcal{B}_x^G$ (qui sont donc disjointes). En particulier l'orbite de B est complète, ce qui montre que $B \cap H^0$ est un sous-groupe parabolique de H^0 , en fait un sous-groupe de Borel puisqu'il est résoluble.

Cela donne un morphisme F de $\mathcal{B}^H$ dans la composante irréductible de $\mathcal{B}_x^G$ qui contient B , qui est bijectif et H^0-équivariant.

Comme B^- est entièrement fixé par les conditions $B^- \supset T$ et $(B,B^-) \in O(w_G)$, B^- est aussi normalisé par x , donc $B^- \cap H^0$ est aussi un sous-groupe de Borel de H . Donc $U_H \subset (B \cap H^0) \cap (B^- \cap H^0) = TU_G \cap H^0$. Par conséquent $U_H \subset C_{U_G}(x)$, d'où $U_H = C_{U_G}(x)^0$. Dans le cas (a) $C_{U_G}(x)$ est connexe [16, p.118] , et cela est bien sûr vrai aussi dans le cas (b). On a donc $U_H = C_{U_G}(x)$.

Comme B peut être n'importe quel élément de $\mathcal{B}_x^G$, il suffit maintenant de vérifier que f a une différentielle surjective. Si G est réductif, $H \cap (U^- TU) = C_{U^-}(x) C_T(x) C_U(x)$ est un voisinage de 1 dans H, et la surjectivité de $(df)_1$ vient du fait que le morphisme $U^- \to \mathcal{B}^G$, $v \mapsto {}^v B$ a une différentielle bijective et que $\dim \mathcal{B}_x^G = \dim \mathcal{B}^H = \dim C_{U^-}(x)$. Si x est semi-simple, on se ramène au cas où G est réductif en remarquant que l'injection naturelle $C_{U^-}(x)/U_H \to U^-/U_G$ a une différentielle injective puisque les centralisateurs globaux et infinitésimaux des éléments semi-simples coïncident [16, p.116].

1.18. PROPOSITION. <u>Soit x un élément quelconque de G. Alors toutes les composantes irréductibles de $\mathcal{B}_x^G$ ont la même dimension, et toutes les composantes irréductibles de $c\ell(x) \cap N$ ont la même dimension</u>.

L'égalité (1.10) montre qu'il suffit de vérifier l'assertion concernant $\mathcal{B}_x^G$. Soit $x = su$ la décomposition de Jordan de x. D'après (1.17), $\mathcal{B}_x^G$ est une réunion disjointe de sous-variétés isomorphes à $\mathcal{B}_u^H$, où $H = C_G(s)$, et d'après (1.12) toutes les composantes irréductibles de $\mathcal{B}_u^H$ ont la même dimension.

2. Dimension de $\mathcal{B}_x^G$ et positions relatives.

Dans ce paragraphe G est supposé réductif.

Les résultats de (2.1) à (2.11) sont contenus dans [43] pour les groupes réductifs connexes, et on y trouve aussi (2.12) et (2.13) pour GL_n. La proposition (2.11) se trouve aussi dans [37], pour G connexe, et si de plus la caractéristique est bonne les résultats de [37] permettent aussi de démontrer (2.12) et (2.13).

2.1. L'application $\varphi : S(u) \times S(u) \to W$ définie en (0.13) a les propriétés suivantes :

a) $\varphi(\sigma,\tau) \in W^u$;

b) $\varphi(\tau,\sigma) = \varphi(\sigma,\tau)^{-1}$;

c) $\varphi(a\sigma,a\tau) = \varphi(\sigma,\tau)$ si $a \in A_0(u)$.

2.2. Soit $E = \{(B_1,B_2,x) \mid x \in \mathcal{C\ell}^0(u)$ et $B_1,B_2 \in \mathcal{B}_x^G\}$. Le groupe G^0 agit sur E par conjugaison. Si $\sigma,\tau \in S(u)$, soit $E_{\sigma,\tau} = G^0 . (X_\sigma \times X_\tau \times \{u\})$. C'est une sous-variété fermée irréductible de E et $\dim E_{\sigma,\tau} = \dim E$ $= 2 \dim \mathcal{B}_u^G + \dim \mathcal{C\ell}^0(u)$, d'après (1.12). De plus, $E_{\sigma,\tau} = E_{\sigma',\tau'}$ si et seulement s'il existe $a \in A_0(u)$ tel que $(\sigma',\tau') = (a\sigma,a\tau)$. Comme $E = \bigcup_{\sigma,\tau \in S(u)} E_{\sigma,\tau}$, les variétés $E_{\sigma,\tau}$ $(\sigma,\tau \in S(u))$ sont les composantes irréductibles de E .

2.3. Pour tout $w \in W$, soit $E_w = E \cap (O(w) \times \mathcal{C\ell}^0(u))$. Cette variété est vide si $w \notin W^u$. Si $\dim E_w = \dim E$, alors $\overline{E}_w$ contient au moins une composante irréductible $E_{\sigma,\tau}$ de E , et $\varphi(\sigma,\tau) = w$. Inversément, si $\varphi(\sigma,\tau) = w$, alors $E_{\sigma,\tau} \subset \overline{E}_w$,et donc $\dim E_w = \dim E$.

On a donc $\varphi[S(u) \times S(u)] = \{w \in W^u \mid \dim E_w = \dim E\}$.

2.4. Pour tout $w \in W$, soit $N_w = N \cap {}^wN$. On a $uG^0 \cap N_w = \emptyset$ si $w \notin W^u$. Si $w \in W^u$, soit $V_w = \mathcal{U}(uG^0 \cap N_w)$. D'après (I.1.6), V_w est irréductible et $\dim V_w = \dim N_w - rg_u(G) = \dim B - \ell(w) - rg_u(G) = \dim V_1 - \ell(w)$.

Comme G n'a qu'un nombre fini de classes unipotentes, il existe une unique G^0-classe unipotente C_w^0 telle que $C_w^0 \cap V_w$ soit dense dans V_w . Nous obtenons ainsi une application $W^u \to \mathcal{CU}^0(uG^0)$, $w \mapsto C_w^0$.

Pour toute sous-variété X de uG^0 , soit $Q(X) = \{w \in W^u \mid \overline{X \cap V_w} = V_w\}$. Nous considérons en particulier les ensembles $Q(\mathcal{C\ell}^0(u))$ et $Q(C_i)$ $(1 \leqslant i \leqslant n)$, où $C_1,\dots,C_n$ sont les composantes irréductibles de

$c\ell^{o}(u) \cap N$. On écrit aussi $Q(u)$ pour $Q(c\ell^{o}(u))$. On a $Q(u)$ $= \{w \in W^{u} \mid c\ell^{o}(u) = C_{w}^{o}\}$.

2.5. PROPOSITION. $\dim C_{G}(u) \geq 2 \dim \mathcal{B}_{u}^{G} + rg_{u}(G)$, <u>et il y a égalité si et seulement si</u> $Q(u) \neq \emptyset$.

Pour tout $w \in W^{u}$, $\dim E_{w} = \dim O(w) + \dim(V_{w} \cap c\ell^{o}(u)) \leq \dim G - rg_{u}(G)$, et il y a égalité si et seulement si $w \in Q(u)$. On a donc $\dim E \leq \dim G - rg_{u}(G)$, et il y égalité si et seulement si $Q(u) \neq \emptyset$.

D'après (2.2) , $\dim E = 2 \dim \mathcal{B}_{u}^{G} + \dim c\ell^{o}(u)$. Cela démontre la proposition puisque $\dim G = \dim c\ell^{o}(u) + \dim C_{G}(u)$.

2.6. COROLLAIRE. <u>Pour tout</u> $x \in G$, <u>on a :</u>

a) $\dim C_{G}(x) \geq 2 \dim \mathcal{B}_{x}^{G} + rg_{x}(G)$;

b) $\dim \mathcal{B}_{x}^{G} + \dim(c\ell^{o}(x) \cap N) \leq \dim B - rg_{x}(G)$;

c) $\dim c\ell^{o}(x) \geq 2 \dim(c\ell^{o}(x) \cap N) - rg(G) + rg_{x}(G)$.

<u>S'il y a égalité dans l'une de ces relations, elles sont toutes des égalités.</u>

D'après (1.10), $\dim \mathcal{B}_{x}^{G} + \dim B = \dim(c\ell^{o}(x) \cap N) + \dim C_{G}(x)$. On déduit (b) de (a) en remplaçant $\dim C_{G}(x)$ par $\dim \mathcal{B}_{x}^{G} + \dim B - \dim(c\ell^{o}(x) \cap N)$. On déduit (c) de (a) en remplaçant $\dim \mathcal{B}_{x}^{G}$ par $\dim(c\ell^{o}(x) \cap N) + \dim C_{G}(x) - \dim B$ et en utilisant les égalités : $\dim G = \dim C_{G}(x) + \dim c\ell^{o}(x) = 2 \dim B - rg(G)$.

Il suffit donc de considérer (a). Soit $x = su$ la décomposition de Jordan de x et soit $H = C_{G}(s)$. D'après (1.17) et (2.5), $\dim C_{H}(u) \geq 2 \dim \mathcal{B}_{u}^{H} + rg_{u}(H)$ et $\dim \mathcal{B}_{u}^{H} = \dim \mathcal{B}_{x}^{G}$. D'après (1.14), $rg_{u}(H) = rg_{x}(G)$. Comme $C_{H}(u) = C_{G}(x)$, on a donc $\dim C_{G}(x) \geq 2 \dim \mathcal{B}_{x}^{G} + rg_{x}(G)$.

2.7. Bala et Carter ont démontré que $Q(u) \neq \emptyset$ si G est connexe et si la caractéristique est 0 ou assez grande [1]. Pour les groupes classiques, on calculera $\dim \mathcal{B}_u^G$ et on en déduira qu'on a l'égalité dans (2.5) et (2.6). Pour les groupes exceptionnels, on montrera aussi par diverses méthodes qu'il y a toujours égalité. Les remarques de (I.1.14) et de (1.1) montrent alors que l'égalité est vraie en général (voir 10.15).

Pour simplifier les énoncés de (2.8) à (2.15), nous supposerons que l'égalité a déjà été démontrée. Ces résultats ne seront d'ailleurs pas utilisés par la suite.

2.8. Si $x \in G^0$, les relations de (2.6) deviennent, en tenant compte de (2.7) :

a) $\dim C_G(x) = 2 \dim \mathcal{B}_x^G + \mathrm{rg}(G)$;

b) $\dim \mathcal{B}_x^G + \dim(c\ell^0(x) \cap B) = \dim U$;

c) $\dim c\ell(x) = 2 \dim(c\ell(x) \cap B)$.

2.9. D'après (2.7), $Q(u) \neq \emptyset$. Il résulte de la démonstration de (2.5) que $\dim E_w = \dim E$ si et seulement si $w \in Q(u)$.

D'après (2.3), on a donc $\varphi(S(u) \times S(u)) = Q(u)$. Si $w \in Q(u)$, alors $E_w = G^0.(\{B\} \times \{{}^wB\} \times (V_w \cap c\ell^0(u)))$ est irréductible, et donc $\varphi(\sigma,\tau) = w$ est équivalent à $E_{\sigma,\tau} = \overline{E}_w$, d'après (2.3) . Les résultats précédents donnent :

2.10. PROPOSITION. Si $Q(u) \neq \emptyset$, l'application $\varphi : S(u) \times S(u) \to W^u$ a les propriétés suivantes :

a) $\varphi(\tau,\sigma) = \varphi(\sigma,\tau)^{-1}$;

b) $\varphi(\sigma',\tau') = \varphi(\sigma,\tau)$ si et seulement s'il existe $a \in A_0(u)$ tel que $(\sigma',\tau') = (a\sigma, a\tau)$;

c) $\varphi(S(u) \times S(u)) = Q(u)$.

2.11. PROPOSITION. <u>Soit</u> $\{u_1,\dots,u_m\}$ <u>un système de représentants des</u> G^o-<u>classes unipotentes contenues dans</u> uG^o . <u>Alors</u>

$$\sum_{1\leq i\leq m} |(S(u_i)\times S(u_i))/A_o(u_i)| = |W^u| .$$

D'après (2.7), les ensembles $Q(u_i)$ ne sont pas vides et forment une partition de W^u . Il suffit donc d'utiliser (2.10).

2.12. PROPOSITION. <u>Si</u> $Q(u)\neq\emptyset$, <u>alors</u> $|S(u)| \geq |\{w\in Q(u)|w^2=1\}|$ <u>et il y égalité si</u> $a^2=1$ <u>pour tout</u> $a\in A_o(u)$.

Soient $S_1,\dots,S_n$ les $A_o(u)$-orbites dans $S(u)$. Si $w\in Q(u)$, il existe i, j, $\sigma\in S_i$, $\tau\in S_j$ tels que $w=\varphi(\sigma,\tau)$. Si $w^2=1$, $\varphi(\sigma,\tau)=\varphi(\tau,\sigma)$, et il existe donc $a\in A_o(u)$ tel que $(\tau,\sigma)=(a\sigma,a\tau)$. En particulier $i=j$ et $w\in\varphi(S_i\times S_i)$.

Supposons que $a^2=1$ pour tout $a\in A_o(u)$. Alors $\varphi(\sigma,a\sigma)$ $=\varphi(a\sigma,a^2\sigma)=\varphi(a\sigma,\sigma)=\varphi(\sigma,a\sigma)^{-1}$. On a donc $\varphi(\sigma,\tau)^2=1$ si $\sigma,\tau\in S_i$.

On a montré que $\{w\in Q(u)|w^2=1\}\subset\bigcup_{1\leq i\leq n}\varphi(S_i\times S_i)$, et qu'il y a égalité si $a^2=1$ pour tout $a\in A_o(u)$. Cela démontre la proposition car $|\varphi(S_i\times S_i)| = |(S_i\times S_i)/A_o(u)| \leq |S_i|$ puisque $A_o(u)$ agit transitivement sur S_i , et il y a égalité si $A_o(u)$ est abélien.

2.13. PROPOSITION. <u>Soit</u> $\{u_1,\dots,u_m\}$ <u>un système de représentants des</u> G^o-<u>classes unipotentes contenues dans</u> uG^o . <u>Alors</u> :

$$\sum_{1\leq i\leq m} |S(u_i)| \geq |\{w\in W^u|w^2=1\}| .$$

<u>Il y a égalité si la condition suivante est satisfaite</u> : $\Delta(G^o)$ <u>n'a pas de composante de type</u> E_6, E_7, E_8, F_4 <u>ou</u> G_2, <u>et si</u> $p=3$ <u>aucune puissance de</u> u <u>n'agit par un automorphisme d'ordre</u> 3 <u>sur une composante de type</u> D_4 .

Comme $(Q(u_i))_{1\leq i\leq m}$ est une partition de W^u , l'inégalité découle de (2.12). Pour l'égalité on utilise (2.12) et (2.7), en remarquant que dans ce cas les groupes $A_o(u_i)$ décrits en (I.2.9) sont tous des produits directs de groupes d'ordre 2 (on utilise aussi les procédés de réduction de (1.1) et du paragraphe 1 du chapitre I).

2.14. <u>Remarque</u>. On sait que $|\{w \in W^u | w^2 = 1\}|$ est égal à la somme des degrés des représentations irréductibles de W^u .

2.15. On obtient des résultats similaires pour $\bar{\varphi} : S(u) \times S(u) \to \bar{W}$. Supposons que la composante uG^o soit centrale dans G/G^o . Alors $\bar{\varphi}(\sigma,\tau) \in \{\bar{w} | w \in W^u\}$ si $\sigma,\tau \in S(u)$, et si $\bar{w} = \bar{\varphi}(\sigma,\tau)$, alors $\bar{\varphi}(\tau,\sigma) = \overline{w^{-1}}$. Supposons que $Q(u) \neq \emptyset$ et soit $\bar{Q}(u) = \{\bar{w} | w \in Q(u)\}$. Alors $\bar{\varphi}(S(u) \times S(u)) = \bar{Q}(u)$ et $\bar{\varphi}(\sigma,\tau) = \bar{\varphi}(\sigma',\tau')$ si et seulement s'il existe $a \in A(u)$ tel que $(\sigma',\tau') = (a\sigma,a\tau)$. On a $|S(u)| \geq |\{\bar{w} \in \bar{Q}(u) | \bar{w} = \overline{w^{-1}}\}|$, et il y a égalité si $A(u)$ agit sur $S(u)$ par l'intermédiaire d'un quotient qui est un produit direct de groupes d'ordre 2. Si $\{u_1,\ldots,u_m\}$ est un système de représentants des classes unipotentes contenues dans uG^o , $\sum_{1 \leq i \leq m} |S(u_i)| \geq |\{\bar{w} | \bar{w} \in W^u$ et $\bar{w} = \overline{w^{-1}}\}|$ et il y a égalité si la condition suivante est satisfaite : $\Delta(G^o)$ n'a pas de composante de type E_6, E_7, E_8, F_4 ou G_2 , et aucun élément de G/G^o n'agit par un automorphisme d'ordre 3 sur une composante de type D_4 .

2.16. PROPOSITION. <u>Supposons que</u> $Q(u) \neq \emptyset$. <u>Soit</u> C_i <u>une composante irréductible de</u> $c\ell^o(u) \cap N$ <u>et soit</u> S_i <u>la</u> $A_o(u)$ - <u>orbite correspondante dans</u> $S(u)$.<u>Alors</u> $Q(C_i) = \varphi(S_i \times S(u)) = \{w \in W^u | \overline{C_i} = \overline{\mathcal{B}_{V_w}}\}$.

Supposons que $w = \varphi(\sigma,\tau)$ avec $\sigma \in S_i$, $\tau \in S(u)$. Alors $X' = \{B_1 \in X_\sigma | \exists B_2 \in \mathcal{B}^G_u$ tel que $(B_1,B_2) \in O(w)\}$ contient $pr_2((X_\sigma \times X_\tau) \cap O(w))$. Donc X' contient un ouvert non vide de X_σ . Cela montre que $C_i' = \{v \in C_i | \exists B' \in \mathcal{B}^G_v$ tel que $(B,B') \in O(w)\}$ contient un ouvert non vide de C_i . Si $v \in C_i'$ et $B' \in \mathcal{B}_v^G$ sont tels que $(B,B') \in O(w)$, il existe $b \in B$ tel que ${}^bB' = {}^{\dot w}B$, et alors $bvb^{-1} \in V_w$. Ainsi $\overline{C_i} \subset \overline{{}^BV_w}$. Mais $\overline{{}^BV_w} \subset \overline{c\ell^0(u) \cap N}$ puisque $\overline{c\ell^0(u) \cap V_w} = V_w$. On en déduit que $\overline{C_i} = \overline{{}^BV_w}$ puisque ces deux variétés sont irréductibles et que C_i est une composante irréductible de $c\ell^0(u) \cap N$.

On a donc $(S_i \times S(u)) \subset \{w \in W^u | \overline{{}^BV_w} = \overline{C_i}\}$.

Pour tout $w \in W^u$, il existe $v \in C_w^0$ et $\sigma, \tau \in S(v)$ tels que $w = \varphi(\sigma,\tau)$, et alors $\overline{{}^BV_w}$ est une composante irréducible de $\overline{C_w^0 \cap N}$
On en déduit facilement les inclusions restantes de la proposition.

2.17. COROLLAIRE. <u>Soient</u> $C_1,\ldots,C_n$ <u>les composantes irréductibles de</u> $c\ell^0(u) \cap N$. <u>Supposons que</u> $Q(u) \neq \emptyset$. <u>Alors aucun des</u> $Q(C_i)$ <u>n'est vide</u>, $Q(u)$ <u>est la réunion disjointe de</u> $Q(C_1),\ldots,Q(C_n)$, <u>et chaque</u> $Q(C_i)$ <u>contient au moins une involution qui peut être choisie de manière canonique</u>.

C'est une conséquence de (2.10) et (2.16). Pour l'involution dans $Q(C_i)$, on prend $\varphi(\sigma,\sigma)$, où $\sigma \in S(u)$ est dans la $A_0(u)$-orbite correspondant à C_i .

2.18. PROPOSITION. $\dim \mathcal{B}_u^G \leqslant \min\{\ell_u(w) | w \in \varphi(S(u) \times S(u))\}$.

Si $B' \in \mathcal{B}_u^G$, $w \in W^u$ et $s \in \Pi$ sont tels que $\ell_u(ws^*) = \ell_u(w) + 1$, toutes les fibres du morphisme $(\{B'\} \times \mathcal{B}_u^G \cap O(ws^*)) \to (\{B'\} \times \mathcal{B}_u^G \cap O(w))$ induit par le morphisme $O(ws^*) \to O(w)$ de (0.12) ont dimension $\leqslant 1$, d'après (1.3). On en déduit par récurrence que $\dim(\{B'\} \times \mathcal{B}_u^G \cap O(w)) \leqslant \ell_u(w)$ pour tout $w \in W^u$.

Choisissons maintenant $w_1 \in \varphi(S(u) \times S(u))$ tel que $\ell_u(w_1) = \min\{\ell_u(w) | w \in \varphi(S(u) \times S(u))\}$. Il existe alors $\sigma \in S(u)$ et $B' \in \mathcal{B}_u^G$ tels que $w_1 = \varphi(\{B'\} \times X_\sigma)$. On a alors $\dim \mathcal{B}_u^G = \dim X_\sigma = \dim(\{B'\} \times X_\sigma \cap O(w_1)) \leqslant \ell_u(w_1)$, ce qui démontre le lemme.

2.19. Remarque. Supposons que dans la démonstration de (2.18) la variété $\mathcal{B}_u^G$ ait la propriété suivante : pour tout $s \in \Pi$ et tout $B' \in \mathcal{B}_u^G$, $\mathcal{B}_u^G$ contient une droite de type s passant par B'. Alors le même argument montre que pour tout $w \in W^u$ on a $\dim(\{B'\} \times \mathcal{B}_u^G \cap O(w)) = \ell_u(w)$, et donc que $\dim \mathcal{B}_u^G = \ell_u(w_G)$.

2.20. PROPOSITION. Les conditions suivantes sont équivalentes :

a) $w_G \in \varphi(S(u) \times S(u))$;

b) $\varphi(S(u) \times S(u)) = \{w_G\}$;

c) $w_G \in Q(u)$;

d) $\dim \mathcal{B}_u^G = \ell_u(w_G)$;

e) u est quasi-semi-simple, c'est-à-dire qu'il existe $B' \in \mathcal{B}_u^G$ contenant un tore maximal normalisé par u ;

f) u est presque semi-simple, c'est-à-dire que pour tout $B' \in \mathcal{B}_u^G$, $c\ell_{B'}(u)$ est fermée dans $N_G(B')$ et il existe un tore maximal de B' normalisé par u.

De plus, si l'une des conditions ci-dessus est satisfaite et $B \in \mathcal{B}_u^G$, alors $c\ell^o(u) \cap N = c\ell_B(u)$.

Les implications (b) $\Rightarrow$ (a) et (f) $\Rightarrow$ (e) sont triviales. On a (c) $\Rightarrow$ (a) d'après (2.10) et (d) $\Rightarrow$ (b) d'après (2.18). On a aussi (a) $\Leftrightarrow$ (e) car $(B_1, B_2) \in O(w_G)$ si et seulement si $B_1 \cap B_2$ est un tore maximal et $O(w_G)$ est une orbite ouverte dans $\mathcal{B}^G \times \mathcal{B}^G$.

Supposons maintenant que u normalise B et T. D'après (I.1.4) $c\ell_T(u) = \mathcal{U}(uT) = V_{w_G}$. Donc $c\ell^o(u) = C^o_{w_G}$, d'où (e) $\Rightarrow$ (c). D'après (1.15), $c\ell_B(u)$ est fermée dans N, donc $c\ell_B(u)$ est une composante irréductible de $c\ell^o(u) \cap N$ d'après (2.16), puisque $V_{w_G} \subset c\ell_B(u)$. Par conséquent $C_{G^o}(u)$ agit transitivement sur une composante irréductible de $\mathcal{B}_u^G$ correspondant à $c\ell_B(u)$, d'après (1.9). Comme $\mathcal{B}_u^G$ est connexe, on en déduit que $\mathcal{B}_u^G$ est irréductible et que $C_{G^o}(u)$ agit transitivement sur $\mathcal{B}_u^G$. On a donc (e) $\Rightarrow$ (f), et (c) $\Rightarrow$ (b) puisque $|S(u)| = 1$. Cela montre aussi que $c\ell^o(u) \cap N = c\ell_B(u)$. Montrons que (f) $\Rightarrow$ (d). Si $B' \in \mathcal{B}_u^G$, soit $T' \subset B'$ un tore maximal normalisé par u. Soit $s \in \Pi$ et soit B'' l'unique élément de $\mathcal{B}^G$ tel que $B'' \supset T$ et $(B', B'') \in O(s^*)$. Par unicité $B'' \in \mathcal{B}_u^G$, et donc d'après (1.3) il existe une droite de type s contenue dans $\mathcal{B}_u^G$ et passant par B'. La remarque (2.19) montre que $\dim \mathcal{B}_u^G = \ell_u(w_G)$. La proposition est ainsi démontrée.

2.21. COROLLAIRE. Toute composante unipotente de G contient une unique G^o-classe unipotente quasi-semi-simple caractérisée par l'une quelconque des conditions équivalentes de (2.20). Cette G^o-classe est fermée dans G et est contenue dans l'adhérence de chaque G^o-classe unipotente de cette composante. Si u est unipotent quasi-semi-simple, alors $H = C_G(u)$ est réductif, H^o agit transitivement sur $\mathcal{B}_u^G$, et $B' \to B' \cap H^o$ définit un isomorphisme H-équivariant de $\mathcal{B}_u^G$ sur $\mathcal{B}^H$.

C'est une conséquence de (1.15), (1.17) et (2.20).

2.22. COROLLAIRE. Soit $g = su$ la décomposition de Jordan d'un élément quelconque $g \in G$. Les conditions suivantes sont équivalentes :

a) g est quasi-semi-simple ;

b) tout $B' \in \mathcal{B}_g^G$ contient un tore maximal normalisé par g ;

c) u est quasi-semi-simple dans $C_G(s)$;

d) $c\ell(g)$ est fermée dans G.

L'implication (b) $\Rightarrow$ (a) est triviale. On a (a) $\Rightarrow$ (d) par (1.15) et (d) $\Rightarrow$ (c) par (2.21). Il reste à montrer que (c) $\Rightarrow$ (b). Si $B' \in \mathcal{B}_g^G = \mathcal{B}_u^G \cap \mathcal{B}_s^G$, alors d'après (2.20) $B' \cap H^o \in \mathcal{B}_u^H$ contient un tore maximal de H normalisé par u, où $H = C_G(s)$. D'après (1.15) ce tore est contenu dans un unique tore maximal T' de B', et par unicité T' est normalisé par s

et u , donc par g .

3. Induction.

Dans ce paragraphe G est supposé réductif. On généralise au cas où G n'est pas connexe la construction de [22] (qui elle-même généralise [26]) .

3.1. Soit P un sous-groupe parabolique de G , soit L un sous-groupe de Levi de P et soit C une L^o-classe unipotente de L . Alors la sous-variété CU_P de $\mathcal{U}(P) \subset \mathcal{U}(G)$ est irréductible. Il existe donc une unique G^o-classe unipotente $\tilde{C}$ de G telle que $\tilde{C} \cap CU_P$ soit dense dans CU_P . On écrit $\tilde{C} = \mathrm{Ind}_{L,P}^G(C)$, et on dit que $\tilde{C}$ est la classe obtenue en induisant C de L à G (en utilisant P) .

Soit $u \in C$. Alors $uU_P \cap \tilde{C}$ est dense dans uU_P , et on peut donc choisir $v \in uU_P \cap \tilde{C}$.

3.2. PROPOSITION. <u>Supposons que dans la situation ci-dessus</u> $\dim C_L(u) = 2\dim \mathcal{B}_u^L + \mathrm{rg}_u(L)$. <u>Alors on a</u> :

a) $\dim C_G(v) = 2\dim \mathcal{B}_v^G + \mathrm{rg}_v(G)$.

b) $\dim C_G(v) = \dim C_L(u)$ <u>et</u> $\dim \mathcal{B}_v^G = \dim \mathcal{B}_u^L$.

c) $\mathcal{B}_v^P$ <u>est une réunion de composantes irréductibles de</u> $\mathcal{B}_v^G$.

d) $\tilde{C} \cap CU_P$ <u>est une</u> P^o<u>-classe de conjugaison dans</u> P .

e) $C_G(v)^o \subset P$, <u>et si</u> $g \in G^o$ <u>est tel que</u> $g^{-1}vg \in CU_P$, <u>alors il existe</u> $z \in C_{G^o}(v)$ <u>tel que</u> ${}^zP = {}^gP$.

f) $\tilde{C} \cap CU_P \cap N$ <u>est la réunion des composantes irréductibles de</u> $\tilde{C} \cap N$ <u>correspondant aux composantes de</u> $\mathcal{B}_v^G$ <u>contenues dans</u> $\mathcal{B}_v^P$.

g) <u>L'adhérence de</u> $\tilde{C}$ <u>est</u> $\bigcup_{g \in G^o} g(\overline{CU_P})g^{-1}$

On a certainement $\mathcal{B}_v^P = \mathcal{B}_u^L$, $\mathcal{B}_v^P \subset \mathcal{B}_v^G$, donc $\dim \mathcal{B}_u^L \leq \dim \mathcal{B}_v^G$, et $\dim \tilde{C} \cap N \geq \dim \tilde{C} \cap CU_P \cap N = \dim CU_P \cap N = \dim(C \cap (L \cap N)) + \dim U_P$. Remarquons aussi que $rg_u(L) = rg_v(G)$. En utilisant (2.6) pour $u \in L$, on trouve donc:

$$\dim \mathcal{B}_v^G + \dim \tilde{C} \cap N \geq \dim \mathcal{B}_u^L + \dim(C \cap (L \cap N)) + \dim U_P$$

$$= \dim B \cap L - rg_u(L) + \dim U_P = \dim B - rg_v(G) .$$

Mais d'après (2.6), $\dim \mathcal{B}_v^G + \dim \tilde{C} \cap N \leq \dim B - rg_v(G)$. Toutes les inégalités ci-dessus sont donc des égalités et d'après (2.6) on a (a) et (b), et aussi (c) puisque toutes les composantes irréductibles de $\mathcal{B}_v^P$ ont la même dimension.

On a certainement $\mathcal{cl}_{P^o}(v) \subset CU_P$, mais aussi $\dim \mathcal{cl}_{P^o}(v)$ $= \dim P - \dim C_P(v) \geq \dim P - \dim C_G(v) = \dim L + \dim U_P - \dim C_L(u)$ $= \dim C + \dim U_P = \dim CU_P$. Cela entraîne d'une part que $C_G(v)^o \subset P$ et d'autre part que $\tilde{C} \cap CU_P = \mathcal{cl}_{P^o}(v)$ puisque $\tilde{C} \cap CU_P$ est irréductible et v quelconque dans $\tilde{C} \cap CU_P$. On a donc (d) et aussi (e) puisque si $g \in G^o$ est tel que $g^{-1}vg \in CU_P$, il existe $p \in P^o$ tel que $p^{-1}(g^{-1}vg)p = v$, et on peut prendre $z = gp$.

Si $g \in G^o$ et ${}^gB \in \mathcal{B}_v^P$, alors $g \in P^o$ et $g^{-1}vg \in \mathcal{cl}_{P^o}(v) \cap N$ $= \tilde{C} \cap CU_P \cap N$. On en déduit facilement (f). L'assertion (g) découle du fait que G^o/P^o est une variété complète.

3.3. Soit P un sous-groupe parabolique de G et soit L un sous-groupe de Levi de P . Si un élément unipotent $y \in P$ est tel que $\dim \mathcal{B}_y^P$ $= \dim \mathcal{B}_y^G = \frac{1}{2}(\dim C_G(y) - rg_y(G))$ et si $x \in L$ est tel que $y \in xU_P$, des arguments semblables à ceux utilisés ci-dessus montrent que $\mathcal{cl}_{G^o}(y)$ $= \mathrm{Ind}_{L,P}^G(\mathcal{cl}_{L^o}(x))$ et que $\dim C_L(x) = 2\dim \mathcal{B}_x^L + rg_x(L)$. Les détails sont omis.

3.4. Soit P un sous-groupe parabolique de G rencontrant uG^{o}, soit L un sous-groupe de Levi de P et soit C la L^{o}-classe unipotente quasi-semi-simple de L contenue dans uG^{o}. On dit que $\tilde{C} = \mathrm{Ind}_{L,P}^{G}(C)$ est la <u>classe de Richardson</u> associée à P (ou à P^{o}) contenue dans uG^{o} (si G est connexe, c'est la situation étudiée par Richardson [26]).

Remarquons que si $x \in C$, alors $\dim C_L(x) = 2\dim \mathcal{B}_x^L + rg_x(L)$. On peut donc utiliser (3.2) dans ce cas.

3.5. On dit qu'une G^{o}-classe unipotente $\tilde{C}$ de G est <u>de type induit</u> s'il existe un sous-groupe parabolique P de G, un sous-groupe de Levi L de P et une L^{o}-classe unipotente C de L tels que $P^{o} \neq G^{o}$ et $\tilde{C} = \mathrm{Ind}_{L,P}^{G}(C)$. On dit que C est <u>rigide</u> dans le cas contraire.

3.6. Soient $P \subset Q$ des sous-groupe paraboliques de G et soient $L \subset M$ des sous-groupes de Levi de P et Q respectivement. Soit C une L^{o}-classe unipotente de L. La définition de l'induction entraîne immédiatement que $\mathrm{Ind}_{L,P}^{G}(C) = \mathrm{Ind}_{M,Q}^{G}(\mathrm{Ind}_{L,P\cap M}^{M}(C))$. En ce sens, l'induction est <u>transitive</u>.

3.7. PROPOSITION. <u>Soient</u> P <u>et</u> P' <u>des sous-groupes paraboliques de</u> G. <u>Supposons que</u> P <u>et</u> P' <u>aient un sous-groupe de Levi</u> L <u>en commun</u>. <u>Soit</u> C <u>une</u> L^{o}<u>-classe unipotente de</u> L. <u>Alors</u> $\mathrm{Ind}_{L,P}^{G}(C) = \mathrm{Ind}_{L,P'}^{G}(C)$.

Une démonstration pour le cas où G est connexe est donnée dans [26]. Montrons comment on peut en déduire le cas général.

Soit $u \in C$. On peut supposer que G est engendré par G^{o} et u. On peut supposer aussi que $P \supset B$ et $L \supset T$. Soit $P_1 \supset B$ un second sous-groupe parabolique de G rencontrant uG^{o}, soit L_1 son unique sous-groupe de Levi contenant T et soit C_1 une L_1^{o}-classe unipotente de L contenue dans uG^{o}. Il faut montrer que si $w \in W = N_{G^o}(T)/T$ est tel que

${}^{w}L = L_1$ et ${}^{w}C = C_1$, alors $\mathrm{Ind}_{L,P}^{G}(C) = \mathrm{Ind}_{L_1,P_1}^{G}(C_1)$. Remarquons qu'il suffit de considérer le cas où w centralise $N_N(T)/T$.

Considérons par exemple le cas où $p = 2$ et $G = G(V)$ (I.2.7). Il existe $s_o \in \Pi$ tel que $u \cdot s_o = s_o$ ou tel que s_o et $u \cdot s_o$ ne commutent pas. La u-orbite $o(s_o)$ de s_o dans Π est bien déterminée. Si $s_o \in W_P$, soit I_o le sous-ensemble de Π correspondant à la composante connexe de $\Delta_o(L)$ contenant s_o et soit $I = I_o \cup \{s \in \Pi \mid \forall s' \in I_o$, s et s' commutent$\}$. Si $s_o \notin W_P$, soit $I = \Pi - o(s_o)$. Soit $Q \supset B$ le sous-groupe parabolique de G contenant u et correspondant à I . Soit M l'unique sous-groupe de Levi de Q contenant T . On a alors $Q \supset P, P_1$ et $M \supset L, L_1$. Par transitivité de l'induction (3.6) il suffit de montrer que $\mathrm{Ind}_{L,P\cap M}^{M}(C) = \mathrm{Ind}_{L_1,P_1\cap M}^{M}(C_1)$, ce qui se fait facilement en utilisant les procédés de réduction du paragraphe 1 du chapitre I et le fait que la proposition est vraie pour les groupes connexes de type A_n .

On peut traiter de manière similaire le cas où $G = O_{2n}$ quand $p = 2$ et le cas des groupes correspondant aux symétries des graphes E_6 et D_4, quand p est l'ordre de la symétrie considérée.

Les procédés de réduction du paragraphe 1 du chapitre I montrent alors que la proposition est vraie en général.

On peut donc écrire $\mathrm{Ind}_{L}^{G}(C)$ au lieu de $\mathrm{Ind}_{L,P}^{G}(C)$.

3.8. Soit P un sous-groupe parabolique de G , soit L un sous-groupe de Levi de P et soit C une L^o-classe unipotente dans L . Soit π l'homomorphisme naturel $P \to L$. Choisissons $u \in C$ et $v \in uU_P \cap \tilde{C}$, où $\tilde{C} = \mathrm{Ind}_{L,P}^{G}(C)$. Alors $\pi(C_{P^o}(v)) \subset C_{L^o}(u)$, et de l'action de $C_{L^o}(u)$ sur $\mathcal{B}_u^L$ on déduit une action de $C_{P^o}(v)$ sur $\mathcal{B}_u^L$. L'isomorphisme $\mathcal{B}_u^L \cong \mathcal{B}_v^P$ est alors $C_{P^o}(v)$-équivariant. Remarquons que la restriction de π à $C_{P^o}(v) \to C_{L^o}(u)$ n'est pas surjective en général et que les actions de $C_{L^o}(u)$ et $C_{P^o}(v)$ sur $\mathcal{B}_u^L$ peuvent être très différentes.

Supposons par exemple que G soit connexe de type D_4 . Soit $\Pi = \{s,t_1,t_2,t_3\}$, où s correspond au point de ramification du graphe D_4 . Supposons que P corresponde à $\{s\} \subset \Pi$, c'est-à-dire que $W_P \cap \Pi = \{s\}$, et prenons $u = 1$. Alors $\mathcal{B}_u^L = \mathbf{P}^1$ est une droite de type s et $C_{L^o}(u) = L$ agit sur $\mathcal{B}_u^L$ comme le groupe des automorphismes de $\mathbf{P}^1$. Mais $\mathcal{B}_v^G$ est formé d'une droite de type s et de trois autres droites, de type t_1,t_2,t_3 respectivement, qui toutes rencontrent la droite de type s, en des points différents. Il s'ensuit que $C_G(v)$ agit trivialement sur cette droite de type s et que $C_P(v)$ agit trivialement sur $\mathcal{B}_u^L$.

Retournons au cas général, mais en supposant cette fois que $\dim C_L(u) = 2\dim \mathcal{B}_u^L + rg_u(L)$. D'après (3.2), $\tilde{C} \cap CU_P = c\ell_{P^o}(v)$ et $C_G(v)^o \subset P$. Donc $C_{L^o}(u)U_P$ agit transitivement sur $uU_P \cap \tilde{C}$ et $C_G(v)^o \subset C_{L^o}(u)U_P$. On en déduit que $C_{P^o}(v)$ rencontre chaque composante irréductible de $C_{L^o}(u)U_P$ et qu'on a un épimorphisme naturel $C_{P^o}(v) / C_G(v)^o \to C_{L^o}(u) / C_L(u)^o$.

Considérons les applications $\varphi^L : S^L(u) \times S^L(u) \to W_L$, $\varphi^P : S^P(v) \times S^P(v) \to W_P$ et $\varphi^G : S^G(v) \times S^G(v) \to W_G$. Les isomorphismes naturels $\mathcal{B}_u^L \cong \mathcal{B}_v^P$ et $W_L \cong W_P$ et les inclusions $\mathcal{B}_v^L \subset \mathcal{B}_v^G$ et $W_P \subset W_G$ donnent un diagramme

$$\begin{array}{ccccc} S^L(u) \times S^L(u) & \longrightarrow & S^P(v) \times S^P(v) & \hookrightarrow & S^G(v) \times S^G(v) \\ \downarrow \varphi^L & & \downarrow \varphi^P & & \downarrow \varphi^G \\ W_L & \longrightarrow & W_P & \hookrightarrow & W_G \end{array}$$

qui est commutatif et dont la première ligne est formée d'applications $(C_{P^o}(v) / C_G(v)^o)$-équivariantes.

Remarquons qu'il découle des propriétés des applications φ^L et φ^G que deux composantes irréductibles de $\mathcal{B}_v^G$ sont dans la même $C_{G^o}(v) / C_G(v)^o)$-orbite si et seulement si les composantes correspondantes de $\mathcal{B}_u^L$ sont dans la même $(C_{L^o}(u) / C_L(u)^o)$-orbite, et qu'il en est de même des couples de composantes.

3.9. LEMME. <u>Supposons que</u> G <u>soit engendré par</u> G^o <u>et</u> u . <u>Soit</u> S <u>un tore maximal de</u> $C_G(u)$ <u>et soit</u> $L = C_G(S)$. <u>Alors il existe un sous-groupe parabolique</u> P <u>de</u> G <u>qui admet</u> L <u>comme sous-groupe de Levi.</u>

Le tore S a un point fixe sur $\mathcal{B}_u^G$. On peut donc supposer que $u \in N_G(B)$ et $S \subset T$. Soit $x \in uG^o$ un élément unipotent normalisant B et T tel que $u \in xU$ et soit $T_o = C_T(x)$. Comme les actions de x et u sur B/U coïncident, on a $S \subset T_o$ et $x \in L$.

Il est facile de décrire L^o . C'est un sous-groupe réductif de G contenant T , et son système de racines est $\psi = \{\lambda \in \phi \mid \lambda(S) = \{1\}\}$, et ψ est stable par x puisque $x \in L$.

Soit X le groupe des caractères de T et soit $X_{\mathbb{R}} = X \otimes_{\mathbb{Z}} \mathbb{R}$. On identifie X à un sous-ensemble de $X_{\mathbb{R}}$. Si $\lambda = \sum_{1 \leq i \leq r} a_i \lambda_i$ est une combinaison linéaire à coefficients rationnels d'éléments de ψ et si $\lambda \in \phi$, alors $\lambda \in \psi$. En effet, si $n \geq 1$ est tel que $na_1, \ldots, na_r$ soient entiers, alors $(n\lambda)(S) = \{1\}$, et donc aussi $\lambda(S) = \{1\}$ puisque S est un tore. De plus, si λ et μ sont des racines de G qui sont dans une même x-orbite et si $\lambda + \mu \in \psi$, alors $\lambda \in \psi$ et $\mu \in \psi$. En effet $\lambda|_S = \mu|_S$ puisque λ et μ sont dans la même x-orbite, et donc $(2\lambda)|_S = (2\mu)|_S = (\lambda + \mu)|_S$ est le caractère trivial de S , d'où $\lambda \in \psi$, $\mu \in \psi$.

Utilisons maintenant le système de racines ϕ_x (0,15). Soit $\psi_x = \pi_x(\psi)$. Les propriétés ci-dessus montrent que toute combinaison linéaire à coefficients rationnels d'éléments de ψ_x qui appartient à ϕ_x est un élément de ψ_x , et on déduit des propriétés générales des systèmes de racines que toute combinaison linéaire à coefficients réels d'éléments de ψ_x qui appartient à ϕ_x est un élément de ψ_x . Choisissons une forme bilinéaire $(v|v')$ sur l'espace vectoriel réel V engendré par ϕ_x qui soit non-dégénérée et W_x-invariante. Soit V_o le sous-espace de V engendré par ψ_x et soit $V_1 = V_0^{\perp}$. Il est clair que $\psi_x = V_0 \cap \phi_x$. Choisissons $v \in V_1$ tel que $(v|\lambda) \neq 0$ pour tout $\lambda \in \phi_x - \psi_x$. Alors $\psi_x = \{\lambda \in \phi_x | (v|\lambda) = 0\}$. Soit C une chambre de V telle que $v \in \overline{C}$. Soit Π_x^* la base de ϕ_x correspondante, soit $I_x = \psi_x \cap \Pi_x^*$ et soit ψ_x' le sous-système de ϕ_x engendré par I_x. Si $\lambda \in \psi_x$, la réflection s_λ dans l'hyperplan orthogonal à λ est un produit d'éléments de la forme s_α $(\alpha \in \Pi_x^*)$ qui tous fixent v. On en déduit que $\lambda \in \psi_x'$, et donc que $\psi_x = \psi_x'$ puisque visiblement $\psi_x' \subset \psi_x$.

On a $\psi = \pi_x^{-1}(\psi_x)$. Soient $\Pi^* = \pi_x^{-1}(\Pi_x^*)$ et $I = \pi_x^{-1}(I_x)$. Alors $I = \psi \cap \Pi^*$, Π^* est une base de ϕ, et I est une base de ψ. Soit $B^* \supset T$ le sous-groupe de Borel de G correspondant à Π^*. Par construction le sous-groupe de G engendré par B^* et L est un sous-groupe parabolique qui admet L comme sous-groupe de Levi.

3.10. Remarque. Cette démonstration suit celle donnée par [1] pour le cas où G est connexe. En fait, Bala et Carter montrent que si S est un tore quelconque contenu dans un groupe réductif connexe G, alors $C_G(S)$ est un sous-groupe de Levi d'un sous-groupe parabolique de G. Les résultats de (3.11), (3.12) et (3.13) sont aussi des adaptations d'idées de [1] au cas où G n'est pas connexe.

3.11. LEMME. *Soit L un sous-groupe de Levi d'un sous-groupe parabolique P de G qui rencontre toutes les composantes de G. Soit S la composante neutre du centre de L. Alors $L = C_G(S)$.*

On a certainement $L \subset C_G(S)$. D'autre part $C_{G^o}(S)$ est connexe, et il suffit donc de montrer que $C_{G^o}(S) \subset L^o$. On peut supposer que $P \supset B$ et $L \supset T$. On a alors $S \subset T$. Soit G' le groupe dérivé de G^o, soit $I = \{\alpha \in \Pi' | X_\alpha \subset L\}$, soit $J = \Pi' - I$ et soit S_0 la composante neutre de $\{t \in T \cap G' | \forall \alpha \in I, \alpha(t) = 1 \text{ et } \forall \alpha \in J, \beta \in J, \alpha(t) = \beta(t)\}$. On vérifie facilement que S_0 est un tore de dimension 1 contenu dans S et que $C_{G^0}(S_0) = L^0$. Cela démontre le lemme.

3.12. PROPOSITION. Supposons que G soit engendré par G^0 et u . Soit L un sous-groupe fermé de G . On considère la propriété suivante : (*) L est un sous-groupe de Levi d'un sous-groupe parabolique de G et $u \in L$.

Alors les conditions suivantes sont équivalentes :

a) L est minimal dans l'ensemble des sous-groupes de G qui satisfont (*) .

b) L est le centralisateur dans G d'un tore maximal de $C_G(u)$.

En particulier, tous les sous-groupes de G qui satisfont (*) et qui sont minimaux pour cette propriété sont conjugués sous l'action de $C_G(u)$.

Cela découle de (3.9) et (3.11).

3.13. On dit qu'un élément unipotent u de G est distingué si tous les tores maximaux de $C_G(u)$ sont contenus dans le centre de G^0 . D'après (3.12), u est distingué si et seulement si la condition suivante est satisfaite : si L est un sous-groupe de Levi d'un sous-groupe parabolique de G et $u \in L$, alors $L^0 = G^0$.

Si S est un tore maximal de $C_G(u)$ et $L = C_G(S)$, alors u est un unipotent distingué de L .

On obtient ainsi une correspondance bijective entre $\mathcal{CU}^0(uG^0)$ et l'ensemble des G^0-orbites de couples (L,C) où L est un sous-groupe de Levi d'un sous-groupe parabolique du sous-groupe de G engendré par G^0 et u et où C est une classe unipotente distinguée de L contenue dans uG^0 .

3.14. Soit L un sous-groupe de Levi d'un sous-groupe parabolique P de G. Si $u \in L$ est un élément unipotent tel que $\dim C_L(u) = 2\dim \mathcal{B}_u^L + rg_u(L)$, on a vu que si $v \in \mathrm{Ind}_{L,P}^G(c\ell_{L^o}(u))$, alors $\dim C_G(v) = 2\dim \mathcal{B}_v^G + rg_v(G)$. Il est facile de vérifier que l'on a aussi $\dim C_G(u) = 2\dim \mathcal{B}_u^G + rg_u(G)$. Il suffit de vérifier cela quand G est engendré par G^o et u. On peut supposer aussi que $B \subset P$ et $T \subset L$. Soient $C = c\ell_{L^o}(u)$ et $C' = c\ell_{G^o}(u)$. D'après (2.5), il existe $w \in W_L^u \subset W_G^u$ tel que $C \cap N \cap {}^wN \cap L$ soit dense dans $\mathcal{U}(uG^o \cap N \cap {}^wN \cap L)$, où $N = N_G(B)$ (on utilise ici l'isomorphisme $W_L \tilde{=} W_P$). Prenons $w' = ww_Pw_G$. Il suffit de montrer que $C' \cap N \cap {}^{w'}N$ est dense dans $\mathcal{U}(uG^o \cap N \cap {}^{w'}N)$. Comme $C \subset C'$, il suffit de vérifier que $N \cap {}^{w'}N = N \cap {}^wN \cap L$. Ceci est équivalent à $B \cap {}^{w'}B = B \cap {}^wB \cap L$, c'est-à-dire à $\{\lambda \in \phi_G^+ | w'^{-1}(\lambda) > 0\} = \{\lambda \in \phi_L^+ | w^{-1}(\lambda) > 0\}$. Démontrons cette dernière égalité.

Si $\lambda \in \phi_L^+$, on a alors, puisque $w \in W_L$, $w^{-1}(\lambda) > 0 \Leftrightarrow w_P(w^{-1}(\lambda)) < 0$ $\Leftrightarrow w_G(w_P(w^{-1}(\lambda))) > 0 \Leftrightarrow w'^{-1}(\lambda) > 0$.

Si $\lambda \in \phi_G^+ - \phi_L^+$, alors $w_Pw^{-1}(\lambda) > 0$, puisque $w_Pw^{-1} \in W_L$, et donc $w_G(w_Pw^{-1})(\lambda) = w'^{-1}(\lambda) < 0$. Cela démontre l'égalité.

On a ainsi deux moyens d'obtenir des éléments unipotents v de G tels que $\dim C_G(v) = 2\dim \mathcal{B}_v^G + rg_v(G)$ à partir de sous-groupes de Levi de sous-groupes paraboliques.

Pour démontrer qu'on a l'égalité dans (2.6), il suffit donc de considérer les classes unipotentes distinguées rigides. On verra que dans la plupart des cas les classes unipotentes distinguées sont toutes de type induit (10.16).

Par exemple, soit $G = GL_n (n \geq 2)$. Soit $u \in G$ un élément unipotent correspondant à la partition λ. Soit μ la partition $(n,0,\ldots)$. On montre facilement que $\dim \mathcal{B}_u^G \geq 1$ si $\lambda_1^* \neq 1$. On en déduit que $\mathrm{Ind}_{T,B}^G(\{1\}) = C_\mu$, donc que C_μ est de type induit. On vérifie d'autre part facilement que $C_G(u)$ contient un tore de dimension λ_1^*. Donc G

n'a qu'une seule classe unipotente distinguée, et elle est de type induit. On en déduit qu'on a l'égalité dans (2.6) si $G = GL_n$.

3.15. Soit P un sous-groupe parabolique de G contenant B et soit L son unique sous-groupe de Levi contenant T . Soit u un élément unipotent de L , soit $C = \mathcal{cl}_{L^0}(u)$ et soit $\tilde{C} = \mathrm{Ind}_{L,P}^G(C)$. Supposons que $C_L(u)^0$ soit résoluble. Alors $C_L(u)^0$ a un point fixe sur $\mathcal{B}_u^L$. Quitte à remplacer u par un autre élément de C , on peut donc supposer que $B \cap L \in \mathcal{B}_u^L$ et $C_L(u)^0 \subset B$.

Supposons que u soit distingué dans L . Alors $C_L(u)^0$ est résoluble, et on peut décrire facilement $uU_P \cap \tilde{C}$.

3.16. PROPOSITION. <u>Supposons que dans la situation ci-dessus</u> $\dim C_L(u) = 2\dim \mathcal{B}_u^L + \mathrm{rg}_u(L)$. <u>Supposons de plus que</u> u <u>soit distingué dans</u> L . <u>Alors la classe</u> $\tilde{C}$ <u>est distinguée dans</u> G . <u>De plus, si</u> u <u>est choisi de telle sorte que</u> $B \cap L \in \mathcal{B}_u^L$ <u>et</u> $C_L(u)^0 \subset B$, <u>alors</u> $uU_P \cap \tilde{C}$ $= \{v' \in uU_P \mid \forall\alpha \in \Pi' - \phi_L$, il n'y a pas de droite de type α passant par B contenue dans $\mathcal{B}_{v'}^G\}$. <u>En particulier, soient</u> $\beta_1,\ldots,\beta_i$ <u>des représentants des x-orbites dans</u> $\Pi' - \phi_L$, <u>où</u> $x \in uG^0$ <u>normalise</u> B <u>et</u> T , <u>et soit</u> $v = ux_{\beta_1}(1)\ldots x_{\beta_i}(1)$. <u>Alors</u> $v \in uU_P \cap \tilde{C}$.

On peut supposer que G est adjoint. Choisissons un élément unipotent $u_0 \in uG^0$ normalisant B et T . On peut choisir les isomorphismes $x_\lambda(\lambda \in \phi_G)$ de telle sorte que $u_0 x_\lambda(1) u_0^{-1} = x_{u_0\cdot\lambda}(1)$ pour tout $\lambda \in \phi_G$. L'élément u étant choisi de telle sorte que $B \cap L \in \mathcal{B}_u^L$ et $C_L(u)^0 \subset B$, posons $X = \{u \prod_{\lambda\in R} x_\lambda(c_\lambda) \mid \text{pour tout } \alpha \in \Pi' - \phi_L, \text{on a} \sum_{\lambda\in O(\alpha)} c_\lambda \neq 0\}$ $=\{v' \in uU_P \mid \forall\alpha \in \Pi' - \phi_L$, il n'y a pas de droite de type α passant par B contenue dans $\mathcal{B}_{v'}^G\}$, et $X_1 = \{u \prod_{\lambda\in R} x_\lambda(c_\lambda) \mid \forall\alpha \in \Pi' - \phi_L, \text{on a} \sum_{\lambda\in O(\alpha)} c_\lambda = 1\}$, où $R = \phi_G^+ - \phi_L^+$ et $O(\alpha) = \{u_0^j\cdot\alpha \mid j \in \mathbb{Z}\}$ $(\alpha \in \Pi')$.

Soit $S = C_T(u)^o$. C'est l'unique tore maximal de $C_L(u)$, et $C_L(u)^o = SC_{U\cap L}(u)^o$.

Remarquons que X est $C_L(u)^oU_P$-stable et dense dans uU_P et que tout élément de X est S-conjugué à un élément de X_1 , et que par conséquent on peut choisir $x \in X_1 \cap \tilde{C}$. Il est clair que X_1 est $C_{U\cap L}(u)^oU_P$ -stable et que la $C_{U\cap L}(u)^oU_P$-orbite de x dans X_1 est de dimension $\geqslant \dim C_{U\cap L}(u)^o + \dim U_P - \dim C_G(x) = \dim C_{U\cap L}(u)^o + \dim U_P - \dim C_L(u)$ $= \dim U_P - \dim S$. Mais S a pour dimension le nombre de u_o-orbites dans $\Pi' - \Phi_L$, et donc $\dim U_P - \dim S = \dim X_1$. On en déduit que la $C_{U\cap L}(u)^oU_P$ -orbite de x dans X_1 est égale à X_1 , puisqu'elle est fermée, $C_{U\cap L}(u)^oU_P$ étant un groupe unipotent, et qu'elle a dimension $\dim X_1$, et aussi que $C_G(x)^o \subset C_{U\cap L}(u)^oU_P \subset U$ est un groupe unipotent. La proposition en découle.

4. Sous-groupes paraboliques contenant u .

Dans ce paragraphe G est réductif. On considère la variété $\mathcal{P}_u^o$ obtenue en remplaçant $\mathcal{B}^G$ par une G^o-classe de conjugaison de sous-groupes paraboliques de G . Le morphisme naturel $\mathcal{B}_u^G \to \mathcal{P}_u^o$ est utilisé pour généraliser certains résultats concernant $\mathcal{B}_u^G$, et on établit certaines propriétés qui seront utiles pour décrire $\mathcal{B}_u^G$ dans les paragraphes suivants. Certains résultats (comme (4.7 (b))) se trouvent dans [43] pour le cas où G est connexe.

A partir de (4.8) on suppose que $P \supset B$ est un sous-groupe parabolique de G qui rencontre toutes les composantes de G et que uG^o est une composante centrale dans G/G^o .

4.1. Soit P un sous-groupe parabolique de G qui rencontre uG^o. Soit $\alpha : \mathcal{B}^G \to \mathcal{P}^o$ l'application qui associe à $B' \in \mathcal{B}^G$ l'unique $P' \in \mathcal{P}^o$ contenant B'. Si $x \in uG^o$, la variété $\mathcal{P}^o_x = \{P' \in \mathcal{P}^o | x \in P'\}$ n'est pas vide et α induit par restriction un morphisme surjectif $\alpha_x : \mathcal{B}^G_x \to \mathcal{P}^o_x$. D'après (2.6) on a donc $\dim \mathcal{P}^o_x \leq \dim \mathcal{B}^G_x \leq \frac{1}{2}(\dim C_G(x) - rg_x(G))$. Si x est unipotent $\mathcal{P}^o_x$ est connexe puisque $\mathcal{B}^G_x$ est alors connexe (1.7).

Notons $S^G_P(x)$, ou plus simplement $S_P(x)$ s'il n'y a pas de risque de confusion, l'ensemble des composantes irréductibles de $\mathcal{P}^o_x$ qui ont même dimension que $\mathcal{B}^G_x$. Le groupe $C_{G^o}(x)$ agit sur $\mathcal{P}^o_x$, et cette action induit une action de $A_o(x)$ sur $S_P(x)$.

Remarquons encore que pour tout $P' \in \mathcal{P}^o_x$ la fibre $\alpha_x^{-1}(P')$ n'est autre que $\mathcal{B}^{P'}_x$.

4.2. Associons à tout $w \in W$ le sous-ensemble $I_w = \{s \in \Pi | \ell(ws) < \ell(w)\}$ de Π. Si $w \in W^u$, I_w est u-stable et $I_w = \{s \in \Pi | \ell_u(ws^*) < \ell_u(w)\}$.

Soient I et J des sous-ensembles de Π. On dit qu'un élément w de W est (I,J)-réduit si $I \cap I_{w^{-1}} = J \cap I_w = \emptyset$. Pour tout $a \in W$, la double classe $W_I a W_J$ contient un unique élément (I,J)-réduit w qui est aussi caractérisé par la propriété suivante :

$W_I w W_J = W_I a W_J$ et pour tout $w' \in W_I$ et tout $w'' \in W_J$ on a $\ell(w'ww'') \geq \ell(w)$ [5, Ch. IV, § 1, exercice 3].

Si I et J sont u-stables, u agit sur W_I, W_J et $W_I \backslash W / W_J$, et l'application canonique $F : W^u_I \backslash W^u / W^u_J \longrightarrow (W_I \backslash W / W_J)^u$ est une bijection. En effet, si w est (I,J)-réduit et si $W_I w W_J$ est u-stable, alors $w \in W^u$ par unicité, ce qui montre que f est surjective. Si $a \in W^u$, la double classe $W^u_I a W^u_J$ contient un unique élément w tel que $\ell_u(s^*w) > \ell_u(w)$ pour tout $s \in I$ et $\ell_u(wt^*) > \ell_u(w)$ pour tout $t \in J$. Cet élément w est (I,J) réduit. On en déduit que f est injective.

4.3. Soit $v \in uG^0$ un élément unipotent. Si $s \in \Pi$, la réunion des droites de type s contenues dans $\mathcal{B}_v^G$ est une sous-variété fermée de $\mathcal{B}_v^G$. En effet, avec les notations de (4.1), c'est la réunion des fibres de dimension ≥ 1 de α_v, si l'on prend $\mathcal{P}^0 = \mathcal{P}^0_{\sigma(s)}$. Si $\sigma \in S(v)$, alors ou bien X_σ est une réunion de droites de type s, ou bien X_σ contient un ouvert dense qui n'est rencontré par aucune des droites de type s contenues dans $\mathcal{B}_v^G$.

On associe à σ le sous-ensemble $I_\sigma = \{s \in \Pi | X_\sigma$ est une réunion de droites de type $s\}$ de Π. Si $a \in A_0(v)$, on a $I_{a\sigma} = I_\sigma$, et on peut donc associer I_σ à la composante irréductible de $\mathcal{C}\ell^0(v) \cap N$ correspondant à σ. Par exemple, $I_\sigma = \Pi$ si et seulement si v est quasi-semi-simple.

Pour tout sous-ensemble I de Π notons $S_I^G(v)$, ou plus simplement $S_I(v)$ si aucune confusion n'est à craindre, l'ensemble $\{\sigma \in S^G(v) | I_\sigma \cap I = \emptyset\}$.

4.4. PROPOSITION. <u>Soit</u> P <u>un sous-groupe parabolique de</u> G <u>qui rencontre</u> uG^0 <u>et soit</u> $I = W_P \cap \Pi$ <u>le sous-ensemble de</u> Π <u>correspondant. Alors</u> $\alpha_u : \mathcal{B}_u^G \to \mathcal{P}_u^0$ <u>induit une bijection</u> $\bar{\alpha}_u : S_I(u) \to S_P(u)$, $X_\sigma \mapsto \alpha_u(X_\sigma)$. <u>De plus,</u> $\bar{\alpha}_u$ <u>est</u> $A_0(u)$-<u>équivariante, et même</u> $A(u)$-<u>équivariante si</u> $\mathcal{P}^0 = \mathcal{P}$.

Si $\sigma \in S(u)$, $\alpha_u(X_\sigma)$ est une sous-variété fermée irréductible de $\mathcal{P}_u^0$. Comme $\dim X_\sigma = \dim \mathcal{B}_u^G$, il suffit de démontrer que $\dim \alpha_u(X_\sigma) = \dim X_\sigma$ si et seulement si $I_\sigma \cap I = \emptyset$, et que dans ce cas $\alpha_u(X_\sigma) \not\subset \bigcup_{\tau \neq \sigma} \alpha_u(X_\tau)$.

Si $s \in I_\sigma \cap I$, alors pour tout $P' \in \alpha_u(X_\sigma)$, $\alpha_u^{-1}(P') = \mathcal{B}_u^{P'}$ contient une droite de type s. Par conséquent $\dim \alpha_u(X_\sigma) < \dim X_\sigma$.

Si $I_\sigma \cap I = \emptyset$, il existe $B' \in X_\sigma - (\bigcup_{\tau \neq \sigma} X_\tau)$ tel que pour tout $s \in I$ il n'existe aucune droite de type s contenue dans $\mathcal{B}_u^G$ et passant par B'. Soit $P' = \alpha_u(B')$. D'après (1.7), $\alpha_u^{-1}(P') = \mathcal{B}_u^{P'} = \{B'\}$. Cela montre que

$\dim \alpha_u(X_\sigma) = \dim X_\sigma$ et que $\alpha_u(X_\sigma) \not\subset \bigcup_{\tau \neq \sigma} \alpha_u(X_\tau)$.

4.5. PROPOSITION. <u>Si</u> $\sigma, \tau \in S(u)$ <u>et</u> $w = \varphi(\sigma,\tau)$, <u>alors</u> $I_w = I_\tau$.

Si $s \in I_w$ et $(B,B') \in O(w) \cap (X_\sigma \times X_\tau)$, alors (0.12), (1.2) et (1.3) montrent que $\mathcal{B}_u^G$ contient une droite de type s passant pas B' , d'où $s \in I_\tau$.

Supposons maintenant que $s \notin I_w$. Alors $\ell(ws^*) = \ell(w) + \ell(s^*)$, et on en déduit facilement que si tout point de X_τ est sur une droite de type s contenue dans $\mathcal{B}_u^G$, alors ces droites ne sont pas toutes contenues dans X_τ . Cela est impossible d'après (1.11) . Donc $s \notin I_\tau$.

4.6. Soient P et Q deux sous-groupes paraboliques de G rencontrant uG^o et soient $I = W_P \cap \Pi$ et $J = W_Q \cap \Pi$. Soient encore $\alpha : \mathcal{B}^G \to \mathcal{P}^o$ et $\beta : \mathcal{B}^G \to \mathcal{Q}^o$ les morphismes canoniques correspondants. Le morphisme $\alpha \times \beta : \mathcal{B}^G \times \mathcal{B}^G \to \mathcal{P}^o \times \mathcal{Q}^o$ est G^o-équivariant, et même G-équivariant si $\mathcal{P}^o = \mathcal{P}$ et $\mathcal{Q}^o = \mathcal{Q}$. De plus $(\alpha \times \beta)(O(w)) = (\alpha \times \beta)(O(w'))$ si et seulement si $w' \in W_P w W_Q$. On peut donc identifier $(\mathcal{P}^o \times \mathcal{Q}^o)/G^o$ et $W_P \backslash W / W_Q$, et on notera $O_{P,Q}(w)$ la G^o-orbite $(\alpha \times \beta)(O(w))$.

Soit $x \in uG^o$. Si X est une sous-variété irréductible de $\mathcal{P}^o$ et Y une sous-variété irréductible de $\mathcal{Q}^o$, il existe une unique G^o-orbite $O_{P,Q}(w)$ telle que $O_{P,Q}(w) \cap (X \times Y)$ soit dense dans $X \times Y$. On obtient en particulier une application $\varphi_{P,Q} : S_P(x) \times S_Q(x) \to W_P \backslash W / W_Q$. Il est clair que $\varphi_{P,Q}(S_P(x) \times S_Q(x)) \subset (W_P \backslash W / W_Q)^u$, et d'après (4.2) on peut donc considérer que $\varphi_{P,Q}$ prend ses valeurs dans $W_P^u \backslash W^u / W_Q^u$.

On obtient un diagramme commutatif

$$\begin{array}{ccc} S_I(u) \times S_J(u) & \xrightarrow{\ \varphi\ } & W^u \\ {\scriptstyle \bar{\alpha}_u \times \bar{\beta}_u} \downarrow & & \downarrow {\scriptstyle \pi} \\ S_P(u) \times S_Q(u) & \xrightarrow{\ \varphi_{P,Q}\ } & W_P^u \backslash W^u / W_G^u \end{array}$$

où π est l'application canonique et où $\bar{\alpha}_u$ et $\bar{\beta}_u$ sont les bijections données par (4.4).

Si $\sigma \in S_I(u)$ et $\tau \in S_J(u)$, soient $\bar{\sigma} = \bar{\alpha}_u(\sigma)$ et $\bar{\tau} = \bar{\beta}_u(\tau)$. Comme $\varphi(\sigma,\tau) = \varphi(\tau,\sigma)^{-1}$, on déduit de (4.5) que $\varphi(\sigma,\tau)$ est l'unique élément (I,J)-réduit dans la double classe $W_P\varphi(\sigma,\tau)W_Q$, et inversément si $\sigma,\tau \in S(u)$ sont tels que $\varphi(\sigma,\tau)$ soit (I,J)-réduit, alors $\sigma \in S_I(u)$ et $\tau \in S_J(u)$.

Les résultats obtenus pour φ donnent alors :

4.7. PROPOSITION. a) <u>Si</u> $Q(u) \neq \emptyset$ (<u>où</u> $Q(u)$ <u>est défini comme en</u> (2.4)), <u>on a</u> :

a$_1$) $\varphi_{P,Q}(S_P(u) \times S_Q(u)) = \{W_P^u\, w\, W_Q^u \mid w \in Q(u)$ est (I,J)-réduit$\}$.

a$_2$) Si $\bar{\sigma},\bar{\sigma}' \in S_P(u)$ et $\bar{\tau},\bar{\tau}' \in S_Q(u)$, <u>on a</u> $\varphi_{P,Q}(\bar{\sigma},\bar{\tau}) = \varphi_{P,Q}(\bar{\sigma}',\bar{\tau}')$ <u>si et seulement s'il existe</u> $a \in A_o(u)$ <u>tel que</u> $(\bar{\sigma}',\bar{\tau}') = (a\bar{\sigma},a\bar{\tau})$.

a$_3$) $\varphi_{Q,P}(\bar{\tau},\bar{\sigma}) = \{w^{-1} \mid w \in \varphi_{P,Q}(\bar{\sigma},\bar{\tau})\}$.

b) <u>Soit</u> $\{u_1,\dots,u_m\}$ <u>un système de représentants des</u> G^o-<u>classes unipotentes contenues dans</u> uG^o <u>de la forme</u> C_w^o $(w \in W^u)$ (<u>voir</u> (2.4)). <u>Alors les ensembles</u> $\varphi_{P,Q}(S_P(u_i), S_Q(u_i))$ $(1 \leq i \leq m)$ <u>forment une partition de</u> $W_P^u\backslash W^u/W_Q^u$ <u>et</u>

$$\sum_{1\leq i\leq m} |(S_P(u_i) \times S_Q(u_i)) / A_o(u_i)| = |W_P^u\backslash W^u/W_Q^u|.$$

c) <u>Si</u> $Q(u) \neq \emptyset$, <u>alors</u> $|S_P(u)| \geq |\{w \in Q(u) \mid w^2 = 1$ et w est (I,I)-réduit$\}|$, <u>et il y a égalité si</u> $a^2 = 1$ <u>pour tout</u> $a \in A_o(u)$.

d) <u>Soit</u> $u_1,\dots,u_n$ <u>un système de représentants des</u> G^o-<u>classes unipotentes contenues dans</u> uG^o. <u>Alors</u> :

$$\sum_{1\leq i\leq n} |S_P(u_i)| \geq |\{w \in W^u \mid w^2 = 1 \text{ et } w \text{ est (I,I)-réduit}\}|.$$

<u>et il y a égalité si la condition suivante est satisfaite</u>: $\Delta(G^o)$ <u>n'a pas de composantes de type</u> E_6, E_7, E_8, F_4 <u>ou</u> G_2, <u>et si</u> $p = 3$ <u>aucune puissan-</u>

<u>ce de</u> u <u>n'agit par un automorphisme d'ordre</u> 3 <u>sur une composante de type</u> D_4 .

Cela découle de (4.6), (2.10), (2.11), 2.12) et (2.13) (on utilise en fait l'hypothèse faite en (2.7)).

4.8. Dans la suite du paragraphe, on suppose que P est un sous-groupe parabolique de G qui rencontre toutes les composantes de G et que uG^o est une composante centrale dans G/G^o . Dans ce cas $\mathcal{P}^o = \mathcal{P}$ et donc $C_G(u)$ agit sur $\mathcal{P}_u^o = \mathcal{P}_u$. Le morphisme $\alpha_u : \mathcal{B}_u^G \to \mathcal{P}_u$ est $C_G(u)$-équivariant.

Si $P' = {}^gP \in \mathcal{P}_u$, la classe de $(g^{-1}ug)U_P$ dans P/U_P (ou la classe de $(g^{-1}ug)R_P$ dans P/R_P) ne dépend que de P', et non du choix de $g \in G$. On obtient ainsi une application $f : \mathcal{P}_u \to \mathcal{CU}_{P/U_P}(yP^o/U_P)$, où y est un élément quelconque de $P \cap uG^o$. Soit $\{C_1',\dots,C_j'\}$ l'image de f . Pour $1 \leq i \leq j$, soient $Y_i = f^{-1}(C_i')$, $\tilde{Y}_i = f^{-1}(\{C_h' | C_h' \leq C_i'\})$, $X_i = \alpha_u^{-1}(Y_i)$ et $\tilde{X}_i = \alpha_u^{-1}(\tilde{Y}_i)$.

4.9. LEMME. <u>Pour</u> $1 \leq i \leq j$, <u>les variétés</u> $\tilde{X}_i$ et $\tilde{Y}_i$ <u>sont fermées dans</u> $\mathcal{B}_u^G$ <u>et</u> $\mathcal{P}_u$ <u>respectivement, et les variétés</u> X_i <u>et</u> Y_i <u>sont localement fermées dans</u> $\mathcal{B}_u^G$ <u>et</u> $\mathcal{P}_u$ <u>respectivement</u>.

Pour tout $g \in G$, l'application $U^- \to \mathcal{B}^G$, $v \mapsto {}^{gv}B$ donne un isomorphisme de U^- sur un voisinage ouvert Ω_g de ${}^gB$ dans $\mathcal{B}^G$. On peut donc définir un morphisme $\psi_g : \Omega_g \to P/U_P$, ${}^{gv}B \mapsto v^{-1}g^{-1}ugvU_P$. On en déduit que $\tilde{X}_i \cap \Omega_g = \psi_g^{-1}(\bar{C}_i')$ est fermé dans Ω_g . Donc $\tilde{X}_i$ est une sous-variété fermée de $\mathcal{B}_u^G$, et $\tilde{Y}_i = \alpha_u(\tilde{X}_i)$ est une sous-variété fermée de $\mathcal{P}_u$. Les autres assertions du lemme découlent de cette propriété.

4.10. Si Y_i' est une composante irréductible de Y_i, toutes les composantes irréductibles de $X_i' = \alpha_u^{-1}(Y_i')$ ont la même dimension. Soient en effet $Y_i'^* = \{g \in G \mid {}^gP \in Y_i'\}$ et $X_i'^* = \{g \in G \mid {}^gB \in X_i'\}$. Il suffit de montrer que toutes les composantes irréductibles de $X_i'^*$ ont la même dimension. Cela est vrai d'après (0.17) appliqué au morphisme $\pi : Y_i'^* \to C_i'$, $g \mapsto g^{-1}ugU_P$, en utilisant les actions convenables de P sur $Y_i'^*$ et C_i': on a $X_i'^* = \pi^{-1}(C_i' \cap N/U_P)$, toutes les composantes irréductibles de $C_i' \cap N/U_P$ ont la même dimension (1.12), et en utilisant le morphisme $Y_i'^* \to Y_i'$. $g \mapsto {}^gP$, dont les composantes des fibres sont toutes isomorphes à P^o, on montre facilement que toutes les composantes irréductibles de $Y_i'^*$ ont la même dimension (toujours à l'aide de (0.17)).

Par conséquent, toutes les composantes irréductibles de X_i ont la même dimension si et seulement si toutes les composantes irréductibles de Y_i ont la même dimension. Nous montrerons que c'est toujours le cas si $G = GL_n$, et qu'on a même $\dim X_i = \dim \mathcal{B}_u^G$, mais que ce n'est pas vrai en général.

Soit X_σ une composante irréductible de $\mathcal{B}_u^G$. Il existe un i $(1 \leq i \leq j)$ et une unique composante irréductible Y_i' de Y_i tels que $\overline{\alpha_u(X_\sigma) \cap Y_i'} = \alpha_u(X_\sigma)$: on a alors aussi $\overline{X_\sigma \cap X_i'} = X_\sigma$. Si $P' \in \alpha_u(X_\sigma \cap X_i')$, alors $\dim X_\sigma \leq \dim \alpha_u(X_\sigma \cap X_i') + \dim(X_\sigma \cap \mathcal{B}_u^{P'}) \leq \dim Y_i + \dim \mathcal{B}_u^{P'} \leq \dim \mathcal{B}_u^G$. Comme $\dim X_\sigma = \dim \mathcal{B}_u^G$, on en déduit que Y_i' est une composante irréductible de Y_i de dimension maximale, que $Y_i' = \alpha_u(X_\sigma \cap X_i') = \alpha_u(X_\sigma) \cap Y_i$ et que $X_\sigma \cap \mathcal{B}^{P'}$ est une réunion de composantes irréductibles de $\mathcal{B}_u^{P'}$.

Soit $X'_{\tau'}$ l'une des composantes irréductibles de $\mathcal{B}_u^{P'}$. D'après (4.3) on peut associer à $X'_{\tau'}$ un sous-ensemble $I'_{\tau'}$ de $I = W_P \cap \Pi$. L'argument utilisé pour montrer que toutes les composantes de X_i' ont la même dimension permet aussi de montrer que les composantes irréductibles de $X_\sigma \cap \mathcal{B}^{P'}$ correspondent à une composante irréductible de $C_i' \cap N/U_P$ qui ne dépend pas du choix de $P' \in Y'_i$. On en déduit que les composantes irréductibles de $X_\sigma \cap \mathcal{B}^{P'}$ sont dans une même orbite sous l'action de $C_{P'^o/U_{P'}}(uU_{P'})$ et que le sous-ensemble $I'_{\tau'}$ de I ne dépend que de σ. Si $B' \in \mathcal{B}^{P'}$ et $s \in I$, une droite de type s passant pas B' est forcément contenue dans $\mathcal{B}^{P'}$. On en déduit facilement que $I'_{\tau'} = I_\sigma \cap I$.

Supposons maintenant que les classes unipotentes dans P/U_P donnent toutes des égalités dans (2.6). Soit $Q \ni u$ un sous-groupe parabolique de G, soit $M \cong Q/U_Q$ un sous-groupe de Levi de Q et soit D la M^o-classe de M correspondant à uU_Q. On suppose que $\mathcal{cl}_{G^o}(u) = \mathrm{Ind}_{M,Q}^G(D)$ et que $\dim C_{Q/U_G}(uU_Q) = 2\dim \mathcal{B}_u^Q + rg_u(Q)$. On peut appliquer (3.2), et $\mathcal{B}^Q$ contient des composantes irréductibles de $\mathcal{B}_u^G$. Soit X_σ l'une des composantes irréductibles de $\mathcal{B}_u^G$ contenue dans $\mathcal{B}^Q$. Choisissons Y'_i comme ci-dessus, et soit $P' \in Y'_i$. Pour alléger les notations, supposons que $P' = P$. Ce qu'on a montré ci-dessus implique que $\mathcal{B}_u^Q \cap \mathcal{B}^P = \mathcal{B}_u^{P\cap Q}$ est une réunion de composantes irréductibles de $\mathcal{B}_u^P$. D'après (3.3) il existe un sous-groupe de Levi M' de $(P\cap Q)/U_P$ et une M'^o-classe unipotente D' dans M' tels que $C'_i = \mathrm{Ind}_{M',(P\cap Q)/U_P}^{P/U_P}(D')$.

Remarquons que dans cette situation, si D est une classe quasi-semi-simple dans M, alors D' est une classe quasi-semi-simple dans M'. On a en effet $X_\sigma = \mathcal{B}_u^Q$, et d'après (4.3) $I_\sigma = J$, où $J = W_Q \cap \Pi$. Avec les notations précédentes on a donc $I'_{\tau'} = I_\sigma \cap I = J \cap I$. Mais $J \cap I = W_{P\cap Q} \cap \Pi$, ce qui montre que $uU_{P\cap Q}$ est quasi-semi-simple dans $(P\cap Q)/U_{P\cap Q}$.

Un autre cas où il est facile de déterminer D' est le suivant. Supposons que $J = J_1 \cup J_2$, où $J_1 \subset I$ et J_2 sont des sous-ensembles disjoints u-stables de Π tels que tout élément de J_1 commute à tout élément de J_2. Les résultats du chapitre I montrent que la M^o-classe D (resp. la M'^o-classe D') est déterminée par la donnée de deux classes unipotentes D_1, D_2 (resp. D'_1, D'_2) dans deux groupes réductifs convenables l'un correspondant à J_1 et l'autre à J_2 (resp. l'un correspondant

à J_1 et l'autre à $J_2 \cap I$) . A identifications canoniques près, $D_1 = D_1'$.
Si de plus D_2 est une classe quasi-semi-simple, alors les mêmes calculs que précédemment montrent que D_2' est aussi une classe quasi-semi-simple.

4.11. Considérons l'une des variétés Y_i de (4.8) et supposons que $C_G(u)$ agisse transitivement sur Y_i . Alors $C_G(u)^o$ agit transitivement sur chaque composante irréductible de Y_i , et $A(u)$ agit transitivement sur l'ensemble de ces composantes. Soient Y_i' , Y_i'' , ... ces composantes. Pour simplifier les notations, supposons que $P \in Y_i'$. Soit G' l'un des groupes P/U_P ou P/R_P et soit u' l'image de u dans G' . Soient $A'(u') = C_{G'}(u') / C_{G'}(u')^o$, $H = C_G(u) \cap P = C_P(u)$, et $K = C_G(u)^o \cap P$. Les homomorphismes naturels $H \to C_G(u)$, $H \to C_{G'}(u')$ et $K \to C_{G'}(u')$ induisent des homomorphismes $H \to A(u)$, $H \to A'(u')$ et $K \to A'(u')$. Soit A_P l'image de H dans $A(u)$ et soit A'_P l'image de K dans $A'(u')$. Les composantes irréductibles de Y_i sont en correspondance bijective avec $A(u)/A_P$, et $H/K \cong A_P$.

Soit X une sous-variété $C_G(u)$-stable de X_i et soit $X' = X \cap B^P$. Soit S_X (resp. $S'_{X'}$) l'ensemble des composantes irréductibles de X (resp. X') . Le groupe $A(u)$ agit sur S_X , et $A'(u')$ agit sur $S'_{X'}$. Si $X'_{\sigma'}$ et $X'_{\tau'}$ sont des composantes irréductibles de X' , alors $C_G(u)^o X'_{\sigma'}$ est une composante irréductible de X , et $C_G(u)^o X'_{\sigma'} = C_G(u)^o X'_{\tau'}$ si et seulement si σ' et τ' sont dans la même A'_P-orbite dans $S'_{X'}$. Notons $\bar{\sigma}'$ la A'_P-orbite de $\sigma' \in S'_{X'}$ et soit $\bar{S}'_{X'} = \{\bar{\sigma}' \mid \sigma' \in S'_{X'}\}$. Le groupe H agit de manière naturelle sur $S'_{X'}$ et sur $\bar{S}'_{X'}$ et comme l'action de K sur $\bar{S}'_{X'}$ est triviale, on obtient une action de $A_P \cong H/K$ sur $\bar{S}'_{X'}$. Il est clair que cette action correspond à l'action de A_P sur l'ensemble des composantes irréductibles de $X \cap Y_i'$.
On obtient facilement :

4.12. PROPOSITION. Dans la situation de (4.11), $S_X = \{aX'_{\sigma'} \mid a \in A(u)$ et $\sigma' \in S'_{X'}\}$ (par définition, $a \in A(u)$ est de la forme $zC_G(u)^o$ avec $z \in C_G(u)$), et l'action de $A(u)$ sur S_X correspond à l'action de $A(u)$ sur $A(u)$ par multiplication à gauche. Si $a, b \in A(u)$ et $\sigma', \tau' \in S'_{X'}$, on a $aX'_{\sigma'} = bX'_{\tau'}$ si et seulement si $b^{-1}a \in A_P$ et $b^{-1}a\overline{\sigma'} = \overline{\tau'}$. Si toutes les composantes irréductibles de X' ont la même dimension (resp. sont disjointes), alors toutes les composantes irréductibles de X ont la même dimension (resp. sont disjointes).

4.13. Supposons que dans la situation de (4.8) on ait $\dim X_i = \dim \mathcal{B}_u^G$ pour $1 \leq i \leq h$ et $\dim X_i < \dim \mathcal{B}_u^G$ pour $h < i \leq j$. Supposons aussi que $C_G(u)$ agisse transitivement sur Y_i pour $1 \leq i \leq h$. Alors toutes les composantes irréductibles de X_i ont la même dimension que $\mathcal{B}_u^G$ si $1 \leq i \leq h$, et on obtient une bijection $A(u)$-équivariante $\bigcup_{1 \leq i \leq h} S_i \to S(u)$, où S_i est l'ensemble des composantes irréductibles de X_i. On utilisera cette bijection et (4.12) pour décrire $S(u)$ et l'action de $A(u)$ sur $S(u)$ dans le cas des groupes classiques.

4.14. Pour les groupes classiques, nous montrerons que pour un choix convenable de P le groupe $C_G(u)$ agit transitivement sur chacune des variétés Y_i de (4.8). Dans ce cas les classes unipotentes de P contenues dans uG^o peuvent être paramétrées par des couples (C, C'), où C est une classe unipotente de G et C' une classe unipotente de P/U_P.

4.15. Considérons une composante X de $\mathcal{B}_u^G$ et le sous-ensemble I_σ de Π défini en (4.3), et soit P un sous-groupe parabolique de G contenant u tel que $W_P \cap \Pi = I_\sigma$ et $\mathcal{B}^P \cap X_\sigma \neq \emptyset$. Alors uU_P est quasi-semi-simple dans P/U_P et $\mathcal{B}^P \cap X_\sigma = \mathcal{B}_u^P$ est isomorphe à $\mathcal{B}^H$, où $H = C_{P/U_P}(uU_P)$.

Supposons que G soit connexe. Il est alors facile de vérifier que pour tout $s \in I_\sigma$, la variété des points singuliers de X_σ est une réunion de droites de type s. Cela se voit facilement de la manière suivante. On peut supposer que $B \in \mathcal{B}^P \cap X_\sigma = \mathcal{B}^P_u$. Soit C_i la composante irréductible de $c\ell_G(u) \cap B$ correspondant à X_σ (1.9). Alors $C_i \subset U_P$. Le morphisme $\varphi : U^- \to \mathcal{B}^G$, $v \mapsto {}^vB$ définit un isomorphisme de U^- sur un voisinage de B dans $\mathcal{B}^G$. Si $v \in \varphi^{-1}(X_\sigma)$ et $p \in P \cap U^-$, alors $vp \in \varphi^{-1}(X_\sigma)$ (remarquons que $pC_ip^{-1} = C_i$ pour tout $p \in P$). On a donc une action de $P \cap U^-$ sur le voisinage $\varphi(U^-) \cap X_\sigma$ de B dans X_σ, et cette action est transitive sur $\varphi(U^-) \cap \mathcal{B}^P$. Le même raisonnement montre aussi que les points normaux de X_σ forment une sous-variété qui est une réunion de droites de type s $(s \in I_\sigma)$, etc.

4.16. La remarque suivante due à George Lusztig montre que dans une certaine mesure les variétés considérées ci-dessus ne dépendent du sous-groupe parabolique P qu'à association près.

De manière plus précise, supposons que G soit connexe et soient P, P' des sous-groupes paraboliques de G ayant un sous-groupe de Levi L en commun. Supposons de plus que k soit la clôture algébrique d'un corps fini $\mathbb{F}_q$ et que les groupes G, P, P', L soient définis sur $\mathbb{F}_q$. Soit $F : G \to G$ l'homomorphisme de Frobenius. Si $F(u) = u$, alors les variétés $\mathcal{P}_u$ et $\mathcal{P}'_u$ sont définies sur $\mathbb{F}_q$, et on a le résultat suivant, qui montre en particulier que $\mathcal{P}_u$ et $\mathcal{P}'_u$ ont la même dimension et le même nombre de composantes irréductibles de dimension maximale : <u>les variétés $\mathcal{P}_u$ et $\mathcal{P}'_u$ ont le même nombre de points rationnels</u>.

Il suffit en effet de montrer que les représentations complexes $\mathrm{Ind}_{P^F}^{G^F}(1)$ et $\mathrm{Ind}_{P'^F}^{G^F}(1)$ sont isomorphes (1 désigne la représentation triviale). De la décomposition de Bruhat et de la formule de Mackey, on déduit, en posant $P_1 = P$, $P_2 = P'$: $\langle \mathrm{Ind}_{P_i^F}^{G^F}(1), \mathrm{Ind}_{P_j^F}^{G^F}(1) \rangle = |W_{P_i} \backslash W / W_{P_j}|$

$(1 \leq i , j \leq 2)$, et comme $|W_P\backslash W/W_P| = |W_P\backslash W/W_{P'}| = |W_{P'}\backslash W/W_{P'}|$, on trouve bien que les représentations $\mathrm{Ind}_{P^F}^{G^F}(1)$ et $\mathrm{Ind}_{P'^F}^{G^F}(1)$ ont le même caractère.

Soit aussi C une classe unipotente de L définie sur $\mathbb{F}_q$. Soient $Y = \{{}^gP \mid g^{-1}ug \in CU_P\}$, $Y' = \{{}^gP' \mid g^{-1}ug \in CU_{P'}\}$. Un argument similaire montre que les variétés Y et Y' ont le même nombre de points rationnels, et donc aussi qu'elles ont la même dimension et le même nombre de composantes irréductibles de dimension maximale. On utilise ici un théorème de Deligne [22] .

Les variétés Y et Y' peuvent cependant ne pas avoir le même nombre de composantes irréductibles, de même que les variétés $\mathcal{P}_u$ et $\mathcal{P}'_u$.

5. Le cas du groupe linéaire général.

Dans ce paragraphe G est le groupe linéaire général. On obtient une description plus précise de $\mathcal{B}_u^G$ et d'autres variétés définies dans les paragraphes précédents. Le cas de GL_n est aussi étudié dans [34], [43] et [45] . Par exemple, (5.5) se trouve dans [34] et [43], et (5.19), (5.20.b) sont démontrés dans [43] (en utilisant la théorie des représentations de $\mathfrak{S}_n$) . D'autres résultats concernant GL_n se trouvent dans [15] et [28] (voir (5.22)).

5.1. Soit V un espace vectoriel sur k , de dimension finie n , et soit $G = GL(V)$. Un drapeau complet de V est une suite croissante $(F_0, F_1, \ldots, F_n)$ de sous-espaces de V tels que $\dim F_i = i$ pour tout i $(0 \leq i \leq n)$. Les drapeaux complets de V forment une variété $F(V)$ qui est complète et irréductible, et G agit transitivement de manière naturelle sur $\mathcal{F}(V)$. Le stabilisateur de $F \in \mathcal{F}(V)$ est un sous-groupe de Borel de G, et on obtient ainsi un isomorphisme G-équivariant $\mathcal{B}^G \cong \mathcal{F}(V)$. Si $g \in G$, on note $\mathcal{F}(V)_g$ la variété $\{F \in \mathcal{F}(V) | gF = F\}$. On a donc un isomorphisme naturel $\mathcal{B}^G_g \cong \mathcal{F}(V)_g$.

Plus généralement, un drapeau de V est une suite croissante de sous-espaces de V. Soit I un sous-ensemble de $\{1,2,\ldots,n-1\}$ et soient $0 = i_0 < i_1 < \ldots < i_r = n$ les éléments de $\{0,1,\ldots,n\}-I$. Soit $\mathcal{F}_I(V)$ la variété de tous les drapeaux $F_{i_0}, F_{i_1}, \ldots, F_{i_r}$ formés de sous-espaces de V de dimension $i_0, i_1, \ldots, i_r$ respectivement. Si $I = \emptyset$, $\mathcal{F}_I(V) = \mathcal{F}(V)$. On a un morphisme surjectif naturel $\mathcal{F}(V) \to \mathcal{F}_I(V)$ qui est G-équivariant pour les actions naturelles de G sur $\mathcal{F}(V)$ et $\mathcal{F}_I(V)$. Plus généralement, si $J \subset I \subset \{1,\ldots,n-1\}$, on a un morphisme surjectif naturel $\mathcal{F}_J(V) \to \mathcal{F}_I(V)$ qui est G-équivariant. Si $F \in \mathcal{F}_I(V)$, le stabilisateur de F est un sous-groupe parabolique P de G. On obtient ainsi un isomorphisme canonique $\mathcal{F}_I(V) \cong \mathcal{P}$. Il est facile de voir que les éléments de Π peuvent être numérotés de telle sorte que $\Pi = \{s_1,\ldots,s_{n-1}\}$ et que pour tout $I \subset \{1,\ldots,n-1\}$ la variété $\mathcal{F}_I(V)$ corresponde à la classe de sous-groupes paraboliques $\mathcal{P}_I$, où par abus de notation on désigne aussi par I le sous-ensemble $\{s_i \mid i \in I\}$ de Π. Le graphe de Dynkin de G se présente comme suit :

Si $g \in G$, on note $\mathcal{F}_I(V)_g$ la variété $\{F \in \mathcal{F}_I(V) | gF = F\}$. Si $F \in \mathcal{F}_I(V)_g$, g induit des automorphismes de $F_{i_1}/F_{i_0}, \ldots, F_{i_r}/F_{i_{r-1}}$, ce qui donne un élément $g' \in \prod_{1 \leq j \leq r} GL(F_{i_j}/F_{i_{j-1}})$. Soit P le stabilisateur de F dans G. On a un isomorphisme naturel $P/U_P = \prod_{1 \leq j \leq r} GL\left(F_{i_j}/F_{i_{j-1}}\right)$ et par cet isomorphisme $gU_P \in P/U_P$ correspond à g'.

Dans ce qui suit on remplace les variétés $\mathcal{B}_g^G$, $\mathcal{P}_g$, etc., par les variétés de drapeaux correspondantes. Les résultats des paragraphes 1 à 4 s'appliquent aussi à ces variétés, et on utilisera aussi certaines des notations introduites dans ces paragraphes pour $\mathcal{B}_g^G$, $\mathcal{P}_g$, etc. Cela ne devrait pas causer de confusion.

Par exemple, on a la notion de droite de type s_i $(1 \leq i \leq n-1)$ dans $\mathcal{F}(V)$. On vérifie sans peine que si $F = (F_o, F_1, \dots, F_n) \in \mathcal{F}(V)$, la droite de type s_i passant par F est formée des drapeaux complets de V de la forme $(F_o, F_1, \dots, F_{i-1}, F_i', F_{i+1}, \dots, F_n)$.

On écrit aussi $\mathcal{F}$ (resp. $\mathcal{F}_g$, $\mathcal{F}_I$, $\mathcal{F}_{I,g}$) pour $\mathcal{F}(V)$ (resp. $\mathcal{F}(V)_g$, $\mathcal{F}_I(V)$, $\mathcal{F}_I(V)_g$) quand il n'y a pas de confusion à craindre.

5.2. Soit u un élément unipotent de G et soit λ la partition de n correspondante (on utilise les notations de (I.2.3) et (I.2.4)). On note $St(\lambda)$ l'ensemble des tableaux standards associés au diagramme d_λ . Un élément de $St(\lambda)$ s'obtient en remplissant d_λ à l'aide des entiers $1,2,\dots,n$ (sans répétition) de telle sorte que toutes les lignes et toutes les colonnes soient des suites croissantes.

Si $\sigma \in St(\lambda)$, soit σ_i le numéro de la colonne du tableau σ dans laquelle i est placé $(1 \leq i \leq n)$. On définit un ordre total dans $St(\lambda)$ en posant $\sigma < \tau$ si et seulement s'il existe j $(1 \leq j \leq n)$ tel que $\sigma_j < \tau_j$ et $\sigma_i = \tau_i$ pour $j+1 \leq i \leq n$.

5.3. Si $F = (F_o, F_1, \dots, F_n) \in \mathcal{F}_u$, soit $d_i(F)$ le diagramme correspondant à l'automorphisme de V/F_{n-i} induit par u $(0 \leq i \leq n)$. Pour chaque i $(1 \leq i \leq n)$, le diagramme $d_{i-1}(F)$ s'obtient en ôtant une case du diagramme $d_i(F)$, et en plaçant l'entier i dans cette case on associe à F un tableau standard. Cela définit une application $\pi : \mathcal{F}_u \to St(\lambda)$.

Pour tout $\sigma \in St(\lambda)$, soit $X_\sigma = \pi^{-1}(\sigma)$.

Avec les notations de (I.2.3), dim Ker(u-1) = λ_1^* . Choisissons un drapeau complet $(W_0, W_1, \ldots, W_{\lambda_1^*})$ de Ker(u-1) tel que pour tout $i \geq 1$ on ait $W_{\lambda_i^*} = \mathrm{Ker}(u-1) \cap \mathrm{Im}(u-1)^{i-1}$. Il est facile de vérifier que si $F \in \mathcal{F}_u$ et $\pi(F) = \sigma$, alors $\sigma_n = i$ si et seulement si $F_1 \in \mathbb{P}(W_{\lambda_i^*}) - \mathbb{P}(W_{\lambda_{i+1}^*})$.

5.4. LEMME. <u>Pour tout</u> $\sigma \in St(\lambda)$. X_σ <u>est localement fermé dans</u> $\mathcal{F}_u$ <u>et</u> $\bigcup_{\tau \geq \sigma} X_\tau$ <u>est fermé dans</u> $\mathcal{F}_u$.

C'est une conséquence de (4.9).

5.5. PROPOSITION. <u>Pour tout</u> $\sigma \in St(\lambda)$, X_σ <u>est irréductible et</u> dim X_σ $= \frac{1}{2} \sum_{i \geq 1} \lambda_i^*(\lambda_i^*-1)$. <u>En particulier</u>, dim $\mathcal{F}_u = \frac{1}{2} \sum_{i \geq 1} \lambda_i^*(\lambda_i^*-1)$ <u>et les variétés</u> $\overline{X}_\sigma$ $(\sigma \in St(\lambda))$ <u>sont les composantes irréductibles de</u> $\mathcal{F}_u$ <u>et sont toutes distinctes</u>.

On utilisera (4.12) en prenant pour P le stabilisateur d'une droite $L \in \mathbb{P}(V)$. Si $\lambda_i^* \neq \lambda_{i+1}^*$, $\mathbb{P}(W_{\lambda_i^*}) - \mathbb{P}(W_{\lambda_{i+1}^*})$ est irréductible et a dimension λ_i^*-1 . Il est facile de vérifier que $C_G(u)$ agit transitivement sur $\mathbb{P}(W_{\lambda_i^*}) - \mathbb{P}(W_{\lambda_{i+1}^*})$ (on peut aussi le voir comme conséquence de (5.8)). Le résultat découle de (4.12), par induction sur n .

5.6. COROLLAIRE. dim $C_G(u) = 2\dim \mathcal{B}_u^G + rg(G)$.

Il est facile de vérifier que dim $C_G(u) = \sum_{i \geq 1} \lambda_i^{*2}$. Le corollaire découle donc de (5.5) puisque $rg(G) = n = \sum_{i \geq 1} \lambda_i^*$.

5.7. On pose $X_\sigma = \overline{X}_\sigma$ $(\sigma \in St(\lambda))$ et pour le reste du paragraphe, à l'exception de (5.21), on identifie $S(u)$ et $St(\lambda)$ à l'aide de (5.5).

Soit $B_i = \mathbb{P}(W_i) - \mathbb{P}(W_{i-1})$ et soit $Y_i = p^{-1}(B_i)$, où p est la projection $\mathcal{F} \to \mathbb{P}(V)$, $F \mapsto F_1$ $(1 \leq i \leq \lambda_1^*)$. La variété Y_i est localement fermée dans $\mathcal{F}$ et $\bigcup_{j \leq i} Y_j$ est fermée dans $\mathcal{F}$. Si $L \in B_i$, alors $p^{-1}(L)$ $\cong \mathcal{F}(V/L)$, et $p^{-1}(L) \cap \mathcal{F}_u \cong \mathcal{F}(V/L)_{u'}$, où u' est l'automorphisme de V/L

induit par u . Soit λ' la partition de $n-1$ correspondant à u' . On a une inclusion naturelle $St(\lambda') \hookrightarrow St(\lambda)$ obtenue en plaçant n dans la case restante de d_λ, et on obtient ainsi une application naturelle $\pi' : \mathcal{F}(V/L)_{u'} \to St(\lambda)$.

5.8. LEMME. *Il existe un isomorphisme* $\theta : Y_i \to B_i \times \mathcal{F}(V/L)$ *qui donne par restriction un isomorphisme* $\theta_o : Y_i \cap \mathcal{F}_u \to B_i \times \mathcal{F}(V/L)_{u'}$, *et tel que les diagrammes suivants commutent* :

$$\begin{array}{ccc} Y_i & \xrightarrow{\theta} & B_i \times \mathcal{F}(V/L) \\ & p \searrow \quad \swarrow pr_1 & \\ & B_i & \end{array} \qquad \begin{array}{ccc} Y_i \cap \mathcal{F}_u & \xrightarrow{\theta_o} & B_i \times \mathcal{F}(V/L)_{u'} \\ & \pi \searrow \quad \swarrow \pi' \circ pr_2 & \\ & St(\lambda) & \end{array}$$

On choisit une base $\left(e^h_{j,m}\right)$ $(h \geq 1,\ 1 \leq j \leq h,\ 1 \leq m \leq c_h$, où $c_h = \lambda^*_h - \lambda^*_{h+1})$ telle que $(u-1)\left(e^h_{j,m}\right) = e^h_{j-1,m}$ si $j \neq 1$ et $(u-1)\left(e^h_{1,m}\right) = 0$, et telle que :

a) L est engendré par un vecteur $e^{h_o}_{1,m_o}$ de la base.

b) W_{i-1} est engendré par les vecteurs $e^h_{1,m}$ tels que $h > h_o$ ou $h = h_o$ et $m > m_o$.

L'isomorphisme $W_{i-1} \to B_i$, $w \mapsto k\left(e^{h_o}_{1,m_o} + w\right)$ permet de remplacer B_i par W_{i-1} .

Si $w = \sum a^h_m\, e^h_{1,m} \in W_{i-1}$, définissons $w_j = \sum a^h_m\, e^h_{j,m}$ $(1 \leq j \leq h_o)$. Soit g_w l'automorphisme de V qui laisse fixe $e^h_{j,m}$ si $h \neq h_o$ ou $m \neq m_o$ et tel que $g_w\left(e^{h_o}_{j,m_o}\right) = e^{h_o}_{j,m_o} + w_j$. Il est facile de vérifier qu'on peut prendre pour θ l'inverse de l'isomorphisme $g : W_{i-1} \times \mathcal{F}(V/L) \to Y_i, (w,F) \mapsto g_w(F)$ (on identifie ici $p^{-1}(L)$ et $\mathcal{F}(V/L)$).

5.9. PROPOSITION. *Pour tout élément unipotent* u *de* G , *il existe une partition* $(A_i)_{1 \leq i \leq n!}$ *de* $\mathcal{F}$ *qui a les propriétés suivantes* :

a) *Chaque* A_i *est isomorphe à un espace affine.*

b) Si $A_i \subset F_u$, alors il existe $\sigma \in St(\lambda)$ tel que $A_i \subset X_\sigma$.

c) Pour tout j , $\bigcup_{i\leq j} A_i$ est une sous-variété fermée de F $(1 \leq j \leq n!)$.

d) Il existe m tel que $F_u = \bigcup_{1\leq m} A_i$.

On complète le drapeau $(W_0, W_1, \dots, W_{\lambda_1^*})$ en un élément de F , ce qui permet de définir $B_i = \mathbb{P}(W_i) - \mathbb{P}(W_{i-1})$ et $Y_i = p^{-1}(B_i)$ pour $1 \leq i \leq n$. Pour chacune des variétés Y_i on a une partition du type désiré. C'est clair si $i > \lambda_1^*$, et par induction sur n c'est vrai aussi si $i \leq \lambda_1^*$ d'après (5.8). On obtient ainsi une partition de F qui vérifie (a) et (b), et en arrangeant les termes de manière convenable on trouve une partition qui vérifie aussi (c) et (d).

5.10. Remarque. I.G. Macdonald a montré que dans (5.9.d) $m = n!\,(\prod_{i\geq 1} \lambda_i!)^{-1}$. Cela peut se vérifier par induction, en utilisant (5.8). Pour $i \leq \lambda_i^*$, $Y_i \cap F_u$ contient $(n-1)!\,(\prod_{i\geq 1} \lambda_i!)^{-1}\lambda_i$ des sous-ensembles A_j . Donc $m = \sum_{1\leq i\leq \lambda_i^*} (n-1)!\,((\prod_{i\geq 1} \lambda_i!)^{-1})\lambda_i = (n-1)!\,(\prod_{i\geq 1} \lambda_i!)^{-1} \sum_{1\leq i\leq \lambda_i^*} \lambda_i$ $= n!\,(\prod_{i\geq 1} \lambda_i!)$.

5.11. LEMME. Soit $s_i \in \Pi$ et soit L une droite de type s_i contenue dans F_u . On a alors :

a) Si $\sigma \in St(\lambda)$ est tel que $X_\sigma \cap L$ soit dense dans L , alors $\sigma_{n-i} \geq \sigma_{n-i+1}$ (les tableaux standards étant disposés comme dans les exemples du paragraphe 11, on dit dans ce cas que $n-i$ est au-dessus de $n-i+1$ dans le tableau standard σ).

b) Si $n-i$ est au-dessus de $n-i+1$ dans σ $(\sigma \in St(\lambda))$, alors X_σ est une réunion de droites de type s_i .

D'après (4.10) en particulier, il suffit de considérer le cas où $i = 1$.

Pour (a), choisissons $F = (F_0, F_1, \dots, F_n) \in L \cap X_\sigma$. Comme $L \subset F_u$, la restriction de u à F_2 est l'identité, et par conséquent $F_2 \subset \mathrm{Ker}(u-1)$.

Soit j le plus grand entier tel que $F_2 \subset W_{\lambda^*_j} = \mathrm{Ker}(u-1) \cap \mathrm{Im}(u-1)^{j-1}$.
On a certainement $\sigma_n \geq j$ et $\sigma_{n-1} \geq j$. Il suffit de montrer que si $\sigma_n \geq j+1$, alors $X_\sigma \cap L$ n'est pas dense dans L . Cela est clair car si $\sigma_n \geq j+1$, alors $F_1 \subset W_{\lambda^*_{j+1}} \cap F_2$, donc $F_1 = W_{\lambda^*_{j+1}} \cap F_2$ puisque $F_2 \not\subset W_{\lambda^*_{j+1}}$, ce qui montre que $X_\sigma \cap L$ se réduit à un point.

Pour (b), supposons que $\sigma_n = j \leq \sigma_{n-1}$. Si $F = (F_o, F_1 \dots, F_n) \in X_\sigma$, on en déduit que $F_2 \subset W_{\lambda^*_j} \subset \mathrm{Ker}(u-1)$, et donc que la droite de type s_1 passant par F est contenue dans $\mathcal{F}_u$. Par conséquent $X_\sigma = \overline{X}_\sigma$ est une réunion de droites de type s_1 .

5.12. PROPOSITION. a) Pour tout $\sigma \in St(\lambda)$, le sous-ensemble $I_\sigma = \{s \in \Pi \mid X_\sigma$ est une réunion de droites $s\}$ de Π est aussi égal à $\{s_i \in \Pi \mid n-i$ est au-dessus de $n-i+1$ dans $\sigma\}$.
b) Soit P un sous-groupe parabolique de G et soit $\mathcal{F}^P$ la sous variété de $\mathcal{F}$ correspondant à $\mathcal{B}^P$. Si $\mathcal{F}^P \subset \mathcal{F}_u$, alors il existe $\sigma \in St(\lambda)$ tel que $\mathcal{F}^P \subset X_\sigma$ et $I_\sigma \supset W_P \cap \Pi$.

C'est une conséquence immédiate de (5.11). Pour (b) , on choisit σ de telle sorte que $\mathcal{F}^P \cap X_\sigma$ soit dense dans $\mathcal{F}^P$.

5.13. COROLLAIRE. Soit P un sous-groupe parabolique de G et soit C_μ la classe de Richardson associée à P . Alors pour toute classe unipotente C_λ de G on a $C_\lambda \leq C_\mu$ si et seulement s'il existe $\sigma \in St(\lambda)$ tel que $I_\sigma \supset I$, où $I = W_P \cap \Pi$.

On a $\overline{C} = \bigcup_{g \in G} {}^g U_P$ parce que G/P est une variété complète. Il suffit donc d'appliquer (5.12).

5.14. PROPOSITION. Les classes unipotentes de G sont toutes des classes de Richardson.

Soit P un sous-groupe parabolique de G tel que

$W_P \cap \Pi = \Pi - \{ \sum_{1\leq j\leq i} \lambda_j^* | i \geq 1\}$ (où de nouveau on écrit i pour s_i) et soit C_μ la classe de Richardson associée à P. Il suffit de montrer que $C_\lambda = C_\mu$. Si $u \in C_\lambda$ et $u' \in C_\mu$, alors $\dim C_G(u) = \sum_{i\geq 1} \lambda_i^{*2} = \dim P/U_P =$ $= \dim C_G(u')$. Il suffit donc de montrer que $C_\lambda \leq C_\mu$. D'après (5.12) et (5.13), cela se voit en prenant le tableau standard $\sigma \in St(\lambda)$ dont la colonne i est formée des entiers m tels que $\sum_{1\leq j<i} \lambda_j^* < m \leq \sum_{1\leq j\leq i} \lambda_j^*$.

5.15. Soit P un sous-groupe parabolique de G et soit $p : \mathcal{B}_u^G \to \mathcal{P}$ le morphisme canonique. Soit u' un élément unipotent de $H = P/U_P$ et soit $C' = c\ell_H(u')$. Considérons les variétés $Y = \{{}^gP \in \mathcal{P}_u \mid g^{-1}ugU_P \in C'\}$ et $Y^* = \{{}^gP \in \mathcal{P}_u | g^{-1}ugU_P \in \overline{C}'\}$. D'après (5.14) il existe un sous-groupe parabolique $Q \subset P$ de G tel que C' soit la classe de Richardson associée au sous-groupe parabolique Q/U_P de H. Soit $I = W_Q \cap \Pi$.

Soit $P' \in \mathcal{P}_u$. Alors $P' \in Y^*$ si et seulement s'il existe un sous-groupe parabolique Q' de P' tel que $\mathcal{B}^{Q'} \subset \mathcal{B}_u^{P'}$ et $W_{Q'} \cap \Pi \supset I$. D'après (5.12) il existe donc $\sigma \in St(\lambda)$ tel que $I \subset I_\sigma$ et $P' \in P(X_\sigma)$. Ainsi $Y^* = \bigcup_{I_\sigma \supset I} p(X_\sigma)$.

Remarquons que si $P' \in Y^*$, alors $\dim p^{-1}(P') \geq \dim \mathcal{B}_{u'}^H$, et que $\dim p^{-1}(P') = \dim \mathcal{B}_{u'}^H$ si et seulement si $P' \in Y$.

Si $I_\sigma \supset I$ et $p(X_\sigma) \cap Y \neq \emptyset$, alors $\dim_p(X_\sigma) = \dim \mathcal{B}_u^G - \dim \mathcal{B}_{u'}^H$. Il existe donc une sous-variété $\tilde{Y}$ de Y^* qui contient Y et dont toutes les composantes irréductibles sont de dimension $\dim \mathcal{B}_u^G - \dim \mathcal{B}_{u'}^H$.

Considérons maintenant un élément $P' = {}^gP \in Y^* - Y$. Soit $C_1' = c\ell_H(u_1')$, où $u_1' = g^{-1}ugU_P \in H$. Soit $Y_1 = \{{}^{g'}P \in \mathcal{P}_u | g'^{-1}ug'U_P \in C_1'\}$. Alors $\dim Y_1 \leq \dim \mathcal{B}_u^G - \dim \mathcal{B}_{u_1'}^H < \dim \mathcal{B}_u^G - \dim \mathcal{B}_{u'}^H$. On a donc $\dim(Y^* - Y) < \dim \mathcal{B}_u^G - \dim \mathcal{B}_{u'}^H$.

Comme $Y = \tilde{Y} - (Y^* - Y)$, on en déduit :

5.16. PROPOSITION. <u>Toutes les composantes irréductibles de la variété Y de (5.15) ont la même dimension</u>.

5.17. <u>Remarque</u>. Supposons que le groupe $G = GL(V)$ soit défini et déployé sur $\mathbb{F}_q$, le corps fini à q éléments. Soit alors $f(q)$ le nombre de points rationnels de la variété Y, considéré comme une fonction de q. Il a été démontré par P. Hall que cette fonction a, entre autres, les propriétés suivantes :

a) f est une fonction polynomiale;

b) f est identiquement nulle ou de degré $\dim \mathcal{B}_u^G - \dim \mathcal{B}_{u'}^H$.

La proposition (5.16) donne une justification géométrique de (b).

5.18. Si λ est une partition de n, tout $\sigma \in St(\lambda)$ a un tableau standard dual $\sigma^* \in St(\lambda^*)$: on prend pour lignes de σ^* les colonnes de σ. Visiblement $(\sigma^*)^* = \sigma$, et d'après (5.12) $I_{\sigma^*} = \Pi - I_\sigma$.

Pour toute partition λ de n choisissons un élément $u_\lambda \in C_\lambda$ et un sous-groupe parabolique P de G tel que $W_\lambda = W_{P_\lambda}$ soit isomorphe à $\prod_{i\geqslant 1} \mathfrak{S}_{\lambda_i}$. Soit $I_\lambda = W_\lambda \cap \Pi$. D'après (3.7) et la démonstration de (5.14), la classe de Richardson associée à P_λ est C_{λ^*}. Soit aussi $\theta_\lambda = \mathrm{Ind}_{W_\lambda}^W(1)$. C'est une représentation complexe de W qui, à isomorphisme près, ne dépend que de λ.

Si λ et μ sont des partitions de n, écrivons $S_\mu(\lambda)$ pour $S_{P_\mu}(u_\lambda)$ (4.1). On considère $S_\mu(\lambda)$ comme un sous-ensemble de $St(\lambda)$, à l'aide de (4.4) et (5.7).

Le lemme suivant est dû à Steinberg [43].

5.19. LEMME. a) $S_\mu(\lambda) \neq \emptyset \iff \mu \leq \lambda$

b) $|S_\lambda(\lambda)| = 1$.

Pour démontrer (a), il suffit d'utiliser les équivalences suivantes : $S_\mu(\lambda) \neq \emptyset \iff \exists \sigma \in St(\lambda)$ tel que $I_\mu \cap I_\sigma = \emptyset$

$\iff \exists \sigma \in St(\lambda)$ tel que $I_\mu \subset I_{\sigma^*}$

$\iff \exists \tau \in St(\lambda^*)$ tel que $I_\mu \subset I_\tau$

$\iff C_{\lambda^*} \leq C_{\mu^*} \iff \lambda^* \leq \mu^* \iff \mu \leq \lambda$.

(on utilise en particulier (5.13)).

Pour (b), on prend $\lambda = \mu$ dans ces équivalences. Si $\tau \in St(\lambda^*)$ est tel que $I_\mu = I_\lambda \subset I_\tau$, alors $I_\lambda = I_\tau$ pour des raisons de dimension et la composante X_τ de $\mathcal{B}^G_{u_{\lambda^*}}$ est de la forme $\mathcal{B}^{P'}$, où P' est un conjugué de P_λ . Comme $C_G(u_{\lambda^*})$ est connexe, il y a exactement une composante irréductible de $\mathcal{B}^G_{u_{\lambda^*}}$ qui est de cette forme. Donc $\sigma = \tau^*$ est l'unique élément de $S_\lambda(\lambda)$.

5.20. PROPOSITION. <u>Pour toute partition</u> λ <u>de</u> n , <u>il existe une représentation complexe irréductible</u> ρ_λ <u>de</u> W <u>telle que</u>

a) $\Theta_\lambda = \rho_\lambda + \sum_{\mu<\lambda} n_{\mu\lambda}\rho_\mu$, <u>où</u> $n_{\mu,\lambda} = \langle\Theta_\lambda,\rho_\mu\rangle$.

b) $|S_\mu(\lambda)| = n_{\mu\lambda}$ <u>pour toute paire de partition</u> λ, μ <u>de</u> n .

L'assertion (a) est un résultat classique de la théorie des représentations de $\mathfrak{S}_n$, et (b) est un résultat de Steinberg [43] . Nous donnons ici une démonstration qui n'utilise pas les résultats de la théorie des représentations de $\mathfrak{S}_n$.

Choisissons un ordre total $\lambda^1<\lambda^2<\ldots$ sur l'ensemble des partitions de n , compatible avec l'ordre partiel défini en (I.2.3). Soit S la matrice (s_{ij}) , où $s_{ij} = |S_{\lambda^i}(\lambda^j)|$. Soient aussi $\rho_1,\rho_2,\ldots$ les représentations irréductibles de $W \cong \mathfrak{S}_n$. Elles sont en nombre égal au nombre de partitions de n . Soit N la matrice (n_{ij}) , où $n_{ij} = \langle\Theta_{\lambda^i},\rho_j\rangle$.

Pour toute paire de partitions μ,ν de n , on a

$$\sum_j \langle\theta_\mu,\rho_j\rangle \ \langle\theta_\nu,\rho_j\rangle = \langle\theta_\mu,\theta_\nu\rangle = |W_\mu\backslash W/W_\nu| \ , \ \sum_\lambda |S_\mu(\lambda)|\,|S_\nu(\lambda)| = |W_\mu\backslash W/W_\nu| \ ,$$

(en particulier à cause de (4.7.6)), ce qui montre que $N({}^tN) = S({}^tS)$. D'après (5.19), S est une matrice unipotente triangulaire à coefficients entiers, et par conséquent S^{-1} et $S^{-1}N$ sont des matrices à coefficients entiers. Comme de plus $(S^{-1}N)({}^t(S^{-1}N))$ est la matrice unité I, $S^{-1}N$ correspond à une permutation de la base, avec peut-être des changements de signes. En modifiant s'il le faut la numérotation des représentations irréductibles de W , on peut supposer que $S^{-1}N$ est diagonale. Comme de plus S n'a que des 1 sur la diagonale et que $N = S(S^{-1}N)$ n'a pas de coefficients négatifs, on doit avoir $S^{-1}N = I$, donc $S = N$. Cela démontre la proposition.

5.21. Soit $\tilde{G} = G(V)$, le groupe formé de $GL(V)$ et des formes bilinéaires non singulières $V \times V \to k$ (I.2.7). Alors $\tilde{A}(u) = C_{\tilde{G}}(u)/C_G(u)^0$ est un groupe d'ordre 2 qui agit sur $S(u)$.

Si $F \in \tilde{G}$ est une forme bilinéaire et si V' est un sous-espace de V , on définit $fV' = \{v \in V \mid f(v,v') = 0$ pour tout $v' \in V'\}$. Si $F = (F_0, F_1, \ldots, F_n) \in \mathcal{F}$, on définit $fF = (fF_n, fF_{n-1}, \ldots, fF_0) \in \mathcal{F}$. L'action de $\tilde{G}$ sur $\mathcal{F}$ se prolonge ainsi en une action de $\tilde{G}$ sur $\mathcal{F}$, et on vérifie que cette action est celle pour laquelle le morphisme $\mathcal{F} \to \mathcal{B}^G = \mathcal{B}^{\tilde{G}}$ est $\tilde{G}$-équivariant. On dit que $F \in \mathcal{F}$ est <u>isotrope</u> pour f si $fF = F$.

On a associé à tout $F \in \mathcal{F}_u$ la suite $d_0(F), d_1(F), \ldots, d_n(F)$ obtenue en considérant, pour chaque i , l'automorphisme de V/F_{n-i} induit par u. On aurait pu prendre aussi la suite $d'_0(F), d'_1(F), \ldots, d'_n(F)$ obtenue en considérant, pour chaque i , la restriction de u à F_i . Cette nouvelle suite donne une application $\pi' : \mathcal{F}_u \to St(\lambda)$. Choisissons une fois pour toutes une forme bilinéaire $f \in C_G(u)$. On vérifie sans peine que l'on a

alors un diagramme commutatif

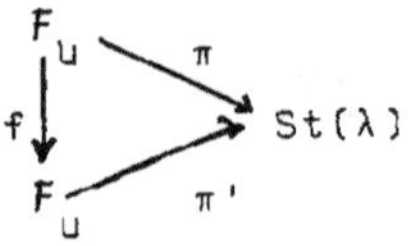

où la flèche verticale est donnée par l'action de f sur $\mathcal{F}_u$.

Aux résultats obtenus en utilisant π correspondent donc des résultats pour π' . En particulier on peut aussi utiliser π' pour paramétrer les composantes irréductibles de $\mathcal{F}_u$ par des tableaux standards. Pour cette raison il est préférable dans cette section de ne pas identifier $S(u)$ et $St(\lambda)$.

Notons aussi π, π' les bijections de $S(u)$ dans $St(\lambda)$ induites par $\pi, \pi' : \mathcal{F}_u \to St(\lambda)$ respectivement.

Soit a l'élément d'ordre 2 de $\tilde{A}(u)$. On a alors un diagramme commutatif

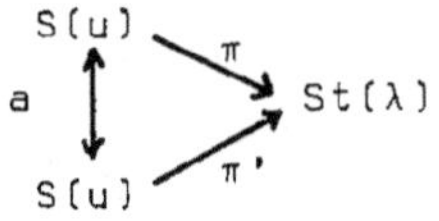

où a est une involution.

L'action de a consiste à permuter ces deux manières de paramétrer $S(u)$. L'involution $\pi' \circ \pi^{-1}$ de $St(\lambda)$ ne semble cependant pas facile à décrire, et il vaut mieux procéder comme suit.

Pour tout $F = (F_o, F_1, \dots, F_n) \in \mathcal{F}$, considérons la suite des diagrammes $d_n^1(F), d_{n-1}^1(F), d_{n-2}^1(F), \dots, d_{n-2i}^1(F), d_{n-2i-1}^1(F) d_{n-2(i+1)}^1(F), \dots$ resp. $d_n^2(F), d_{n-1}^2(F), d_{n-2}^2(F), \dots, d_{n-2i}^2(F), d_{n-2i-1}^2(F), d_{n-2(i+1)}^2(F), \dots)$ obtenue en considérant les automorphismes induits par u sur $F_n, F_n/F_1, F_{n-1}/F_1, \dots, F_{n-i}/F_i, F_{n-i}/F_{i+1}, F_{n-(i+1)}/F_{i+1}, \dots$ (resp. $F_n, F_{n-1}, F_{n-1}/F_1, \dots, F_{n-i}/F_i, F_{n-(i+1)}/F_i, F_{n-(i+1)}/F_{i+1}, \dots$). On obtient ainsi deux applications $\pi_1, \pi_2 : \mathcal{F}_u \to St(\lambda)$, et il est facile de vérifier qu'elles donnent des bijections $S(u) \to St(\lambda)$ qu'on note aussi π_1, π_2, et que le diagramme suivant est commutatif :

$$\begin{array}{ccc} S(u) & \xrightarrow{\pi_1} & \\ a \updownarrow & & St(\lambda) \\ S(u) & \xrightarrow{\pi_2} & \end{array}$$

Dans ce cas l'action de a est facile à décrire. On montre sans peine que l'involution $\pi_2 \circ \pi_1^{-1}$ de $St(\lambda)$ est la suivante. Si $s \in St(\lambda)$, $(\pi_2 \circ \pi_1^{-1})(s)$ s'obtient en permutant dans le tableau s les entiers $n-2i$ et $n-2i-1$, sauf s'ils sont sur une même ligne ou sur une même colonne, pour tout i tel que $0 \leq i < n/2$.

On montre alors facilement par induction sur n qu'il y a des composantes de F_u fixées par $\tilde{A}(u)$ si et seulement si dans le diagramme d_λ le nombre p_λ d'équerres de longueur paire et le nombre i_λ d'équerres de longueur impaire sont tels que $i_\lambda - p_\lambda = 0$ si n est pair et $i_\lambda - p_\lambda = 1$ si n est impair.

5.22. Shimomura a obtenu la généralisation suivante de (5.9) : pour tout sous-groupe parabolique P de $G = GL(V)$ et tout élément unipotent u de G, la variété $\mathcal{P}_u$ a une partition en un nombre fini d'espaces affines, et cette partition est déterminée par le diagramme associé à u [28].

6. Le cas des groupes classiques.

On étudie dans ce paragraphe la variété $\mathcal{B}_u^G$ dans le cas des groupes classiques autres que le groupe linéaire général. Pour $p \neq 2$ et G connexe, cette variété a aussi été étudiée par B. Srinivasan [40] et Hesselink a aussi obtenu une description combinatoire de $S(u)$ et de l'action de $A(u)$ sur $S(u)$.

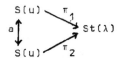

Soit V un espace vectoriel sur k, de dimension N. On suppose qu'on est dans l'une des situations suivantes :

I) $G = Sp_{2n}(k) = C_{GL(V)}(f)$, où $f \in G(V)$ est une forme alternée, $N = 2n$, $p \neq 2$.

II) Comme (I), mais avec $p = 2$.

III) $G = O_{2n}(k) = \{g \in GL(V) | Q \circ g = Q\}$, où $Q : V \to k$ est une forme quadratique telle que $f : V \times V \to k$, $(x,y) \mapsto Q(x+y) - Q(x) - Q(y)$ soit une forme bilinéaire non singulière, $p = 2$, $N = 2n$, et on considère les éléments unipotents contenus dans G^o.

IV) Comme (III), mais on considère les éléments unipotents de $G - G^o$, et à partir de (6.24) $G = O_{2n+2}(k)$.

V) $G = O_{2n}(k) = C_{GL(V)}(f)$, où $f \in G(V)$ est une forme symétrique, $N = 2n$, $p \neq 2$.

VI) $G = G(V)$, $N = 2n$, $p = 2$ et on considère les éléments unipotents de $G - G^o$.

VII) $G = O_{2n+1}(k) = C_{GL(V)}(f)$ où $f \in G(V)$ est une forme symétrique, $N = 2n+1$, $p \neq 2$.

VIII) $G = G(V)$, $N = 2n+1$, $p = 2$, et on considère les éléments unipotents de $G - G^o$.

On rappelle qu'on note $G(V)$ le groupe formé de $GL(V)$ et des formes bilinéaires non singulières sur V. On utilise les notations introduites au chapitre I, paragraphe 2.

6.1. On note $\mathcal{F}$ la variété suivante. Dans les cas (VI) et (VIII), $\mathcal{F}$ est la variété des drapeaux complets de V. Dans les cas (I), (II), (V) et (VII), $\mathcal{F}$ est la variété des drapeaux complets de V isotropes pour f (II.5.21). Dans les cas (III) et (IV), $\mathcal{F}$ est la variété des drapeaux complets $F = (F_o, F_1, \dots, F_{2n})$ de V isotropes pour f et tels que la restriction de Q à F_n soit nulle.

La variété $\mathcal{F}$ est complète et on a un morphisme surjectif canonique

$\mathcal{F} \to \mathcal{B}^G$ obtenu en associant à l'élément F de $\mathcal{F}$ son stabilisateur dans G^o. Ce morphisme est G-équivariant et sa restriction à une composante quelconque de $\mathcal{F}$ est un isomorphisme. La variété $\mathcal{F}$ est irréductible (et donc isomorphe à $\mathcal{B}^G$) dans les cas (I), (II), (VI), (VII) et (VIII). Dans les autres cas, $\mathcal{F}$ a deux composantes irréductibles qui sont permutées par G/G^o. Si l'on est dans l'un de ces cas, et si $F = (F_o,\dots,F_{n-1},F_n,F_{n+1},\dots,F_{2n}) \in \mathcal{F}$, alors le drapeau $F' \in \mathcal{F}$ qui appartient à l'autre composante de $\mathcal{F}$ et qui correspond au même élément de $\mathcal{B}^G$ est de la forme $(F_o,\dots,F_{n-1},F'_n,F_{n+1},\dots,F_{2n})$. En identifiant les drapeaux qui forment de telles paires, on obtient une variété isomorphe à $\mathcal{B}^G$.

On utilise les notations suivantes pour les éléments de Π :

(I), (II), (VII) :

(III), (V) :
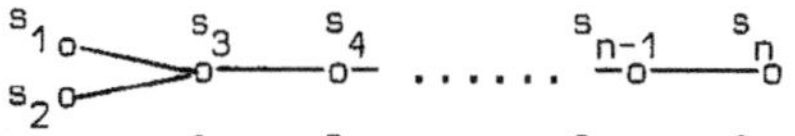

(IV) :
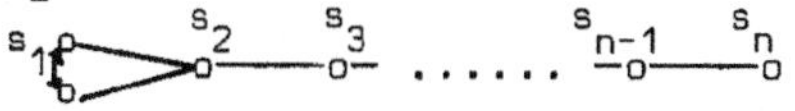

(à partir de (6.24))

(VI) :
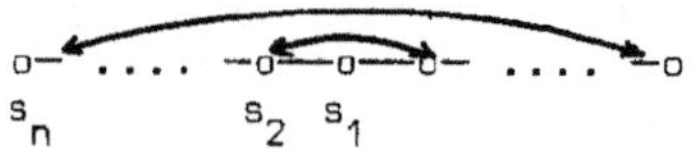

(VIII) :
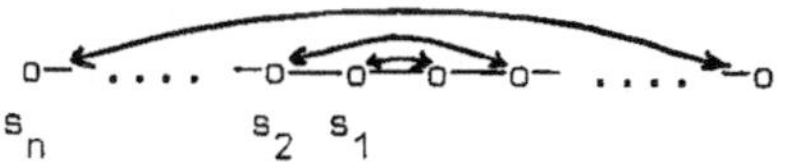

Dans chaque cas on n'a numéroté qu'un seul élément dans chaque x-orbite dans Π, où x est un élément de la composante de G considérée.

Comme pour GL_n, les droites de type s $(s \in \Pi)$ dans $\mathcal{B}^G$ ont une interprétation géométrique dans $\mathcal{F}$. Mentionnons juste le cas particulier suivant. Dans les cas (III) et (V), on peut appeler $\mathcal{F}_1$, $\mathcal{F}_2$ les deux composantes de $\mathcal{F}$ de telle sorte que si $F = (F_o,F_1,\dots,F_{2n}) \in \mathcal{F}$, alors les drapeaux de la forme $(F_o,\dots,F_{n-2},F'_{n-1},F_n,(F'_{n-1})^{\perp},F_{n+2},\dots,F_{2n})$ forment une droite de type s_1 si $F\in F_1$, et une droite de type s_2 si $F\in F_2$.

6.2. Dans les cas (I), (II), (III), (IV) soit $G^*=Sp_{2n}(\mathbb{C})$. Dans les cas (V), (VI), (VII), (VIII) soit $G^*=O_N(\mathbb{C})$.

Soit $C_{\lambda,\varepsilon}$ une classe unipotente de G. Soit $u_\lambda\in G^*$ un élément unipotent dans la classe correspondant à λ. Posons $z_\lambda=\dim C_{G^*}(u_\lambda)$, $b_\lambda=\dim \mathcal{B}_{u_\lambda}^{G^*}$.

6.3. PROPOSITION. <u>Si</u> $u\in C_{\lambda,\varepsilon}$, $\dim \mathcal{B}_u^G=b_\lambda-\left[\frac{1}{2}\sum_{\substack{i\geq 0\\ \varepsilon_i=0}}\lambda^*_{i+1}-\lambda^*_i\right]$, <u>où</u> $\lambda^*_0=0$ <u>et où, pour</u> $x\in\mathbb{R}$, $[x]=\max\{y\in\mathbb{Z}\mid y\leq x\}$. <u>De plus, dans les cas</u> (I), (II), (III) <u>et</u> (IV) :

$$b_\lambda=\frac{1}{4}\sum_{i\geq 1}(\lambda^{*2}_{2i-1}+\lambda^*_{2i}(\lambda^*_{2i}-2))\ ;$$

<u>dans les cas</u> (V) <u>et</u> (VI) :

$$b_\lambda=\frac{1}{4}\sum_{i\geq 1}(\lambda^*_{2i-1}(\lambda^*_{2i-1}-2)+\lambda^{*2}_{2i})\ ;$$

<u>et dans les cas</u> (VII) <u>et</u> (VIII) :

$$b_\lambda=\frac{1}{4}(1+\sum_{i\geq 1}(\lambda^*_{2i-1}(\lambda^*_{2i-1}-2)+\lambda^{*2}_{2i}))\ .$$

Pour les cas (I), (II), (III) et (IV) cela sera démontré plus loin (6.18). La démonstration dans les autres cas est similaire.

6.4. <u>Remarque</u>. Si $p\neq 2$, $\varepsilon_i\neq 0$ pour tout i et par conséquent $\dim \mathcal{B}_u^G=b_\lambda$. Si $p=2$, on a, sauf pour (III) et (IV), $\dim \mathcal{B}_u^G=b_\lambda+\frac{1}{2}\sum_{\substack{i\geq 1\\ \varepsilon_i=0}}c_i$.

Pour (III) et (IV), $\dim \mathcal{B}_u^G=b_\lambda+\frac{1}{2}\sum_{\substack{i\geq 1\\ \varepsilon_i=0}}c_i-\left[\frac{1}{2}\lambda^*_1\right]$.

6.5. COROLLAIRE. $\dim C_G(u)=2\dim \mathcal{B}_u^G+rg_u(G)$.

Nous savons déjà que cela est vrai si $p=0$ ((2.5) et (2.6)). Donc $z_\lambda=2b_\lambda+n$. Comme $rg_u(G)=n-1$ dans le cas (IV), et $rg_u(G)=n$ dans les autres cas, il suffit d'utiliser (I.2.8) et (6.3).

Une autre démonstration, qui n'utilise pas (I.2.8), sera donnée plus loin (7.5).

6.6. Supposons $n \geq 2$ si $G = O_{2n}$, et $n \geq 1$ dans les autres cas. Soit L un sous-espace de dimension 1 de V et soit H un hyperplan de V contenant L . Dans les cas autres que (VI) et (VIII), on suppose que $H = L^{\perp}$, et dans les cas (III) et (IV) on suppose de plus que Q s'annule sur L . Soit P le stabilisateur de (L,H) dans G (dans les cas (VI) et (VIII) on dit que $f \in G - G^o$ stabilise (L,H) si $(fL,fH) = (H,L)$). C'est un sous-groupe parabolique de G et les conditions de (4.8) sont satisfaites. On va utiliser (4.12) avec ce groupe parabolique. Si $P' \in \mathcal{P}_u$, la classe de $uU_{P'}$ dans $P'/U_{P'}$ peut être paramétrée par un couple (λ',ε'), où λ' est une partition de $N-2$, et on écrit $f(P') = (\lambda',\varepsilon')$, ($f$ étant l'application $\mathcal{P}_u \to \mathcal{CU}_{P/U_P}(P/U_P)$ de (4.8); on ne confondra pas l'application f avec la forme bilinéaire désignée par la même lettre). Considérons maintenant une classe unipotente fixe $C' \in f(\mathcal{P}_u)$, paramétrée par (λ',ε') . Soient $Y = f^{-1}(C')$ et $X = \alpha_u^{-1}(Y)$ (comme en (4.8)). Si $u' \in C'$, le groupe $A'(u')$ de (4.11) peut être décrit comme en (I.2.9) en prenant un sous-ensemble de $\{a_o,a_1,\ldots\}$ comme système de générateurs. Les relations pour $A(u)$ et $A'(u')$ ne sont bien sûr pas les mêmes en général.

6.7. PROPOSITION. <u>Dans la situation de</u> (6.6), $C_G(u)$ <u>agit transitivement sur</u> Y . <u>On a</u> $\dim X = \dim \mathcal{B}_u^G$ <u>si et seulement si</u> (λ',ε') <u>satisfait les conditions</u> (a) <u>et</u> (b) <u>ci-dessous</u> :

a) <u>dans les cas</u> (I), (II), (III), (IV) (<u>resp. dans les cas</u> (V), (VI), (VII), (VIII)), <u>le diagramme de</u> λ' <u>s'obtient à partir du diagramme de</u> λ <u>à l'aide d'une des opérations suivantes</u> :

a_1) <u>si</u> $c_i \geq 2$, <u>ôter deux cases de la colonne</u> i .

$a_2)$ si $i \geq 2$ est pair (resp. impair), $\varepsilon_i = 1$ et $\lambda^*_{i-1} = \lambda^*_i$, ôter une casede la colonne i et une de la colonne $i-1$.

b) l'application ε' est telle que (λ',ε') représente une classe unipotente de P/U_P (dans la composante considérée), et ε' satisfait :

$b_1)$ $\varepsilon'_j = \varepsilon_j$ si $\lambda^*_j = \lambda'^*_j$.

$b_2)$ $\varepsilon'_j \neq 1$ si $\varepsilon_j = 0$ et $\varepsilon'_j \neq 0$ si $\varepsilon_j = 1$.

De plus, les goupes A_P et A'_P de (4.11) sont les suivants. Le groupe A_P est le sous-groupe de $A(u)$ engendré pae les éléments a_i, $(i \geq 0)$, qui sont à la fois dans le système de générateurs de $A(u)$ et dans le système de générateurs de $A'(u')$, A'_P est le plus petit sous-groupe de $A'(u')$ tel que l'application évidente du système de générateurs de A_P dans $A'(u')$ donne un homomorphisme $A_P \to A'(u')/A'_P$, et cet homomorphisme est celui de (4.11).

La démonstration pour les cas (I), (II), (III) et (IV) sera donnée en plusieurs parties ((6.9) à (6.22)). La démonstration pour les autres cas est similaire.

6.8. Remarque. Supposons que dans (6.7) $\dim Y = \dim \mathcal{B}^G_u$. Alors Y a deux composantes (et $|A(u)/A_P| = 2$) dans les cas suivants :

a) $(p \neq 2)$ $d_{\lambda'}$ s'obtient en ôtant deux cases de la colonne i de d_λ, $c_i = 2$ et $\varepsilon_i = 1$, où $c_i = \lambda^*_i - \lambda^*_{i+1}$;

b) $(p = 2)$ $d_{\lambda'}$ s'obtient en ôtant deux cases de la colonne i de d_λ, $\varepsilon_i = \omega$, $c_i = 2$, $\varepsilon_{i+1} \neq 1$, $\varepsilon'_{i-1} = 0$.

Soit, dans les deux cas, $D = \{1, a_{\lambda^*_i}\} = \{1, a_{\lambda^*_i - 1}\} \subset A(u)$. Alors $A(u) = D \times A_P$.

Dans tous les autres cas Y est connexe et $A_P = A(u)$.

Le groupe A'_P est trivial, sauf dans les cas suivants où il est d'ordre 2 :

a') $(p \neq 2)$ $A'_P = \{1, a_{\lambda^*_i} a_{\lambda^*_i - 1}\} \subset A'(u')$ si $d_{\lambda'}$ s'obtient en ôtant une case de chacune des colonnes i, $i-1$ de d_λ, $\varepsilon_i = 1$ et $c_i \geq 2$;

b') $(p=2)$ $A'_p = \{1, a_{\lambda_i^*} a_{\lambda_i^*-1}\} \subset A'(u')$ si l'une des conditions suivantes est satisfaite :

b'_1) $d_{\lambda'}$ s'obtient en ôtant deux cases de la colonne i de d_λ ; $\varepsilon_i = 1$, $c_i = 2$ et $(c_{i+1} \neq 0$ ou $\varepsilon_{i+2} = 1)$;

b'_2) $d_{\lambda'}$ s'obtient en ôtant une case de chacune des colonnes i, $i-1$ de d_λ, $\varepsilon_i = 1$ et $(c_{i+1} \neq 0$ ou $\varepsilon_{i+2} = 1)$.

Cela se déduit de (6.7).

6.9. Jusqu'à la fin de (6.22) on suppose qu'on est dans l'un des cas (I), (II), (III) ou (IV), que $n \geq 1$ dans les cas (I) et (II), et que $n \geq 2$ dans les cas (III) et (IV). Soit $u \in C_{\lambda,\varepsilon}$ un élément unipotent fixe. On considère V comme un $k[u]$-module, et tous les modules considérés sont des $k[u]$-modules.

Soit encore, pour tout $i \geq 1$, $W_i = \mathrm{Ker}(u-1) \cap \mathrm{Im}(u-1)^{i-1}$.

6.10. LEMME. <u>Soient</u> $(e_i)_{1 \leq i \leq a}$ <u>et</u> $(f_i)_{1 \leq j \leq b}$ <u>deux familles d'éléments de</u> V <u>tels que</u> $(u-1)(e_i) = e_{i-1}$ <u>et</u> $(u-1)(f_j) = f_{j-1}$ $(1 \leq i \leq a$, $1 \leq j \leq b$, <u>et on pose</u> $e_o = f_o = 0)$. <u>Alors</u> :

a) <u>Si</u> $i+j \leq \max(a,b)$, $f(e_i, f_j) = 0$ $(1 \leq i \leq a$, $1 \leq j \leq b)$.

b) <u>Si</u> $i+j = \max(a,b)$, $f(e_{i+1}, f_j) + f(e_i, f_{j+1}) = 0$ $(1 \leq i \leq a-1$, $1 \leq j \leq b-1)$.

c) <u>Dans les cas</u> (III) et (IV), $Q(e_i) = f(e_i, e_{i+1})$ $(1 \leq i \leq a-1)$.

Par définition de G, on a, puisque $u \in G$, $f(e_i, e_j) = f(e_i + e_{i-1}, f_j + f_{j-1})$. On obtient alors facilement (a) et (b) par induction sur i ou j, et on obtient (c) en utilisant $Q(e_i) = Q(e_i + e_{i-1}) = Q(e_i) + Q(e_{i-1}) + f(e_i, e_{i-1})$.

6.11. COROLLAIRE. <u>Si</u> $w \in W_i$, <u>l'application</u> $w \mapsto f(v,w)$ <u>a une valeur constante</u> $q_i(v)$ <u>sur</u> $\{w \in V \mid (u-1)^{i-1}(w) = v\}$.

6.12. COROLLAIRE. Si $V = \oplus V_i$ est une somme directe de sous-modules tels que pour tout $i \geq 1$ la restriction de u à V_i n'ait que des blocs de Jordan de dimension i, alors la restriction f_i de f à V_i (c'est-à-dire à $V_i \times V_i$) est non singulière pour tout $i \geq 1$.

Pour tout i, choisissons une base de Jordan dans V_i. Soit M_i la matrice de la forme f_i pour cette base. Les bases des V_i donnent une base de V. Soit M la matrice de f pour cette base. A l'aide de (6.10), on vérifie facilement que $\det(M) = \prod_{i \geq 1} \det(M_i)$ (rappelons que $\det(M_i) = 1$ si $\dim V_i = 0$).

6.13. On dit qu'un sous-module M de V est non singulier si la restriction f_M de f à M est non singulière. Dans les cas (I) et (II) on pose $H(M) = Sp(f_M) = C_{GL(M)}(f_M)$ et dans les cas (III) et (IV) on pose $H(M) = O(Q_M) = \{g \in GL(M) \mid Q_M \circ g = Q_M\} \subset Sp(f_M)$, où Q_M est la restriction de Q à M (si M est non singulier). Dans tous les cas, la restriction u_M de u à M est un élément de $H(M)$ (remarquons cependant que dans le cas (III) on peut avoir $u_M \notin H(M)^\circ$, et dans le cas (IV) on peut avoir $u_M \in H(M)^\circ$). La classe de u_M dans $H(M)$ est caractérisée par un couple $(\lambda^M, \varepsilon^M)$ qu'on représente par les familles $(c_i(M))_{i \geq 1}$, $(\varepsilon_i(M))_{i \geq 1}$, où $c_i(M) = (\lambda^M)^*_i - (\lambda^M)^*_{i+1}$ et $\varepsilon_i(M) = \varepsilon^M_i$. Si L est une droite contenue dans $M \cap W_1$, et si dans les cas (III) et (IV) Q s'annule sur L, la classe de l'automorphisme u'_M de $(L^\perp \cap M)/L$ induit par u_M sera caractérisée par les familles $(c'_i(M))_{i \geq 1}$, $(\varepsilon'_i(M))_{i \geq 1}$.

On a $c_i(V) = c_i$, $\varepsilon_i(V) = \varepsilon_i$. Soient $c'_i = c'_i(V)$, $\varepsilon'_i = \varepsilon'_i(V)$ $(i \geq 1)$ (c'_i et ε'_i dépendent de L, mais cela ne devrait pas causer de confusion dans la suite).

Soient M et N des sous-modules non singuliers de V. Si M et N sont orthogonaux, et si L est comme ci-dessus, on a pour tout $i \geq 1$:

$$c_i(M \oplus N) = c_i(M) + c_i(N) \qquad \varepsilon_i(M \oplus N) = \max(\varepsilon_i(M), \varepsilon_i(N))$$

$$c'_i(M \oplus N) = c'_i(M) + c_i(N) \qquad \varepsilon'_i(M \oplus N) = \max(\varepsilon'_i(M), \varepsilon_i(N)) ,$$

l'ensemble $\{\omega,0,1\}$ étant ordonné par $\omega < 0 < 1$.

On dit que deux sous-modules non singuliers M et N sont équivalents, et on écrit $M \sim N$, si $c_i(M) = c_i(N)$ et $\varepsilon_i(M) = \varepsilon_i(N)$ pour tout $i \geq 1$. Il existe $z \in C_G(u)$ tel que $zN = M$ si et seulement si $M \sim N$ et $M^{\perp} \sim N^{\perp}$.

6.14. Choisissons $L \in \mathbb{P}(V)$ comme en (6.6), et soit P le stabilisateur de L dans G . On identifie $\mathcal{P}$ à $\mathbb{P}(V)$ si $G = Sp_{2n}$, et à la sous-variété de $\mathbb{P}(V)$ formée des droites sur lesquelles Q s'annule si $G = O_{2n}$.

Supposons que $L \in Y \subset \mathcal{P}_u$, où Y est la variété considérée en (6.7). Il est clair, d'après le cas de GL_n traité au paragraphe 5, qu'il existe i tel que $Y \subset \mathbb{P}(W_i) - \mathbb{P}(W_{i+1})$. Par définition de Y , $(c'_j)_{j\geq 1}$ et $(\varepsilon'_j)_{j\geq 1}$ dépendent seulement de Y , et non du choix de L dans Y .

Soit $X(L)^*$ l'ensemble des sous-modules non singuliers M de V qui satisfont les conditions suivantes :

X_1) $M \supset L$, et M n'a pas de sous-module non singulier propre contenant L ;

X_2) $\varepsilon_i(M) = \varepsilon_i$.

Les éléments de $X(L)^*$ peuvent être construits de la manière suivante. Choisissons $v \in L-\{0\}$. Soit $V_v = \{w \in V \mid (u-1)^{i-1}(w) = v\}$. On sait que $f(v,w)$ est constante sur V_v (6.11). Il y a deux cas :

a) Si $f(v,w) \neq 0$ sur V_v et si $w \in V_v$, le sous-module de V engendré par w est un élément de $X(L)^*$, et tous les éléments de $X(L)^*$ sont de cette forme.

b) Si $f(v,w) = 0$ sur V_v , choisissons d'abord un élément $w \in V_v$. D'après (6.10) et (6.12), il existe $v' \in W_i - W_{i+1}$ tel que $f(w,v') \neq 0$, et, si $\varepsilon_i = 1$, tel que $f(v',w') \neq 0$ si $w' \in V_{v'}$. Choisissons maintenant $w' \in V_{v'}$. Le sous-module de V engendré par w et w' appartient à

$X(L)^*$, et tous les éléments de $X(L)^*$ sont de cette forme.

Il est facile de vérifier que $X(L)^*$ est un sous-ensemble irréductible d'une variété grassmanienne. De plus, dans le cas (a), on a pour tout $M \in X(L)^*$:

$$c_j(M) = \begin{cases} 1 & \text{si } j = i \\ 0 & \text{si } j \neq i \end{cases} \qquad \varepsilon_j(M) = \begin{cases} 1 & \text{si } j = i \\ \omega & \text{si } j \neq i \end{cases}$$

$$c'_j(M) = \begin{cases} 1 & \text{si } j = i-2 \\ 0 & \text{si } j \neq i-2 \end{cases} \qquad \varepsilon'_j(M) = \begin{cases} 1 & \text{si } j = i-2 \\ \omega & \text{si } j \neq i-2 \end{cases}$$

et dans le cas (b), on a pour tout $M \in X(L)^*$:

$$c_j(M) = \begin{cases} 2 & \text{si } j = i \\ 0 & \text{si } j \neq i \end{cases} \qquad \varepsilon_j(M) = \begin{cases} \varepsilon_i & \text{si } j = i \\ \omega & \text{si } j \neq i \end{cases}$$

$$c'_j(M) = \begin{cases} 2 & \text{si } j = i-1 \\ 0 & \text{si } j \neq i-1 \end{cases} \qquad \varepsilon'_j(M) = \begin{cases} ? & \text{si } j = i-1 \\ \omega & \text{si } j \neq i-1 \end{cases}$$

Cela montre en particulier que la classe d'équivalence de M ne dépend que de Y . C'est aussi le cas pour $M^\perp$. En effet, puisque $c_j = c_j(M) + c_j(M^\perp)$ et $\varepsilon_j = \max(\varepsilon_j(M), \varepsilon_j(M^\perp))$, on trouve que $c_j(M^\perp)$ ne dépend que de Y pour tout $j \geq 1$, et que $\varepsilon_j(M^\perp)$ ne dépend que de Y pour tout $j \neq i$, $j \geq 1$. Mais on a aussi $\varepsilon'_i = \max(\varepsilon'_i(M), \varepsilon_i(M^\perp)) = \max(\omega, \varepsilon_i(M^\perp)) = \varepsilon_i(M^\perp)$. La classe d'équivalence de $M^\perp$ ne dépend donc que de Y .

Soit $\tilde{Y}^* = \{(L,M) \mid L \in Y, M \in X(L)^*\}$. On a montré que $C_G(u)$ agit transitivement sur la seconde projection $pr_2(\tilde{Y}^*)$.

6.15. Supposons que u n'ait qu'un seul bloc de Jordan, de dimension $2n$, ou deux blocs de Jordan, tous deux de dimension n . On vérifie facilement les résultats suivants :

a) $c_{2n} = 1$, $\varepsilon_{2n} = 1$. Alors $\mathcal{P}_u$ est réduit à un point L et $V \in X(L)^*$.

b) $c_n = 2$, $\varepsilon_n = 0$. Alors $\mathcal{P}_u = \mathbb{P}(W_n) \cong \mathbb{P}^1$ est formé d'une seule orbite pour $C_G(u)$. Pour tout $L \in \mathcal{P}_u$, on a $V \in X(L)^*$, $c'_{n-1} = 2$, $\varepsilon'_{n-1} = \omega$.

c) $c_n = 2$, $\varepsilon_n = 1$. Alors $\mathcal{P}_u = \mathbb{P}(W_n)$ est formé de deux orbites Y_1 et Y_2 , où $Y_1 = \{kv \in \mathcal{P}_u | q_n(v) = 0\}$ est formée de deux points distincts si $p \neq 2$, et d'un seul point si $p = 2$, et où $Y_2 = \mathcal{P}_u - Y_1$. Si $L \in Y_1$, $V \in X(L)^*$, $c'_{n-1} = 2$, $\varepsilon'_{n-1} = \omega$. Pour tout $L \in Y_2$, $V \notin X(L)^*$, $c'_n = 1$, et, si $n > 2$, $c'_{n-2} = 1$.

d) $c_n = 2$, $\varepsilon_n = \omega$, $n \geq 3$, $p \neq 2$. Alors $\mathcal{P}_u = \mathbb{P}(W_n)$ est une seule orbite. Pour tout $L \in \mathcal{P}_u$, $V \in X(L)^*$, $c'_{i-1} = 2$.

e) $c_n = 2$, $\varepsilon_n = \omega$, $n \geq 3$, $p = 2$. Alors $\mathcal{P}_u = \mathbb{P}(W_n)$ est formé de deux orbites Y_1 et Y_2 , où $Y_1 = \{kv \in \mathcal{P}_u | f(w,(u-1)^{n-2}(w)) = 0$ si $(u-1)^{n-1}(w) = v\}$ est formée de deux points distincts et où $Y_2 = \mathcal{P}_u - Y_1$. Si $L \in Y_1$, alors $V \in X(L)^*$, $c'_{n-1} = 2$, $\varepsilon'_{n-1} = 0$. Si $L \in Y_2$, $V \in X(L)^*$, $c'_{n-1} = 2$, $\varepsilon'_{n-1} = 1$.

f) $c_1 = 2$, $n = 1$, $\varepsilon_1 = \omega$, $G = Sp_{2n}$. Alors $\mathcal{P}_u = \mathbb{P}(V) \cong \mathbb{P}^1$ est formé d'une seule orbite. Pour tout $L \in \mathcal{P}_u$, on a $V \in X(L)^*$.

g) $c_2 = 1$, $n = 1$, $\varepsilon_2 = 1$, $G = O_2$. Alors $\mathcal{F}_u = \emptyset$, $\mathcal{P}_u = \mathcal{P} = \{G\}$.

h) $c_1 = 2$, $n = 1$, $\varepsilon_1 = \omega$, $G = O_2$. Alors $\mathcal{F}_u = \mathcal{F}$, $\mathcal{P}_u = \mathcal{P} = \{G\}$, $C_G(u)$ permute les deux éléments de $\mathcal{F}$, et $V \in X(L)^*$ si $L \in \mathcal{F}$.

Pour (g) et (h) on admet $n = 1$ dans les cas (III) et (IV) . On prend pour Y la sous-variété de $\mathbb{P}(V)$ formée des deux droites sur lesquelles Q s'annule. Dans ce cas $\mathcal{F} \neq \mathcal{P}$.

La fonction q_n utilisée dans (c) est celle définie par (6.11).

6.16. Considérons de nouveau les variétés Y de (6.7) et $\tilde{Y}^* = \{(L,M) | L \in Y, M \in X(L)^*\}$ de (6.14). Nous avons déjà montré que $C_G(u)$ agit transitivement sur $pr_2(\tilde{Y}^*)$. Montrons que $C_G(u)$ agit transitivement sur Y .

Soit C_M le stabilisateur de $M \in pr_2(\tilde{Y}^*)$ dans $C_G(u)$. Il est clair que C_M est isomorphe à $C_{H(M)}(u_M) \times C_{H(M^\perp)}(u_{M^\perp})$. Soit $\tilde{Y}^*_M = pr_2^{-1}(M) = \{L \in Y | M \in X(L)\}$. Si C_M agit transitivement sur $\tilde{Y}^*_M$, alors $C_G(u)$ agit transitivement sur Y^* , et donc aussi sur $Y = pr_1(Y^*)$. On déduit facilement de (6.14) et (6.15) que c'est toujours le cas, sauf si en prenant la restriction de u à M on se trouve dans le cas (e) de (6.15) avec de plus $\varepsilon_{i-1} = 1$. Dans ce dernier cas Y_M est formé de deux orbites pour C_M , et $\tilde{Y}^*$ est donc formé de deux orbites $\tilde{Y}_1$, $\tilde{Y}_2$, où $\tilde{Y}_1$ contient les couples (L,M) pour lesquels $\varepsilon'_{i-1} = 0$ et $\tilde{Y}_2$ contient les couples (L,M) pour lesquels $\varepsilon'_{i-1} = 1$. Rappelons que si $L = kv \in Y$, un module $M \in X(L)^*$ s'obtient de la manière suivante. On choisit $w \in V$ tel que $(u-1)^{i-1}(w) = v$, puis $v' \in W_i - W_{i+1}$ tel que $f(w,v') \neq 0$, et enfin $w' \in V$ tel que $(u-1)^{i-1}(w') = v'$, et on prend pour M le sous-module engendré par w et w' . Puisque $\varepsilon_{i-1} = 1$, il existe $x \in V$ tel que $(u-1)^{i-1}(x) = 0$ et $f(x,(u-1)^{i-2}(x)) = 1$. On peut prendre $x \in M^\perp$. Pour tout $\lambda \in k$, soit $w_\lambda = w + \lambda x$. On a toujours $(u-1)^{i-1}(w_\lambda) = v$ et $f(w_\lambda,v') \neq 0$. Le sous-module M_λ engendré par w_λ et w' est donc aussi un élément de $X(L)^*$. Mais $f(w_\lambda,(u-1)^{i-2}(w_\lambda)) = f(w,(u-1)^{i-2}(w)) + \lambda^2$. Cela implique que $\tilde{Y}_2$ est dense dans $\tilde{Y}^*$ et que $pr_1(\tilde{Y}_1) = pr_2(\tilde{Y}_2) = Y$. Donc dans ce cas aussi $C_G(u)$ agit transitivement sur Y .

Soit C_L le stabilisateur de L dans $C_G(u)$. Les résultats ci-dessus montrent que $C_G(u)$ a toujours une orbite dense $\tilde{Y}$ dans $\tilde{Y}^*$ et que C_L a toujours une orbite dense $X(L)$ dans $X(L)^*$, et on a $\tilde{Y} = \{(L,M) | L \in Y, M \in X(L)\}$. Soit encore $Y_M = \{L \in Y | M \in X(L)\} \subset Y^*_M$.

6.17. Considérons les variétés $X \subset \mathcal{B}^G_u$ et $Y \subset \mathcal{P}_u$ de (6.7) et le couple (λ',ε') correspondant. Il est facile, à l'aide de (6.13), (6.14) et (6.15), de trouver tous les couples (λ',ε') qui correspondent effectivement à des sous-variétés non vides de $\mathcal{B}^G_u$ et $\mathcal{P}_u$. Montrons que s'il existe j tel que $\varepsilon_j = 1$ et $\varepsilon'_j = 0$, alors $\dim X < \dim \mathcal{B}_u^G$.

En effet, il est clair, d'après (6.13) et (6.14), qu'on a alors $j = i$. Soit $\hat{\lambda}' = \lambda'$ et soit $\hat{\varepsilon}'$ la fonction $\mathbb{N} \to \{\omega, 0, 1\}$ telle que $\hat{\varepsilon}'_r = \varepsilon'_r$ si $r \neq i$ et $\hat{\varepsilon}'_i = 1$. Alors $(\hat{\lambda}', \hat{\varepsilon}')$ correspond à une sous-variété non vide $\hat{Y}$ de $\mathcal{P}_u$ et à une sous-variété non vide $\hat{X}$ de $\mathcal{B}_u^G$.

Soit X' une fibre de $X \to Y$ et soit $\hat{X}'$ une fibre de $\hat{X} \to \hat{Y}$. Par récurrence sur n, on peut utiliser (6.3) pour calculer $\dim X'$ et $\dim \hat{X}'$, et on trouve $\dim X' = \dim \hat{X}' + c'_i/2$.

On a aussi $\dim Y = \dim \tilde{Y} - \dim X(L) = \dim pr_2(\tilde{Y}) + \dim Y_M - \dim X(L) = \dim C_G(u) - \dim C_M + \dim Y_M - \dim X(L) = \dim C_G(u) - \dim C_{H(M)}(u_M) - \dim C_{H(M^\perp)}(u_{M^\perp}) + \dim Y_M - \dim X(L)$. Si l'on remplace Y par $\hat{Y}$, on voit que seul le terme $C_{H(M^\perp)}(u_{M^\perp})$ est modifié, et en utilisant (I.2.8) (ou (6.3) et (6.5) qu'on peut supposer vrais par induction sur n), on trouve $\dim Y = \dim \hat{Y} - c'_i$.

Comme $\dim X = \dim Y + \dim X'$ et $\dim \hat{X} = \dim \hat{Y} + \dim \hat{X}'$, on trouve $\dim X = \dim \hat{X} - c'_i/2 < \dim \mathcal{B}_u^G$, puisque $c'_i \geqslant 2$.

On montre de même que s'il existe j tel que $\varepsilon_j = 0$ et $\varepsilon'_j = 1$, alors $\dim X < \dim \mathcal{B}_u^G$.

6.18. En fait, la formule $\dim Y = \dim C_G(u) - \dim C_{H(M)}(u_M) - \dim C_{H(M^\perp)}(u_{M^\perp}) + \dim Y_M - \dim X(L)$ de (6.17) permet de vérifier toutes les assertions de (6.7) concernant $\dim X$. En effet, $\dim C_G(u)$, $\dim C_{H(M)}(u_M)$ et $\dim C_{H(M^\perp)}(u_{M^\perp})$ sont données par (I.2.8) et [13], et la dimension des fibres du morphisme naturel $X \to Y$ est donnée par (6.3), par induction sur n. De plus, $\dim Y_M$ est donné par (6.15) (c'est toujours 0 ou 1), et de la description de $X(L)^*$ donnée en (6.14), on déduit que

$$\dim X(L) = \begin{cases} \sum_{j<i} (\lambda_j^* - 1) & \text{dans le cas (a) de (6.14)} \\ \lambda_i^* - 2 + 2 \sum_{j<i} (\lambda_j^* - 2) & \text{dans le cas (b) de (6.14).} \end{cases}$$

On peut aussi utiliser la formule $\dim Y = \dim pr_2(\tilde{Y}) + \dim Y_M - \dim X(L)$ (on n'a pas besoin alors de [13]). Supposons que ε' soit tel que $\varepsilon'_j \neq 0$ si $\varepsilon_j = 1$. On vérifie alors facilement que $pr_2(\tilde{Y})$ est un ouvert dense dans la variété irréductible E dont les éléments sont les sous-modules M' de V qui ont les propriétés suivantes :

1) M' est un facteur direct du module V.

2) Si l'on est dans le cas (a) de (6.14), $\dim M' = i$ et la restriction de u à M' n'a qu'un seul bloc de Jordan.

3) Si l'on est dans le cas (b) de (6.14), $\dim M' = 2i$ et la restriction de u à M' a deux blocs de Jordan de dimension i.

On a donc $\dim pr_2(\tilde{Y}) = \dim E$, et on trouve

$$\dim \tilde{Y} = \begin{cases} \sum\limits_{j \leq i} (\lambda_j^* - 1) & \text{dans le cas (a) de (6.14)} \\ \sum\limits_{j \leq i} (\lambda_j^* - 2) & \text{dans le cas (b) de (6.14)} \end{cases}$$

On en déduit :

$$\dim Y = \begin{cases} \lambda_i^* - 1 & \text{dans le cas (a) de (6.14)} \\ \lambda_i^* - 2 + \dim Y_M & \text{dans le cas (b) de (6.14).} \end{cases}$$

Il est alors facile de vérifier que $\dim X = \dim \mathcal{B}_u^G$ si et seulement si les conditions (a) et (b) de (6.7) sont satisfaites, et que $\dim \mathcal{B}_u^G$ est donnée par les formules de (6.3).

6.19. Pour démontrer les assertions de (6.7) concernant A_P et A'_P, nous introduisons maintenant une construction qui sera utile aussi plus loin.

Pour tout $j \geq 1$, soit V_j un espace vectoriel sur k de dimension n_j, où

$$n_j = \begin{cases} \lambda_j & \text{si } \varepsilon_{\lambda_j} = 1 \\ \lambda_j + 1 & \text{si } \varepsilon_{\lambda_j} = \omega \\ \lambda_j + 2 & \text{si } \varepsilon_{\lambda_j} = 0 , \end{cases}$$

et soit $f_j : V_j \times V_j \to k$ une forme bilinéaire alternée non singulière. Dans les cas (III) et (IV), soit aussi $Q_j : V_j \to k$ une forme quadratique ayant f_j pour forme bilinéaire associée. Dans les cas (I) et (II), soit $H(V_j) = \{g \in GL(V) | f_j \circ (g \times g) = f_j\}$, et dans les cas (III) et (IV) soit $H(V_j) = \{g \in GL(V) | Q_j \circ g = Q_j\}$. Soit $v_j \in H(V_j)$ un élément unipotent n'ayant qu'un seul bloc de Jordan. Choisissons une base $(e_1^j, \dots, e_{n_j}^j)$ de V_j telle que $(v_j - 1)(e_r^j) = e_{r-1}^j$ $(1 \leq r \leq n_j$, avec $e_0^j = 0)$ et telle que

a) $f_j(e_1, e_{n_j}) = 1$.

b) $f_j(e_r, e_s) = 0$ si $n_j/2 < r, s \leq n_j$.

c) Dans les cas (III) et (IV), $Q_j(e_{n_j}) = 0$.

Dans le cas (I), soit $\bar{a}_j = -1 \in H(V_j)$. Dans les cas (II), (III) et (IV) soit $\bar{a}_j = v_j \in H(V_j)$. Alors $\bar{a}_j \in C_{H(V_j)}(v_j)$, et on vérifie facilement que $\bar{a}_j C_{H(V_j)}(v_j)^0$ engendre le groupe fini $C_{H(V_j)}(v_j)/C_{H(V_j)}(v_j)^0$ qui est d'ordre 1 ou 2.

Si $h \geq 1$ et $\varepsilon_h = 1$, soit $J_h = \{j \geq 1 | \lambda_j = h\}$. Si $h \geq 1$ et $\varepsilon_h \neq 1$, soit $J_h = \{j \geq 1 | j - \lambda^*_{h+1}$ est pair et $\lambda_j = h\}$. Soit $J = \bigcup_{h \geq 1} J_h$. Définissons pour chaque $j \in J$ un espace vectoriel M_j, muni d'une forme bilinéaire alternée non singulière, et dans les cas (III) et (IV) d'une forme quadratique, et un élément unipotent u_j du groupe correspondant $H(M_j)$.

a) Si $\varepsilon_h = 1$, on prend $M_j = V_j$, muni de f_j, et le cas échéant de Q_j, et $u_j = v_j$.

b) Si $\varepsilon_h = \omega$, soit L le sous-espace de $V_j \oplus V_{j-1}$ engendré par $e_1^j + ie_1^{j-1}$, où $i \in k$ est un élément tel que $i^2 = -1$, fixé une fois pour toutes. On munit $V_j \oplus V_{j-1}$ de la forme bilinéaire (et le cas échéant de la forme quadratique) induite par les formes correspondantes sur V_j et V_{j-1}, de telle sorte que V_j et V_{j-1} soient orthogonaux. On prend $M_j = L^\perp/L$. Il est clair que M_j hérite d'une forme bilinéaire, et le cas échéant d'une forme quadratique, et on prend pour u_j l'automorphisme de M_j induit par $v_j \oplus v_{j-1}$.

c) Si $\varepsilon_h = 0$, on fait comme pour (b) en remplaçant L par le sous-espace N engendré par $e_1^j + e_1^{j-1}$ et $e_2^j + e_2^{j-1}$ (remarquons que dans ce cas $p = 2$, et donc $i = 1$) .

Soit maintenant $\overline{V} = \underset{j \in J}{\oplus} M_j$. L'espace vectoriel $\overline{V}$ est muni d'une forme bilinéaire alternée non singulière, et dans les cas (III) et (IV) d'une forme quadratique. Soit $H(\overline{V})$ le sous-groupe correspondant de $GL(\overline{V})$. Soit $\overline{u} = \oplus u_j$. Alors $\overline{u} \in H(\overline{V})$.

Par construction, la classe de conjugaison de $\overline{u}$ dans $H(\overline{V})$ est caractérisée par (λ, ε) . Il existe donc un isomorphisme $\Theta : V \to \overline{V}$ tel que $\Theta \circ u = \overline{u} \circ \Theta$ et tel que les formes bilinéaires et dans les cas (III) et (IV) les formes quadratiques sur V et $\overline{V}$ se correspondent par Θ . On identifie V et $\overline{V}$, et aussi G et $H(\overline{V})$, au moyen de Θ . Remarquons que Θ est unique à composition avec un élément de $C_G(u)$ près.

Si dans le cas (I) $\varepsilon_{\lambda_j} = 1$, ou si dans les cas (II), (III) et (IV) $\varepsilon_{\lambda_j} \neq 0$, alors l'automorphisme de $\underset{m \geq 1}{\oplus} V_m$ tel que $v \mapsto v$ si $v \in V_m$, $m \neq j$, et $v \mapsto \overline{a}_j(v)$ si $v \in V_j$ induit un automorphisme de $\overline{V}$ qui commute à $\overline{u}$ et qui appartient à $H(\overline{V})$. Il lui correspond par Θ un élément de $C_G(u)$ qu'on note aussi $\overline{a}_j$ .On vérifie, en utilisant en particulier [39] et [46], qu'en prenant pour a_j l'image de $\overline{a}_j$ dans $A(u)$ on trouve la présentation de $A(u)$ donnée en (I.2.9).

6.20. Revenons à la situation considérée de (6.9) à (6.18). Supposons que $\dim X = \dim \mathcal{B}_u^G$. Soit $(L, M) \in \tilde{Y}$ et soit $j_0 = \lambda_i^*$. Alors $j_0 \in J$, où J est défini comme en (6.19), et on peut choisir l'homomorphisme Θ de (6.19) de telle sorte que $\Theta(M) = M_{j_0}$, en particulier parce que ε' vérifie la condition (b_2) de (6.7).

Puisque $\dim X = \dim \mathcal{B}_u^G$, le diagramme $d_{\lambda'}$ s'obtient, soit en ôtant deux cases de la ligne j_0 de d_λ , et on considère alors que cette ligne est le diagramme correspondant à u_M , soit en ôtant une case de chacune des lignes j_o et j_o-1 de d_λ, qui doivent alors être de même longueur et on prend ces deux lignes comme diagramme de u_M. On identifie les lignes restantes de d_λ au diagramme de $u_{M^\perp}$.

Soit $A(u_M) = C_{H(M)}(u_M)/C_{H(M)}(u_M)^o$ et soit $A(u_{M^\perp}) = C_{H(M^\perp)}(u_{M^\perp})/C_{H(M^\perp)}(u_{M^\perp})^o$.

Le système de générateurs donné pour $A(u)$ en (I.2.9) est la réunion de deux sous-ensembles qui sont les systèmes de générateurs de $A(u_M)$ et $A(u_{M^\perp})$ donnés par (I.2.9), à un changement de numérotation près, et l'homomorphisme $A(u_M) \times A(u_{M^\perp}) \to A(u)$ défini par les générateurs est égal à celui qui provient de $C_{H(M)}(u_M) \times C_{H(M^\perp)}(u_{M^\perp}) \cong C_M \subset C_G(u)$. Cela se vérifie facilement à l'aide de (6.19), en remarquant que $M = \bigoplus_{j \in J-\{j_o\}} M_j$.

Soit $M' = (L^\perp \cap M)/L$ et soit u'_M l'automorphisme de M' induit par u_M. La forme bilinéaire f_M induit une forme bilinéaire sur M', et dans les cas (III) et (IV) la forme quadratique Q_M induit une forme quadratique sur M'. Soit $H(M')$ le groupe correspondant. Alors $u'_{M^\perp} \in H(M')$. Soit $A'(u'_{M^\perp}) = C_{H(M')}(u'_M)/C_{H(M)}(u'_M)^o$. En supposant que P est le stabilisateur dans G de L, on a, avec les notations de (6.7) et de (4.11) un homomorphisme $A'(u'_M) \times A(u_{M^\perp}) \to A'(u')$ qui provient de l'isomorphisme $L^-/L \cong M' \oplus M^\perp$, et qui est aussi donné par les systèmes de générateurs décrits en (I.2.9).

6.21. Comme $C_G(u)$ agit transitivement sur $\tilde{Y}$ et que $X(L)$ est irréductible, les composantes irréductibles de Y correspondent bijectivement aux composantes irréductibles de $\tilde{Y}$. D'après (6.18), $pr_2(\tilde{Y})$ est irréductible, et donc les composantes irréductibles de $\tilde{Y}$ correspondent bijectivement aux $(C_G(u)^o \cap C_M)$-orbites dans Y_M. Remarquons que $C_{H(M^\perp)}(u_{M^\perp})$ agit trivialement sur Y_M, et d'après la définition de A_P l'image de $A(u_{M^\perp})$ dans $A(u)$ est donc contenue dans A_P. D'autre part, on déduit de (6.15) que Y_M est irréductible sauf si le système de générateurs de $A(\dot{u}_M)$ n'est pas contenu dans le système de générateurs de $A'(u'_M)$. On trouve donc que Y est irréductible, ou, ce qui est équivalent, que $A_P = A(u)$, sauf peut-être dans les cas (a) et (b) de (6.8) où Y peut avoir deux composantes. Dans ces deux cas Y_M se compose de deux points, et il découle de (6.19) et de la description de $A(u)$ donnée en (I.2.9) que $(C_G(u)^o \cap C_M)$ fixe chacun de ces points. Cela montre que Y a effectivement deux composantes irréductibles. L'assertion concernant A_P est donc démontrée.

6.22. Soit C_L le stabilisateur de L dans $C_G(u)$. L'homomorphisme $A_P \to A'(u')/A'_P$ est induit par l'homomorphisme naturel $C_L/C_L^o \to A'(u')$. Puisque $X(L)$ est irréductible, $C_{L,M} = C_L \cap C_M$ rencontre toutes les composantes de C_L. Il suffit donc d'étudier l'homomorphisme naturel $C_{L,M}/C_{L,M}^o \to A'(u')$.

Soit $Z = \{z \in C_{H(M)}(u_M) | zL = L\}$. On a donc un isomorphisme naturel $C_{L,M} \cong Z \times C_{H(M^\perp)}(u_{M^\perp})$, et $C_{L,M}/C_{L,M}^o \cong (Z/Z^o) \times A(u_{M^\perp})$. L'homomorphisme $A(u_{M^\perp}) \to A'(u')$ qu'on obtient ainsi est celui de (6.20). Il reste à identifier l'homomorphisme $Z/Z^o \to A'(u')$.

On peut montrer, par des calculs explicites dans chacun des cas de (6.15), que l'on a les propriétés suivantes :

a) l'homomorphisme naturel $Z/Z^o \to A(u_M)$ est injectif et son image est engendrée par $\{a_j | j \geq 1, \lambda'_j \neq \lambda_j$, a_j appartient aux systèmes de générateurs de $A(u)$ et $A'(u')\}$.

b) l'homomorphisme $Z/Z^o \to A'(u')$ est celui donné par les systèmes de générateurs (en utilisant la description donnée par (a) pour Z/Z^o).

On se ramène de cette manière au cas où $V \in X(L)$.

On obtient ainsi une description complète de l'homomorphisme $C_{L,M}/C_{L,M}^o \to A'(u')$. On en déduit facilement que A'_P et l'homomorphisme

$A_p \to A'(u')/A'_p$ sont bien tels qu'ils sont décrits dans (6.7).

La démonstration de (6.7) dans les cas (I), (II), (III) et (IV) est donc complète.

6.23. Pour les autres cas, la démonstration de (6.7) se fait de manière similaire. Dans les cas (VI) et (VIII) il est plus facile de travailler avec $A_o(u)$ au lieu de $A(u)$. On obtient à la fin $A(u)$ en adjoignant à $A_o(u)$ le générateur supplémentaire a_o qui représente $uC_G(u)^o \in A(u)$ et qui agit donc chaque fois trivialement sur les ensembles considérés.

6.24. La proposition (6.7) permet d'obtenir, par récurrence sur n, une description de $S(u)$ et de l'action de $A(u)$ sur $S(u)$. On va maintenant reformuler ces résultats sous une forme plus proche de celle obtenue pour GL_n.

Dans le cas (IV), on identifie dans ce qui suit les drapeaux qui correspondent à un même sous-groupe de Borel, et on prend $G = O_{2n+2}$, $N = 2n+2$, de manière à avoir n u-orbites dans $\mathbb{H}$.

Soit $F = (F_o, F_1, \dots, F_N) \in \mathcal{F}_u$ et soit i un entier tel que $0 \leq i \leq n$. Dans les cas (VI) et (VIII), u induit une forme bilinéaire u_i sur F_{N-i}/F_i. Dans les autres cas, u induit un automorphisme u_i de F_{N-i}/F_i qui préserve la forme bilinéaire f_i induite par f sur F_{N-i}/F_i, et dans les cas (III) et (IV) la forme quadratique Q_i induite par Q. Dans tous les cas on peut associer à u_i un couple $(\lambda^i, \varepsilon^i)$, et on associe à F la suite $(\lambda^o, \varepsilon^o), (\lambda^1, \varepsilon^1), \dots, (\lambda^n, \varepsilon^n)$, où bien sûr $(\lambda^n, \varepsilon^n) = (\lambda, \varepsilon)$.

Soit D l'ensemble des suites associées de cette manière aux éléments de $\mathcal{F}_u$, et soit $\pi : \mathcal{F}_u \to D$ l'application ainsi définie. Pour tout $d \in D$, soit $X_d = \pi^{-1}(d)$. D'après (4.9), X_d est une sous-variété de $\mathcal{B}_u^G$ et d'après (4.12), par induction sur n, toutes les composantes irréductibles de X_d ont la même dimension et sont disjointes. Soit $D^* = \{d \in D \mid \dim X_d = \dim \mathcal{F}_u\}$. Si $d \in D^*$, l'adhérence de n'importe quelle composante irréductible de X_d est une composante irréductible de $\mathcal{F}_u$, et toutes les composantes irréductibles de $\mathcal{F}_u$ sont de cette forme, pour un unique $d \in D^*$.

On obtient ainsi une partition $S(u) = \bigcup_{d \in D^*} S_d$. Remarquons qu'ici $S(u)$ peut représenter soit l'ensemble des composantes irréductibles de $\mathcal{B}_u^G$, comme toujours jusqu'ici, soit l'ensemble des composantes irréductibles de $\mathcal{F}_u$. Ce second point de vue peut être utile dans les cas (III) et (V). Il n'y a aucune difficulté à passer d'une variété à l'autre.

La suite $(\lambda^0,\varepsilon^0),(\lambda^1,\varepsilon^1),\dots,(\lambda^n,\varepsilon^n)$ est dans D^* si et seulement si pour chaque i le couple $(\lambda^{i-1},\varepsilon^{i-1})$ se déduit de $(\lambda^i,\varepsilon^i)$ par l'une des opérations décrites en (6.7) $(1 \leq i \leq n)$. Donc D^* peut être décrit de manière combinatoire. Pour tout $d \in D^*$ on va donner aussi une description combinatoire de S_d et de l'action de $A(u)$ sur S_d.

Soit $d = ((\lambda^0,\varepsilon^0),(\lambda^1,\varepsilon^1),\dots,(\lambda^n,\varepsilon^n)) \in D^*$. Soient $d^0,d^1,\dots,d^n$ les diagrammes associés à $\lambda^0,\lambda^1,\dots,\lambda^n$ respectivement. Si d^j est l'un de ces diagrammes $(j \geq 1)$, d^{j-1} s'obtient en ôtant de d^j deux cases adjacentes. On dit que ces deux cases forment une boîte, et que c'est la boîte j. Si N est pair, d^n est constitué de n boîtes numérotées de 1 à n, avec en plus dans le cas (IV) d^0 qui est formé de deux cases. Si N est impair, d^n est constitué d'une case pour d^0 et de n boîtes numérotées de 1 à n.

Rappelons qu'en (I.2.9) on a associé à (λ,ε) un sous-ensemble de $\{a_0,a_1,\dots\}$. On dit que la boîte i est spéciale si le sous-ensemble de $\{a_0,a_1,\dots\}$ associé à $(\lambda^{i-1},\varepsilon^{i-1})$ est contenu strictement dans le sous-ensemble associé à $(\lambda^i,\varepsilon^i)$. En d'autres termes, la boîte i est spéciale s'il existe $h \geq 1$ tel qu'elle est formée de deux cases de la colonne h et que les conditions suivantes sont satisfaites :

a) si $p \neq 2$, $\varepsilon_h^i = 1$ et $\varepsilon_{h-1}^{i-1} = \omega$

b) si $p = 2$, $\varepsilon_h^i = \omega$ et $\varepsilon_{h-1}^{i-1} = 0$.

Nous prenons les boîtes spéciales comme base d'un espace vectoriel $\tilde{S}_d$ sur $\mathbb{Z}/2\mathbb{Z}$. On considère $\tilde{S}_d$ comme un groupe abélien. Un élément de $\tilde{S}_d$ peut être représenté par le diagramme d^n avec des signes (+) ou (-) dans les boîtes spéciales.

Si $p \neq 2$ (resp. $p = 2$) soit $\tilde{A}$ le groupe abélien engendré par $\{a_i | i \geq 1, \varepsilon_{\lambda_i} = 1\}$ (resp. $\{a_i | i \geq 1, \varepsilon_{\lambda_i} \neq 0\}$) avec les relations $a_i^2 = 1$ pour chaque générateur, et $a_i = 1$ si $\lambda_i = 0$. D'après la description de $A(u)$ donnée en (I.2.9) , on a un homomorphisme $\tilde{A} \to A(u)$ qui est surjectif sauf dans les cas (VI) et (VIII) où son image est $A_0(u)$.

Soit ϕ_d l'homomorphisme $\tilde{A} \to \tilde{S}_d$ tel que $\phi_d(a_i)$ soit le diagramme d_N avec des signes (-) dans les boîtes spéciales qui rencontrent la ligne i , et des signes (+) dans les autres boîtes spéciales. Cela donne une action de $\tilde{A}$ sur $\tilde{S}_d$: $\tilde{A} \times \tilde{S}_d \to \tilde{S}_d$, $(a,s) \mapsto \phi_d(a)s$.

Soit d' la suite $((\lambda^0,\varepsilon^0),(\lambda^1,\varepsilon^1),\dots,(\lambda^{n-1},\varepsilon^{n-1}))$. On obtient de manière similaire un groupe $S_{d'}$. Un élément de $S_{d'}$ est formé du diagramme d^{n-1} avec des signes (+) ou (-) dans les boîtes spéciales. En ajoutant une boîte marquée (+) si la boîte n est spéciale, ou une boîte vide si la boîte n n'est pas spéciale, on fait de $\tilde{S}_{d'}$ un sous-groupe de $\tilde{S}_d$.

On définit maintenant un sous-groupe R_d de $\tilde{S}_d$. Supposons d'abord que $n = 1$. Dans les cas (III) et (V), on prend $R_d = \{1\}$ si l'on s'intéresse à $\mathcal{F}_u$, et $R_d = S_d$ si l'on s'intéresse à $\mathcal{B}_u^G$. Dans les autres cas on prend $R_d = \{1\}$. Si $n \geq 2$, on peut supposer qu'un sous-groupe $R_{d'}$ de $\tilde{S}_{d'} \subset \tilde{S}_d$ a déjà été défini, et on pose $R_d = R_{d'}\phi_d(K_d)$, où K_d est le noyau de l'homomorphisme $\tilde{A} \to A(u)$.

Sauf dans les cas (VI) et (VIII), l'action de $\tilde{A}$ sur $\tilde{S}_d$ induit une action de $A(u)$ sur $\tilde{S}_d/R_d$. Dans les cas (VI) et (VIII), on obtient une action de $A_o(u)$ sur $\tilde{S}_d/R_d$. Pour autant que l'on montre que $a_o^2 \in A_o(u)$ agit trivialement, on peut prolonger cette action en une action de $A(u)$ en disant que a_o agit trivialement.

6.25. PROPOSITION. <u>Il existe une famille</u> $(f_d)_{d\in D^*}$ <u>de bijections</u> $A(u)$-<u>équivariantes</u> $f_d : \tilde{S}_d/R_d \to S_d$. <u>Cette famille peut être choisie de telle sorte que la bijection</u> $A(u)$-<u>équivariante</u> $f : \bigcup_{d\in D^*} \tilde{S}_d/R_d \to S(u)$ <u>qui en résulte soit unique, à composition près avec une bijection</u> $f_a : S(u) \to S(u)$, $\sigma \mapsto a\sigma$ $(a\in A(u))$.

Donnons la démonstration pour les cas (I), (II), (III) et (IV). On utilise les résultats et les notations de (6.19). Supposons donné un isomorphisme $\Theta: V \to \overline{V}$. On va montrer qu'on peut alors définir de manière unique la famille de bijections désirée.

Soit $d = ((\lambda^o,\varepsilon^o),(\lambda^1,\varepsilon^1),\dots,(\lambda^n,\varepsilon^n)) \in D^*$ et soit $d' = ((\lambda^o,\varepsilon^o),(\lambda^1,\varepsilon^1),\dots,(\lambda^{n-1},\varepsilon^{n-1}))$. On écrit aussi (λ',ε') pour $(\lambda^{n-1},\varepsilon^{n-1})$. On définit par induction sur n une famille $(F_s)_{s\in\tilde{S}_d}$ d'éléments de $\mathcal{F}_u$.

Soit $s \in \tilde{S}_{d'}$. Pour définir $F_s = (F_o,F_1,\dots,F_N) \in \mathcal{F}_u$, on commence par définir F_1 . Soit alors $V' = F_{N-1}/F_1$ et soit u' l'automorphisme de V' induit par u . Le choix fait pour F_1 est tel que Θ induit de manière évidente un isomorphisme $\Theta' : V' \to \overline{V}' = \bigoplus_{m\in J'} M'_m$ du type considéré en (6.19). Par induction sur n , on a déjà associé à $s \in \tilde{S}_{d'}$, un drapeau $(F_1/F_1,F_2/F_1,\dots,F_{N-1}/F_1)$ de V' fixé par u' , et cela définit $F_s \in \mathcal{F}_u$.

Il y a plusieurs cas à considérer. Dans le cas (1), la boîte n est formée de deux cases de la ligne j , dans les colonnes h et $h-1$. Dans les autres cas la boîte n est formée de deux cases de la colonne h , dans les lignes j et $j-1$. Les sous espaces L et N sont les mêmes qu'en (6.19). On choisit F_1 comme suit :

1) $F_1 = ke_1^j$.

2) $\varepsilon_h = 0$. Alors $F_1 = (ke_1^j \oplus ke_1^{j-1} \oplus k(e_2^{j-1}+e_2^j)/N$.

3) $\varepsilon_h = \omega$ et $\varepsilon'_{h-1} = 1$. Alors $F_1 = (ke_1^j \oplus ke_1^{j-1})/L$.

4) $\varepsilon_h = 1$. Alors $F_1 = L = k(e_1^j + ie_1^{j-1})$.

5) $\varepsilon_h = \omega$ et $\varepsilon'_{h-1} = 0$. Alors $F_1 = N/L = (k(e_1^j+e_1^{j-1}) \oplus k(e_2^j+e_2^{j-1}))/L$.

Dans les cas (1), (2) et (3) on remplace V_j par le sous-espace V'_j de V_j/ke_1^j engendré par $e_2^j+ke_1^j,\dots,e_{n_j-1}^j+ke_1^j$, et on prend ces vecteurs comme base. Dans les cas (2) et (3) on remplace V_{j-1} par le sous-espace V'_{j-1} de V_{j-1}/ke_1^{j-1} engendré par $e_2^{j-1}+ke_1^{j-1},\dots,e_{n_{j-1}-1}^{j-1}+ke_1^{j-1}$, et on prend ces vecteurs comme base. Dans tous les autres cas, on prend $V'_m = V_m$. On récupère de manière similaire les autres informations nécessaires pour définir $\overline{V}'$ et Θ' .

On a ainsi une famille $(F_s)_{s\in\tilde{S}_{d'}}$. Cela donne la famille cherchée si $\tilde{S}_{d'} = \tilde{S}_d$, c'est-à-dire si la boîte n n'est pas spéciale. Si la boîte n est spéciale et $s \in \tilde{S}_d - \tilde{S}_{d'}$, alors $a_j \in \tilde{A}$ et on a défini en (6.19) $\overline{a}_j \in C_G(u)$. On pose $F_s = \overline{a}_j F_{a_j s}$, ce qui a un sens puisque $a_j s \in \tilde{S}_{d'}$. La famille $(F_s)_{s\in\tilde{S}_d}$ est donc bien définie.

Elle a la propriété suivante. Si $a_i \in \tilde{A}$ et si $s \in \tilde{S}_d$, alors $\overline{a}_i F_s = F_{a_i s}$. Cela se démontre par induction sur n . Il y a beaucoup de cas à considérer. On utilise en particulier le fait que si la boîte n est spéciale et $h \neq 1$ (avec les notations ci-dessus), alors les cases de la colonne $h-1$ situées dans les lignes $j-1$ et j appartiennent à une même boîte, et on peut en déduire que $\overline{a}_j \overline{a}_{j-1} = F_{a_j a_{j-1} s}$. Remarquons aussi que si $a_i \in \tilde{A}$, alors $\overline{a}_i^2 F_s = F_s$, bien que si $p = 2$ on ait en général $\overline{a}_i^2 \neq 1$. La démonstration complète est omise.

Par construction, $F_s \in X_d$ pour tout $s \in \tilde{S}_d$. Comme les composantes irréductibles de X_d sont disjointes et que l'adhérence d'une composante irréductible quelconque de X_d est une composante irréductible de $\mathcal{F}_u$ (donc un élément de S_d par définition de S_d), on obtient une application $\tilde{f}_d : \tilde{S}_d \to S_d$. La propriété de $(F_s)_{s \in \tilde{S}_d}$ mentionnée ci-dessus montre que $\tilde{f}_d$ est $\tilde{A}$-équivariante. Par induction sur n , on déduit facilement de [6.7] que $\tilde{f}_d$ induit une application $f_d : \tilde{S}_d/R_d \to S_d$ et que cette application est bijective. De plus f_d est $A(u)$-équivariante puisque $\tilde{f}_d$ est $\tilde{A}$-équivariante.

La démonstration dans les autres cas se fait de manière similaire. Dans les cas (VI) et (VIII), il suffit dans la démonstration de considérer l'action de $A_o(u)$.

6.26. Remarques. a) Dans la démonstration de (6.25) chaque F_s est contenu dans une composante irréductible unique de X_d . Il peut cependant y avoir plusieurs composantes irréductibles de $\mathcal{F}_u$ qui contiennent F_s .
b) D'après (6.25), pour chaque $d \in D^*$ on a une bijection naturelle $\tilde{S}_d/R_d\Phi_d(\tilde{A}) \to S_d/A(u)$, et cela fait un groupe de l'ensemble des $A(u)$-orbites dans S_d . La signification géométrique de ce fait n'est pas très claire.On peut cependant dire la chose suivante. Si $P \ni u$ est un sous-groupe parabolique de G tel que uU_P soit quasi-semi-simple dans P/U_P et tel que $\mathcal{B}_u^P$ soit une composante irréductible de $\mathcal{B}_u^G$ et si cette composante appartient à S_d , alors la $A(u)$-orbite de cette composante est l'élément neutre de $S_d/A(u)$. C'est une conséquence de (6.31).
c) Soit $H = G(V)$. Dans les cas (VI) et (VIII) soit $v = u^2$, et dans les autres cas soit $v = u$. Sauf dans le cas (IV), on a une inclusion $\mathcal{F}_u^G \subset \mathcal{B}_v^H$. Soit X une composante irréductible de $\mathcal{F}_u^G$. Alors (6.7) et (5.21) montrent qu'il existe une composante irréductible X'_τ de $\mathcal{B}_v^H$ stable sous l'action de $C_H(v)$ et qui contient X_σ .

6.27. Soit $d \in D^*$. Associons à d la suite d'entiers $(b_o, b_1, \dots, b_n)$ telle que $b_n = \dim \mathcal{B}_u^G$ et telle que $(b_o, b_1, \dots, b_{n-1})$ soit la suite associée à d' , où d' est comme en (6.24). Soit $\mathcal{D}_u$ l'ensemble des suites obtenues de cette manière à partir d'éléments de D^* . On a alors :

6.28. LEMME. a) <u>l'application</u> $D^* \to \mathcal{D}_u$ <u>définie ci-dessus est une bijection.</u>

b) <u>Si</u> $\bar{u} \in uG^o$ <u>est un élément unipotent qui n'est pas conjugué à</u> u , <u>alors</u> $\mathcal{D}_u \cap \mathcal{D}_{\bar{u}} = \emptyset$.

Dans (6.7), si $\dim X = \dim \mathcal{B}_u^G$, alors $\dim Y = \lambda_i^*-2$ dans le cas (a_1) si $\varepsilon_i = 1$ ou si $\varepsilon_i = \omega$ et $\varepsilon'_{i-1} = 0$, et $\dim Y = \lambda_i^*-1$ dans les autres cas. Cela se déduit de (6.18). On en déduit facilement que si (λ',ε') et $\dim Y$ sont connus, alors il existe un unique couple (λ,ε) qui donne (λ',ε') par l'une des opérations de (6.7) avec la valeur désirée pour $\dim Y$. Comme $\dim Y = b_n - b_{n-1}$, on voit par induction sur n qu'à partir de $(b_o, b_1, \ldots, b_n)$ on peut retrouver (λ,ε) et d .

6.29. Rappelons qu'en (4.3) on a attaché à chaque composante irréductible X_σ de $\mathcal{B}_u^G$ un sous-ensemble I_σ de Π . On vérifie facilement les résultats suivants, où l'on utilise la notation abrégée introduite en (I.2.11) pour (λ,ε) . Dans chaque cas $\mathcal{B}_u^G = X_\sigma$ est irréductible.

Cas (I) et (II) : $I_\sigma = \emptyset$ si $(\lambda,\varepsilon) = 2$; $I_\sigma = \{s_1\}$ si $(\lambda,\varepsilon) = 1^2$.

Cas (III) : $I_\sigma = \emptyset$ si $(\lambda,\varepsilon) = 2^2$; $I_\sigma = \{s_1\}$ ou $I_\sigma = \{s_2\}$ si $(\lambda,\varepsilon) = 2_o^2$;
$I_\sigma = \{s_1, s_2\}$ si $(\lambda,\varepsilon) = 1^4$.

Cas (IV) : $I_\sigma = \emptyset$ si $(\lambda,\varepsilon) = 4$; $I_\sigma = o(s_1)$ si $(\lambda,\varepsilon) = 2 \oplus 1^2$.

Cas (V) : $I_\sigma = \emptyset$ si $(\lambda,\varepsilon) = 3 \oplus 1$; $I_\sigma = \{s_1\}$ ou $I_\sigma = \{s_2\}$ si $(\lambda,\varepsilon) = 2^2$;
$I_\sigma = \{s_1, s_2\}$ si $(\lambda,\varepsilon) = 1^4$.

Cas (VI) : $I_\sigma = \emptyset$ si $(\lambda,\varepsilon) = 1^2$; $I_\sigma = o(s_1)$ si $(\lambda,\varepsilon) = 1_o^2$.

Cas (VII) et (VIII) : $I_\sigma = \emptyset$ si $(\lambda,\varepsilon) = 3$; $I_\sigma = o(s_1)$ si $(\lambda,\varepsilon) = 1^3$.

Si $n \geq 2$, on dit que la boîte $n-1$ est placée plus bas (resp. plus haut) que la boîte n (pour $d \in D^*$ donné) s'il existe $j \geq 1$ tel que la boîte n (resp. la boîte $n-1$) soit contenue dans la réunion des lignes

$1,2,\dots,j$, et que la boîte $n-1$ (resp. la boîte n) soit contenue dans la réunion des lignes $j+1, j+2,\dots$.

6.30. PROPOSITION. Supposons dans les cas (III) et (V) que $n \geq 3$, et dans les autres cas que $n \geq 2$. Soit $d = ((\lambda^o,\varepsilon^o),(\lambda^1,\varepsilon^1),\dots,(\lambda^n,\varepsilon^n)) \in D^*$ et soit $\sigma \in S_d$. Alors $s_n \in I_\sigma$ (resp. $s_n \notin I_\sigma$) si la boîte $n-1$ est placée plus haut (resp. plus bas) que la boîte n. Si la boîte $n-1$ n'est ni plus haut ni plus bas que la boîte n, alors $s_n \in I_\sigma$ si et seulement s'il existe des entiers h et j tels que la boîte n soit formée de deux cases de la colonne h, dans les lignes j et $j-1$, et la boîte $n-1$ de deux cases de la colonne $h-1$, dans les lignes j et $j-1$, et si de plus l'une des conditions suivantes est vérifiée.

a) $\varepsilon^n_h = \varepsilon^{n-2}_{h-2}$, la boîte $n-1$ est spéciale, et il existe $s \in \tilde{S}_d$ tel que $F_d(s) = \sigma$ et tel que la boîte $n-1$ de s soit marquée (+).

b) $p = 2$ et $\varepsilon^{n-1}_{h-1} = 1$.

La démonstration est similaire à celle de (5.11), mais avec plus de cas. Remarquons qu'il suffit de considérer des drapeaux $F = (F_o,F_1,\dots,F_N) \in \mathcal{F}_u$ où F_1 est choisi comme dans la démonstration de (6.25). La démonstration complète est omise.

6.31. Si $S(u)$ est décrit comme en (6.25), alors (6.30) et (4.10) donnent une méthode pour déterminer I_σ par induction sur n, pour tout $\sigma \in S(u)$. Dans les cas (III) et (V), il faut cependant faire attention dans les cas où $|I_\sigma \cap \{s_1,s_2\}| = 1$, car G/G^o permute s_1 et s_2, et $\sigma(s_1) \neq \sigma(s_2)$.

Supposons que l'on soit dans le cas (III). Alors $\mathcal{F} = \mathcal{F}_1 \cup \mathcal{F}_2$ a deux composantes et on peut définir les droites de type s_1 dans $\mathcal{F}_1$ et les droites de type s_2 dans $\mathcal{F}_2$ (6.1).

Soit $d \in D^*$. Supposons que $(\lambda^2,\varepsilon^2) = 2^2_o$. Alors pour toute composante X_σ de $\mathcal{B}^G_u$ telle que $\sigma \in S_d$ on a $I_\sigma \cap \{s_1,s_2\} = \{s_1\}$ ou $I_\sigma \cap \{s_1,s_2\} = \{s_2\}$.

Pour savoir laquelle des deux possibilités est la bonne, il suffit de résoudre les deux problèmes suivants (où, pour définir $\tilde{S}_d$, la boîte 1 est considérée comme spéciale) :

a) Pour quels $s \in \tilde{S}_d$ y a-t-il une droite de type s_1 ou s_2 passant par F_s et contenue dans $\mathcal{F}_u$?

b) Pour chaque $s \in \tilde{S}_d$, quelle est la composante de $\mathcal{F}$ qui contient F_s ?

La réponse à (a) peut s'obtenir par induction sur n , en suivant la construction du drapeau F_s dans la démonstration de (6.25), et en remarquant que dans le cas où $n=2$ il y a une droite de type s_1 ou s_2 passant par F_s et contenue dans $\mathcal{F}_u$ si et seulement si $s=1$ (c'est-à-dire si la boîte 1 est marquée (+)).

Pour (b), remarquons d'abord que si $F=(F_0,F_1,\ldots,F_N) \in \mathcal{F}$, alors $\mathcal{F}'=\{F'=(F'_0,F'_1,\ldots,F'_{2n}) \in \mathcal{F} | F'_1=F_1\}$ a deux composantes, une dans $\mathcal{F}_1$ et une dans $\mathcal{F}_2$, et par conséquent F et F' sont dans la même composante de $\mathcal{F}$ si et seulement s'ils sont dans la même composante de $\mathcal{F}'$. On peut donc déterminer par induction sur n quelle composante de $\mathcal{F}$ contient F_s si on sait résoudre le même problème avec $s=1$.

Pour tout $d \in D^*$ soit F_d l'élément de $(F_s)_{s\in\tilde{S}_d}$ correspondant à $1 \in \tilde{S}_d$. On va montrer que tous les drapeaux $(F_d)_{d\in D^*}$ appartiennent à la même composante de $\mathcal{F}$. Si $A(u) \neq \{1\}$, cette composante dépend du choix de Θ dans la démonstration de (6.25) . Si $A(u)=\{1\}$, cette composante ne dépend que de u .

Soient $d,e \in D^*$ et soient $F_d=(F_0,F_1,\ldots,F_N)$ et $F_e=(F'_0,F'_1,\ldots,F'_N)$. Il faut montrer que F_d et F_e appartiennent à la même composante de $\mathcal{F}$. Par induction sur n, c'est clair si $F_1=F'_1$. Si $F_1 \neq F'_1$, alors il existe $\bar{d},\bar{e} \in D^*$ tels que $\bar{F}_1=F_1$, $\bar{F}'_1=F'_1$, $\bar{F}_i=\bar{F}'_i$ si $2 \leq i \leq N-2$, où $F_{\bar{d}}=(\bar{F}_0,\bar{F}_1,\ldots,\bar{F}_N)$, $F_{\bar{e}}=(\bar{F}'_0,\bar{F}'_1,\ldots,\bar{F}'_N)$ (cela se démontre en regardant les différentes possibilités pour la boîte n dans d et e , et en utilisant la définition de F_d et F_e) . On sait déjà que F_d et $F_{\bar{d}}$ sont dans la même composante de $\mathcal{F}$, et la même chose est vraie pour F_e et $F_{\bar{e}}$. Il suffit donc de montrer que $F_{\bar{d}}$ et $F_{\bar{e}}$ sont dans la même composante de $\mathcal{F}$, ce qui est évident puisque tous les drapeaux de la forme $(\overline{F}_0, L, \overline{F}_2, \ldots, \overline{F}_{N-2}, L^{\perp}, \overline{F}_N)$ appartiennent à $\mathcal{F}_u$.

Le cas (V) se traite de manière similaire.

6.32. Dans les cas (III) et (V), soient $\mathcal{F}_1$ et $\mathcal{F}_2$ les deux composantes de $\mathcal{F}$. Si u est tel que $A(u) = \{1\}$, soit $\mathcal{F}_i$ (i=1 ou i=2) la composante de $\mathcal{F}$ contenant les drapeaux F_d $(d \in D^*)$ définis en (6.31). Si $\mathcal{cl}(u) = C_{\lambda,\varepsilon}$, on pose $C^{(i)}_{\lambda,\varepsilon} = \mathcal{cl}^{o}(u)$. Les deux composantes de $C_{\lambda,\varepsilon}$ sont ainsi $C^{(1)}_{\lambda,\varepsilon}$ et $C^{(2)}_{\lambda,\varepsilon}$.

7. Induction dans les groupes classiques.

Dans ce paragraphe, G est réductif, P est un sous-groupe parabolique de G et L est un sous-groupe de Levi de P. On décrit à l'aide de partitions l'application $\mathcal{CU}^{o}(L) \to \mathcal{CU}^{o}(G)$, $C \mapsto \tilde{C} = \mathrm{Ind}_L^G(C)$.

7.1. Supposons que $G = GL_n$. Soit λ l'unique partition de n telle que L soit de type $A_{\lambda_1 - 1} + \ldots + A_{\lambda_r - 1}$, où $r = \lambda_2^*$. D'après la démonstration de (5.14), $\mathrm{Ind}_L^G(1) = C_{\lambda^*}$, et en particulier toute classe unipotente de G est une classe de Richardson.

Soit maintenant C une classe unipotente quelconque de L. Comme $L \cong GL_{\lambda_1} \times \ldots \times GL_{\lambda_r}$, il existe un sous-groupe parabolique Q de P ayant un sous-groupe de Levi M contenu dans L tels que $C = \mathrm{Ind}_M^L(1)$. Par transitivité de l'induction (3.6), $\mathrm{Ind}_L^G(C) = \mathrm{Ind}_M^G(1)$. On vérifie alors aisément que si la classe C correspond à la famille $(\mu^1, \ldots, \mu^r)$ de partitions de $\lambda_1,\dots,\lambda_r$ respectivement, alors la partition $\tilde{\mu}$ correspondant à $\tilde{C} = \mathrm{Ind}_L^G(C)$ est $\mu^1+\dots+\mu^r$, où la somme de partitions est définie par : si α et β sont des partitions de a et b respectivement, alors $\alpha+\beta$ est la partition de $a+b$ donnée par $(\alpha+\beta)_i = \alpha_i+\beta_i$ $(i \geq 1)$.

7.2. On suppose dans le reste du paragraphe que G est un groupe classique autre que le groupe linéaire général, et on utilise les notations du paragraphe 6, avec dans le cas (IV) $G = O_{2n+2}$ au lieu de O_{2n} et $N = 2n+2$.

Soit $x \in G$ un élément de la composante considérée. On a alors $\mathrm{rg}_x(G) = n$ dans tous les cas.

Soit $I = W_P \cap \Pi$. Quitte à conjuguer par un élément convenable de G, on peut supposer dans les cas (III) et (V) que $\{s_1,s_2\} \cap I \neq \{s_1\}$. On décrit alors, dans tous les cas, le sous-ensemble I de Π de la manière suivante. Il existe des entiers $m \geq 0, s \geq 0, n_1 \geq 1,\dots,n_s \geq 1$ tels que $m+n_1+\dots+n_s = n$ et $I =$
$\left(\bigcup_{1\leq r\leq s} \{o(s_i) \mid m+n_1+\dots+n_{r-1}+2 \leq i \leq m+n_1+\dots+n_r\}\right) \cup \{o(s_i) \mid 1 \leq i \leq m\}$. Dans les cas (III) et (V) on a donc toujours $m \neq 1$.

7.3. D'après les résultats du paragraphe 1 du chapitre I , une L^o-classe unipotente de L contenue dans xG^o peut être décrite par une famille $C_o,C_1,\dots,C_s$, où $C_1,\dots,C_s$ sont des classes unipotentes dans $GL_{n_1},\dots,GL_{n_s}$ respectivement, et où C_o est une H_o-classe unipotente dans un groupe classique H correspondant au cas considéré, et tel que $\mathrm{rg}_{u_o}(H) = m$ si $u_o \in C_o$.

Nous cherchons un algorithme pour déterminer le couple $(\tilde{\lambda},\tilde{\varepsilon})$ correspondant à $\tilde{C} = \mathrm{Ind}_{L,P}^G(C)$ à partir du couple (λ,ε) correspondant à C_o et des partitions $\lambda^1,\dots,\lambda^s$ correspondant à $C_1,\dots,C_s$ respectivement.

Le même argument que dans (7.1) montre qu'il suffit de considérer le cas où $C_1 = \{1\},\dots,C_s = \{1\}$. De plus, par transitivité de l'induction, il suffit de considérer le cas où $s = 1$.

Soient alors $u \in C$, $v \in uU_P \cap \tilde{C}$ et soit X_σ une composante irréductible de $\mathcal{B}_v^P$. Alors X_σ est aussi une composante irréductible de $\mathcal{B}_v^G$, et d'après (6.24) il lui correspond une suite $(\tilde{\lambda}^0,\tilde{\varepsilon}^0),(\tilde{\lambda}^1,\tilde{\varepsilon}^1),\dots,(\tilde{\lambda}^n,\tilde{\varepsilon}^n)$ avec $(\tilde{\lambda}^n,\tilde{\varepsilon}^n) = (\tilde{\lambda},\tilde{\varepsilon})$.

D'après (4.10), $(\tilde{\lambda}^m,\tilde{\varepsilon}^m) = (\lambda,\varepsilon)$ et chacune des classes correspondant à $(\lambda^{m+i},\varepsilon^{n+i})$ $(0 \leq i \leq n_1)$ s'obtient en induisant dans les groupes convenables la classe correspondant à $C_0 \subset H$ et $\{1\} \subset GL_i$. Les termes $b_m, b_{m+1},\dots,b_{m+n_1} = b_n$ de la suite $(b_0,b_1,\dots,b_n)$ de (6.27) peuvent donc être calculés, et en particulier $b_{m+i} - b_{m+i-1} = i-1$ pour $1 \leq i \leq n_1$. Cela permet de déterminer successivement $(\tilde{\lambda}^{m+1},\tilde{\varepsilon}^{m+1}),(\tilde{\lambda}^{m+2},\tilde{\varepsilon}^{m+2}),\dots,$ $(\tilde{\lambda}^{m+n_1},\tilde{\varepsilon}^{m+n_1}) = (\tilde{\lambda},\tilde{\varepsilon})$ d'après la démonstration de (6.28).

Dans certains cas cette procédure peut être simplifiée. Supposons par exemple qu'on soit dans le cas (I). Soient $\ell = \lambda_{n_1+1}$ et $r = \lambda_\ell^*$. Si ℓ est pair, ou si $r-n_1$ est pair, $d_{\tilde{\lambda}}$ s'obtient en ajoutant deux colonnes de longueur n_1 à d_λ . Si ℓ et $r-n_1$ sont impairs, $d_{\tilde{\lambda}}$ s'obtient en ajoutant une colonne de longueur n_1+1 et une colonne de longueur n_1-1 à d_λ .

On peut vérifier cela directement en utilisant l'induction dans GL_N . Il existe un sous-groupe parabolique Q de GL_N et un sous-groupe de Levi M de Q tels que $P = Q \cap G$ et $L = M \cap G$, avec $L \cong$ $GL_{n_1} \times GL_{N-2n_1} \times GL_{n_1}$. Soit C' la classe unipotente de L contenant C et soit $\tilde{C}' = \mathrm{Ind}_M^{GL_N}(C')$. Si μ est la partition correspondant à $\tilde{C}'$, d_μ s'obtient en ajoutant deux colonnes de longueur n_1 à d_λ . Nous verrons plus loin qu'il existe $C'' \in \mathcal{CU}(G)$ telle que $\overline{C''} = \overline{\tilde{C}'} \cap G$, et le diagramme correspondant à C'' est précisément le diagramme décrit plus haut comme étant $d_{\tilde{\lambda}}$ (III.3.6). On a forcément $\tilde{C} \subset \overline{C''}$, et on vérifie que $\tilde{C} = C''$

en comparant la dimension des centralisateurs.

7.4. Supposons maintenant que C consiste en éléments quasi-semi-simples. La G^0-classe $\tilde{C}$ est donc la classe de Richardson associée à P contenue dans la composante de G considérée. Soit $v \in \tilde{C} \cap CU_P$. Alors $\mathcal{B}_v^P$ est une composante irréductible de $\mathcal{B}_v^G$, et la suite $(b_0, b_1, \ldots, b_n)$ de (6.27) correspondant à cette composante est entièrement déterminée par le sous-ensemble I de Π, comme on le voit en utilisant (4.10). On peut alors trouver $(\tilde{\lambda}, \tilde{\varepsilon})$. Pour tout $j \geq 1$, soit $e_j = |\{i \mid 1 \leq i \leq s, n_i \geq j\}|$, et soit $E_j = \{i \mid e_{j+1} < i \leq e_j\}$. Il est facile de vérifier les résultats suivants par induction sur n.

a) Dans les cas (I) et (II), $\tilde{\lambda}$ satisfait les conditions suivantes :

- a_1) si $j < 2m$ est impair et $E_j \neq \emptyset$, alors $\tilde{\lambda}^*_{2a} = j+1, \tilde{\lambda}^*_{2a+1} = \ldots = \tilde{\lambda}^*_{2b} = j$, $\lambda^*_{2b+1} = j-1$, où $a = e_{j+1}+1$, $b = e_j$.
- a_2) si $j < 2m$ est pair et $j \in E_j$, alors $\tilde{\lambda}^*_{2i} = \tilde{\lambda}^*_{2i+1} = j$.
- a_3) si $j \geq 2m$ et $i \in E_j$, alors $\tilde{\lambda}^*_{2i-1} = \tilde{\lambda}^*_{2i} = j$.
- a_4) si $i = 2e_{2m}+1$, $\tilde{\lambda}^*_i = 2m$.

b) Dans le cas (III), $\tilde{\lambda}$ et $\tilde{\varepsilon}$ satisfont les conditions suivantes :

- b_1) si $j < 2m$ est impair et $E_j \neq \emptyset$, alors $\tilde{\lambda}^*_{2a} = j+1$, $\tilde{\lambda}^*_{2a+1} = \ldots = \tilde{\lambda}^*_{2b} = j$, $\tilde{\lambda}^*_{2b+1} = j-1$, où $a = e_{j+1}+1$, $b = e_j$.
- b_2) si $j \leq 2m$ est pair et $i \in E_j$, alors $\tilde{\lambda}^*_{2i} = \tilde{\lambda}^*_{2i+1} = j$.
- b_3) si $j > 2m$ est impair et $E_j \neq \emptyset$, alors $\tilde{\lambda}^*_{2a-1} = j+1$, $\tilde{\lambda}^*_{2b} = j-1$, où $a = e_{j+1}+1$, $b = e_j$, et si $a \neq b$ $\tilde{\lambda}^*_{2a} = j+1$, $\tilde{\lambda}^*_{2a+1} = \ldots = \tilde{\lambda}^*_{2b-2} = j$, $\tilde{\lambda}^*_{2b-1} = j-1$. De plus $\tilde{\varepsilon}_{2b} = 0$ si $j \geq 2m+3$ et $e_{j-2} = e_j$.
- b_4) si $j > 2m$ est pair et $i \in E_j$, alors $\tilde{\lambda}^*_{2i-1} = \tilde{\lambda}^*_{2i} = j$. De plus $\varepsilon_{2i} = 0$ si $i = e_j = e_{j-1}$.
- b_5) si $i = 2e_{2m+1}+1$, alors $\tilde{\lambda}^*_i = 2m$.

c) Dans le cas (IV), $\tilde{\lambda}$ et $\tilde{\varepsilon}$ satisfont les conditions suivantes :

- c_1) si $j < 2m$ est impair et $i \in E_j$, alors $\tilde{\lambda}^*_{2i} = \tilde{\lambda}^*_{2i+1} = j$.

$c_2)$ si $j < 2m$ est pair et $E_j \neq 0$, alors $\tilde{\lambda}^*_{2a} = j+1$, $\tilde{\lambda}^*_{2a+1} = \ldots =$ $\tilde{\lambda}^*_{2b} = j$, $\tilde{\lambda}^*_{2b+1} = j-1$, où $a = e_{j+1}+1$, $b = e_j$.

$c_3)$ si $j \geq 2m$ est impair et $i \in E_j$, alors $\tilde{\lambda}^*_{2i-1} = \tilde{\lambda}^*_{2i} = j$. De plus $\tilde{\varepsilon}_{2i} = 0$ si $i = e_j = e_{j-1}$.

$c_4)$ si $j \geq 2m$ est pair et $E_j \neq 0$, alors $\tilde{\lambda}^*_{2a-1} = j+1$, $\tilde{\lambda}^*_{2b} = j-1$, où $a = e_{j+1}+1$, $b = e_j$, et si $a \neq b$, $\tilde{\lambda}^*_{2a} = j+1$, $\tilde{\lambda}^*_{2a+1} = \ldots = \tilde{\lambda}^*_{2b-2} = j$, $\tilde{\lambda}^*_{2b-1} = j-1$. De plus $\tilde{\varepsilon}_{2b} = 0$ si $j \geq 2m+2$ et $e_j = e_{j-2}$.

$c_5)$ si $i = 2e_{2m} + 1$, alors $\tilde{\lambda}^*_i = 2m-1$.

$c_6)$ $\tilde{\lambda}^*_{2s+2} = 1$.

d) Dans le cas (V), $\tilde{\lambda}$ satisfait les conditions suivantes :

$d_1)$ si $j \leq 2m$ et $i \in E_j$, alors $\tilde{\lambda}^*_{2i} = \tilde{\lambda}^*_{2i+1} = j$.

$d_2)$ si $j > 2m$ est impair et $E_j \neq \emptyset$, alors $\tilde{\lambda}^*_{2a-1} = j+1$, $\tilde{\lambda}^*_{2a} = \ldots =$ $\tilde{\lambda}^*_{2b-1} = j$, $\tilde{\lambda}^*_{2b} = j-1$, où $a = e_{j+1}+1$, $b = e_j$.

$d_3)$ si $j > 2m$ est pair et $i \in E_j$, alors $\tilde{\lambda}^*_{2i-1} = \tilde{\lambda}^*_{2i} = j$.

$d_4)$ si $i = 2e_{2m+1}+1$, alors $\tilde{\lambda}^*_i = 2m$.

e) Dans le cas (VI), $\tilde{\lambda}$ et $\tilde{\varepsilon}$ satisfont les conditions suivantes :

$e_1)$ si $j \leq 2m$ est impair et $E_j \neq \emptyset$, alors $\tilde{\lambda}^*_{2a} = j+1$, $\tilde{\lambda}^*_{2b+1} = j-1$, où $a = e_{j+1}+1$, $b = e_j$, et si $a \neq b$ $\tilde{\lambda}^*_{2a+1} = j+1$, $\tilde{\lambda}^*_{2a+2} = \ldots =$ $\tilde{\lambda}^*_{2b-1} = j$, $\tilde{\lambda}^*_{2b} = j-1$. De plus $\tilde{\varepsilon}_{2b+1} = 0$ si $e_{j-2} = e_j$.

$e_2)$ si $j \leq 2m$ est pair et $i \in E_j$, alors $\tilde{\lambda}^*_{2i} = \tilde{\lambda}^*_{2i+1} = j$. De plus $\tilde{\varepsilon}_{2i+1} = 0$ si $i = e_j = e_{j-1}$.

$e_3)$ si $j > 2m$ est impair et $E_j \neq \emptyset$, alors $\tilde{\lambda}^*_{2a-1} = j+1$, $\tilde{\lambda}^*_{2a} = \ldots =$ $\tilde{\lambda}^*_{2b-1} = j$, $\tilde{\lambda}_{2b} = j-1$, où $a = e_{j+1}+1$, $b = e_j$.

$e_4)$ si $j > 2m$ est pair et $i \in E_j$, alors $\tilde{\lambda}^*_{2i-1} = \tilde{\lambda}^*_{2i} = j$.

$e_5)$ si $i = 2e_{2m+1}+1$, alors $\tilde{\lambda}^*_i = 2m$. De plus $\tilde{\varepsilon}_i = 0$ si $e_{2m-1} =$ e_{2m+1} .

f) Dans les cas (VII) et (VIII), $\tilde{\lambda}$ satisfait les conditions suivantes :

$f_1)$ si $j \leq 2m+1$ et $i \in E_j$, alors $\tilde{\lambda}^*_{2i} = \tilde{\lambda}^*_{2i+1} = j$.

$f_2)$ si $j > 2m+1$ est impair et $i \in E_j$, alors $\tilde{\lambda}^*_{2i-1} = \tilde{\lambda}^*_{2i} = j$.

f_3) si $j > 2m+1$ est pair et $E_j \neq \emptyset$, alors $\tilde{\lambda}^*_{2a-1} = j+1$, $\tilde{\lambda}^*_{2a} = \ldots =$ $\tilde{\lambda}^*_{2b-1} = j$, $\tilde{\lambda}^*_{2b} = j-1$, où $a = e_{j+1}+1$, $b = e_j$.

f_4) si $i = 2e_{2m+2}+1$, alors $\tilde{\lambda}^*_i = 2m+1$.

De plus, dans tous les cas $\tilde{\varepsilon}_i \neq 0$ pour $i \geqslant 1$, sauf mention expresse du contraire.

7.5. On suppose maintenant qu'on est dans l'un des cas (III) ou (V). On a donc $G = O_{2n}$, et on considère les éléments unipotents de SO_{2n} .

Soit λ une partition de $2n$ telle que λ_i et λ^*_i soient pairs pour tout $i \geqslant 1$. Soit A^2_λ l'ensemble des sous-groupes paraboliques P de G pour lesquels l'ensemble $I = W_P \cap \Pi$ a les propriétés suivantes : $I \cap \{s_1, s_2\} = \{s_2\}$, et il existe une permutation σ de $\{1,2,\ldots,\lambda^*_1/2\}$ telle que I soit décrit par les entiers $m = 0$, $s = \lambda^*_1/2$, $n_i = \lambda_{2\sigma(i)}$ $(1 \leqslant i \leqslant s)$. Tous les éléments de A^2_λ sont des sous-groupes paraboliques associés, et en conjugant par un élément quelconque de $O_{2n}-SO_{2n}$ on trouve une famille A^1_λ de sous-groupes paraboliques. Remarquons que si $P \in A^i_\lambda$, alors $W_P \cap \{s_1, s_2\} = \{s_i\}$ $(i = 1$ ou $2)$.

Si $P \in A^i_\lambda$ et si L est un sous-groupe de Levi de P, les éléments unipotents réguliers de L appartiennent à $C_{\lambda,\varepsilon}$, où dans le cas (V) ε est tel que $\varepsilon_i \neq 1$ pour tout $i \geqslant 1$. Soit $C^i_{\lambda,\varepsilon}$ la classe unipotente de SO_{2n} contenant ces éléments. Cette classe ne dépend que de A^i_λ , et $C_{\lambda,\varepsilon} = C^1_{\lambda,\varepsilon} \cup C^2_{\lambda,\varepsilon}$.

D'après (3.7) , $A^i_{\lambda^*}$ détermine une unique classe de Richardson dans SO_{2n} , et d'après (6.30) et (6.31) c'est la classe $C^{(i)}_{\lambda,\varepsilon}$ définie en (6.32).

Il reste à savoir si $C^{(i)}_{\lambda,\varepsilon} = C^i_{\lambda,\varepsilon}$ ou si $C^{(1)}_{\lambda,\varepsilon} = C^2_{\lambda,\varepsilon}$ et $C^{(2)}_{\lambda,\varepsilon} = C^1_{\lambda,\varepsilon}$.

7.6. PROPOSITION. $C^{(i)}_{\lambda,\varepsilon} = C^i_{\lambda,\varepsilon}$ <u>si et seulement si</u> $n \equiv 0$ (4) .

Remarquons que dans la situation de (7.5) n est nécessairement pair, et que par conséquent w_G, qui agit comme -1 sur Φ, est central dans W.

Soit $P \in A^2_\lambda$ tel que $W_P \cap \Pi$ soit décrit par $m = 0$, $s = \lambda^*_1/2$, $n_i = \lambda_{2i}$ $(1 \leq i \leq s)$ et soit $u \in C^2_{\lambda,\varepsilon}$. Alors $w_G w_P \in Q(u)$ (3.14) et comme $C_G(u)$ est connexe l'involution $w_G w_P$ définit une composante X_σ de $\mathcal{B}^G_u$. Alors $I_\sigma = \Pi - W_P$, et en particulier $s_1 \in I_\sigma$. La composante X_σ correspond à la suite $d = ((\lambda^0,\varepsilon^0),(\lambda^1,\varepsilon^1),\ldots,(\lambda^n,\varepsilon^n))$ dans laquelle λ^{i-1} se déduit de λ^i en ôtant une case de chacune des deux dernières lignes de d_{λ^i} et où dans le cas (V) $\varepsilon^i_j \neq 1$ pour tout $j \geq 1$ $(1 \leq i \leq n)$. Soit s un élément de $\tilde{S}_d$ représentant X_σ (en fait s est unique). Comme $I_\sigma = \Pi - W_P$, la boîte $(n-1)$ de s, qui est spéciale, doit être marquée $(-)$.

Soit P' un sous-groupe parabolique de G tel que $X_\tau = \mathcal{B}^{P'}$ soit une composante irréductible de $\mathcal{B}^G_u$. Il est facile de vérifier, à l'aide de (7.4), que $P' \in A^1_{\lambda^*} \cup A^2_{\lambda^*}$. On déduit facilement de (6.30) et (6.31), par induction sur les entiers n pairs, que $s_1 \in I_\tau$ si et seulement si $n \equiv 0$ (4) (l'alternance vient du signe $(-)$ dans la boîte $(n-1)$ de s).

7.7. On obtient toutes les classes de Richardson dans les groupes classiques à l'aide de (7.4) et (7.6).

Pour le groupe symplectique quand $p \neq 2$ on peut aussi se ramener au cas de l'induction dans GL_{2n} (comme en (7.2)). Il existe un sous-groupe parabolique Q de GL_{2n}, contenant P, et dont les sous-groupes de Levi sont de type $A_{2m-1} + A_{n_1-1} + A_{n_1-1} + A_{n_2-1} + A_{n_2-1} + \ldots + A_{n_s-1} + A_{n_s-1}$.

Soit C_μ la classe de Richardson associée à Q dans GL_{2n}. Alors $C^{\sim}_{\tilde{\lambda},\tilde{\varepsilon}} \subset Sp_{2n} \cap \overline{C}_\mu$. D'après (III.3.6) il existe une unique classe $C_{\lambda',\varepsilon'}$ de Sp_{2n} telle que $\overline{C_{\lambda',\varepsilon'}} = Sp_{2n} \cap \overline{C}_\mu$, et le couple (λ',ε') est celui donné par (7.4). De plus, on vérifie que si $v' \in C_{\lambda',\varepsilon'}$, alors $\dim C_{Sp_{2n}}(v') = \dim L$. Cela montre que $C_{\lambda',\varepsilon'}$ est la classe de Richardson cherchée.

Une démonstration similaire marche pour les cas (II), (V), (VII) et (VIII). On ne peut cependant pas traiter ainsi les cas (III), (IV) et (VI), en particulier le cas des classes de Richardson dans SO_{2n} quand $p = 2$, et on a besoin aussi de (7.6) dans le cas (V).

Pour déterminer le couple $(\tilde{\lambda},\tilde{\varepsilon})$ dans le cas (III) on peut commencer par chercher la classe de Richardson correspondante dans $SO_{2n}(\mathbb{C})$ puis utiliser l'application π_G définie en (III.5.2) (et qui est décrite explicitement en (III.7.2)) et la proposition (III.5.4). Il faut cependant remarquer que la démonstration de (III.5.4) dans ce cas utilise (7.4) et (7.6).

On peut faire la même chose dans les cas (IV) et (VI) en généralisant les résultats du chapitre III au cas des groupes réductifs non connexes.

7.8. Des sous-groupes paraboliques différents peuvent donner la même classe de Richardson. Si l'on permute entre eux les entiers $n_1,\ldots,n_s$, on obtient des sous-groupes paraboliques associés qui donnent la même classe de Richardson d'après (3.7).

Pour simplifier les notations, on permet dans ce qui suit à certains des entiers n_i $(1 \leqslant i \leqslant s)$ d'être nuls.

Dans les cas (III) et (V), si $m = 0$ et s'il existe i, j tels que $n_i = 1$, $n_j = 3$, on peut remplacer m par 2, n_i par 0 et n_j par 2 sans changer la classe de Richardson. Si $m \geqslant 2$ et s'il existe i tel que $n_i = 2m+1$, on peut remplacer m par $m+1$ et n_i par n_i-1 sans changer la classe de Richardson.

Dans les autres cas, s'il existe i tel que $n_i = 2m+2$, on peut remplacer m par $m+1$ et n_i par n_i-1 sans changer la classe de Richardson.

Cela se vérifie facilement à l'aide de (7.4). On vérifie de même que si deux sous-groupes P , P' de G donnent la même classe de Richardson, alors P' se déduit de P par une série d'opérations du type ci-dessus ou de leurs inverses.

On peut donc dire que les classes de Richardson ne dépendent que du groupe de Coxeter W^x , où x est un élément de la composante de G considérée (voir aussi (III.10.4)).

On peut déduire de (7.4) un algorithme qui permet de décider si une classe unipotente de G est une classe de Richardson. Un tel algorithme sera donné plus loin pour le cas où G est connexe (III.10.7).

7.9. On dit qu'une classe unipotente est rigide si elle ne peut pas être obtenue à l'aide d'une induction propre (c'est-à-dire avec $L^o \neq G$). On déduit facilement de (7.3) quelles sont les classes unipotentes rigides dans G :

Dans les cas (V) et (VII) (resp. dans le cas (I)), $C_{\lambda,\varepsilon}$ est rigide si et seulement si les conditions suivantes sont satisfaites :

a) $\lambda^*_i \neq \lambda^*_{i+1}$ si $\lambda^*_{i+1} \neq 0$ (pour tout $i \geq 1$) ;

b) $\lambda^*_i - \lambda^*_{i+1} \neq 2$ si i est impair (resp. pair).

Dans les cas (II), (III) et (IV) (resp. dans les cas (VI) et (VIII)), $C_{\lambda,\varepsilon}$ est rigide si et seulement si les conditions suivantes sont satisfaites :

a) si $\lambda^*_{i+1} \neq 0$ et $\varepsilon_{i-1} = \varepsilon_{i+1}$, alors $\lambda^*_i \neq \lambda^*_{i+1}$;

b) on a $\lambda^*_i - \lambda^*_{i+1} \neq 2$ si i est pair (resp. impair) et $\varepsilon_i = 1$ ou si i est impair (resp. pair), $\varepsilon_{i+1} = 0$ et $\varepsilon_{i-1} \neq 1$.

7.10. Une classe unipotente $C_{\lambda,\varepsilon}$ de G est distinguée (3.13) si et seulement si les conditions suivantes sont satisfaites :

a) si $p \neq 2$, $c_i \leq 1$ pour tout $i \geq 1$ (où $c_i = \lambda^*_i - \lambda^*_{i+1}$, voir (I.2.3));

b) si $p = 2$, $c_i \leq 2$ pour tout $i \geq 1$ et $\varepsilon_i = 1$ si $c_i \neq 0$.

C'est une conséquence de la remarque suivante. Soit C une classe unipotente de L. Décrivons-la comme en (7.3) par une suite $C_o, C_1, \dots, C_s$, où $C_1, \dots, C_s$ sont des classes unipotentes dans $GL_{n_1}, \dots, GL_{n_s}$ respectivement et où C_o est une classe unipotente dans un goupe classique convenable. En remplaçant P et L si nécessaire par des groupes plus petits, on se ramène au cas où $C_1, \dots, C_s$ sont les classes régulières de $GL_{n_1}, \dots, GL_{n_s}$ respectivement. Soit $(\lambda^o, \varepsilon^o)$ le couple correspondant à C_o. Alors si (λ, ε) est le couple correspondant à $\mathcal{C}\ell_G(u)$ (où $u \in C$), on a $\lambda = \lambda^o \oplus n_1^2 \oplus \dots \oplus n_s^2$ et pour $j \geq 1$ $\varepsilon_j \in \{\omega, \max(0, \varepsilon_j)\}$ (cette condition détermine entièrement ε).

En comparant avec (7.9), on trouve :

7.11. PROPOSITION. <u>Dans les groupes classiques il n'y a pas de classes unipotentes distinguées rigides, sauf si</u> G^o <u>est un tore</u>.

7.12. <u>Remarques</u>. 1) Cela donne une nouvelle démonstration de (6.5), d'après (3.2) et (3.14). Cela donne aussi un algorithme pour trouver un élément $w \in Q(u)$ (2.4) dans le cas des groupes classiques.

2) On montre facilement à l'aide de (7.4) et (7.10) que dans les cas (I), (II), (V), (VII) et (VIII) toutes les classes unipotentes distinguées sont des classes de Richardson. Cela n'est pas vrai dans les cas (III), (IV) et (VI) (11.7).

7.13. Supposons que $G = Sp_{2n}$ et $p \neq 2$ et reprenons la situation examinée en (7.3) (avec $s = 1$, $C_1 = \{1\}$). Soient $E_\lambda = \{i \geq 1 | \lambda_i$ est pair$\}$ et $E_{\tilde{\lambda}} = \{i \geq 1 | \tilde{\lambda}_i$ est pair$\}$. Les systèmes de générateurs donnés en (I.2.9) pour $A'(u) = C_L(u)/C_L(u)^o$ et $A(v)$ sont $\{a_i | i \in E_\lambda\}$ et $\{a_i | i \in E_{\tilde{\lambda}}\}$. Soit de plus $A_P(v) = C_P(v)/C_G(v)^o \subset A(v)$. On vérifie facilement que $C_P(v)$ rencontre toutes les composantes de $C_L(u)U_P$ et que

$C_P(v) \subset C_L(u)U_P$, ce qui donne un homomorphisme surjectif $\alpha : A_P(v) \to A'(u)$. A l'aide des résultats du paragraphe 6, on trouve :

1) Si $d_{\tilde\lambda}$ s'obtient en ajoutant deux colonnes de longueur n_1 à d_λ , on a $E_{\tilde\lambda} = E_\lambda$, $A_P(v) = A(v)$, et α est l'homomorphisme donné de manière évidente par les générateurs.

2) Si $d_{\tilde\lambda}$ s'obtient en ajoutant à d une colonne de longueur $n_1 - 1$ et une de longueur n_1+1 , $E_{\tilde\lambda} = E_\lambda \cup \{n_1, n_1+1\}$, $A_P(v)$ est le sous-groupe de $A(v)$ engendré par $\{a_i \mid i \in E_\lambda\}$ et $a_{n_1} a_{n_1+1}$, et α est l'homomorphisme donné par $\alpha(a_{n_1} a_{n_1+1}) = 1$ et par les générateurs.

Si Q est un sous-groupe parabolique de P et $M \subset L$ est un sous-groupe de Levi de Q, et si $C = \mathrm{Ind}_M^L(C')$ où $C' \in \mathcal{C}U(M)$, et si $u \in C \cap C'U_{L\cap Q}$, on a un sous-groupe $A'_{L\cap Q}(u) = C_{L\cap Q}(u)/C_L(u)^o$. Alors $A_Q(v) = \alpha^{-1}(A'_{L\cap Q}(u))$. Le groupe $A'_{L\cap Q}(u)$ étant supposé connu par récurrence sur n et l'homomorphisme α étant connu, on voit qu'on peut déterminer explicitement $A_Q(v)$.

On a des résultats similaires avec $G = O_N$, $p \neq 2$. Il faut alors prendre P et Q tels que $P = N_G(P)$ et $Q = N_G(Q)$, et $E_\lambda = \{i \geq 1 \mid \lambda_i$ est impair$\}$, $E_{\tilde\lambda} = \{i \geq 1 \mid \tilde\lambda_i$ est impair$\}$.

7.14. Supposons que G soit connexe. Soient P et Q des sous-groupes paraboliques de G et soient L et M des sous-groupes de Levi de P et Q respectivement. Soient u et u' des éléments unipotents L et M respectivement.

On sait que s'il existe $g \in G$ tel que ${}^gL = M$ et $gug^{-1} = u'$, alors $\mathrm{Ind}_L^G(c\ell_L(u)) = \mathrm{Ind}_M^G(c\ell_M(u'))$. Supposons qu'un tel g existe, et qu'il existe $v \in uU_P \cap u'U_Q \cap \mathrm{Ind}_L^G(c\ell_L(u))$. Définissons $A_P(v)$ et $A_Q(v)$ comme en (7.13). D'après [22] ce sont des sous-groupes conjugués de $A(v)$.

Il y a une réciproque partielle à ce résultat. Supposons que G soit connexe et que la caractéristique soit bonne. Supposons de plus que les conditions suivantes soient satisfaites :

a) u et u' sont rigides dans L et M respectivement;

b) $\mathrm{Ind}_L^G(\mathcal{cl}_L(u)) = \mathrm{Ind}_M^G(\mathcal{cl}_M(u'))$;

c) il existe $v \in uU_P \cap u'U_Q \cap \mathrm{Ind}_L^G(\mathcal{cl}_L(u))$.

On a alors la conjecture suivante : les sous-groupes $A_P(v)$ et $A_Q(v)$ de $A(v)$ sont conjugués si et seulement s'il existe $g \in G$ tel que ${}^gL = M$ et $gug^{-1} = u'$.

Nous vérifierons cette conjecture dans le cas des groupes classiques.

7.15. <u>Remarques</u>. 1) A.G. Elashvili a vérifié cette conjecture pour les groupes exceptionnels en caractéristique 0 . La conjecture est donc vraie en caractéristique 0 .

2) Hesselink a étudié la situation obtenue en remplaçant (a) par la condition plus forte :

a') $u = u' = 1$.

Il a montré que pour les groupes classiques connexes en bonne caractéristique il existe alors $g \in G$ tel que ${}^gL = M$ (et $gug^{-1} = u'$) si et seulement si $|A_P(v)| = |A_Q(v)|$ et a conjecturé que la même chose est vraie pour tous les groupes réductifs en bonne caractéristique [13] . Cette conjecture (qui a inspiré celle faite en (7.14)) a aussi été vérifiée par Elashvili pour les groupes exceptionnels en caractéristique 0 .

3) La condition (c) est purement technique et sert seulement à donner un sens à la comparaison de $A_P(v)$ et $A_Q(v)$. Si (b) est satisfaite on peut toujours choisir $v \in uU_P \cap \mathrm{Ind}_L^G(\mathcal{cl}_L(u))$, puis remplacer Q , M et u' par $Q_1 = {}^hQ$, $M_1 = {}^hM$ et $u_1' = hu'h^{-1}$ où $h \in G$ est choisi de telle sorte que $u_1'U_{Q_1} \ni v$. Le sous-groupe $A_{Q_1}(v)$ de $A(v)$ ne dépend du choix de h qu'à conjugaison près dans $A(v)$.

4) Pour les groupes classiques $A(v)$ est abélien, et donc $A_P(v)$ et $A_Q(v)$ sont conjugués si et seulement s'ils sont égaux.

5) La conjecture est fausse si on omet (a), même pour GL_n .

6) La conjecture est fausse si l'on supprime la restriction sur la caractéristique (par exemple pour Sp_4 si $p = 2$ ou pour les groupes de type G_2 si $p = 3$). Il est possible cependant qu'elle soit vraie si $A(v)$, $A_P(v)$ et $A_Q(v)$ sont considérés comme des schémas en groupes.

7.16. PROPOSITION. La conjecture de (7.14) est vraie pour les groupes classiques.

On suppose que les conditions (a), (b) et (c) sont satisfaites. Il faut montrer qu'à conjugaison près dans G on peut retrouver L et u à partir de $A_P(v) \subset A(v)$. La vérification se fait cas par cas.

i) GL_n . Il suffit d'utiliser (7.1) et le fait que $A(v) = \{1\}$.

ii) Sp_{2n} . Soient $m, s, n_1, \dots, n_s$ les entiers associés à P (7.2). Soit $\tilde{\lambda}$ la partition correspondant à v et soit $(\lambda, \lambda^1, \dots, \lambda^s)$ la famille de partitions associée à $u \in L$ (7.3). Définissons $E_{\tilde{\lambda}}$ comme en (7.13), et soit $E'_{\tilde{\lambda}} = \{i \in E_{\tilde{\lambda}} \mid a_i \notin A_P(v) \text{ et } a_i a_{i+1} \in A_P(v)\}$. D'après (7.13) il existe pour tout $i \in E'_{\tilde{\lambda}}$ un entier j impair et un entier $r \geq 1$ tels que $\tilde{\lambda}^*_{j+1} = i+1$, $\tilde{\lambda}^*_{j+2r} = i-1$ et $\tilde{\lambda}^*_{j+h} = 1$ pour $1<h<2r$, et il y a exactement r des nombres $n_1, \dots, n_s$ qui sont égaux à i . Soit d_μ le diagramme obtenu en ôtant de $d_{\tilde{\lambda}}$ toutes les colonnes obtenues de cette façon à partir d'éléments de $E'_{\tilde{\lambda}}$. Pour $i \notin E'_{\tilde{\lambda}}$ il y a exactement $[(\mu_i - \mu_{i+1})/2]$ des nombres $n_1, \dots, n_s$ qui sont égaux à i , et d_λ s'obtient en ôtant de d_μ $2[(\mu_i - \mu_{i+1})/2]$ colonnes de longueur i pour chaque $i \notin E'_{\tilde{\lambda}}$. A partir de $A_P(v)$ on peut donc retrouver λ et les entiers $n_1, \dots, n_s$ à permutation près, ce qui donne L et u à conjugaison près.

iii) O_N. On procède comme pour Sp_{2n} en prenant P et Q tels que $P = N_G(P)$, $Q = N_G(Q)$.

iv) SO_N. On prend de nouveau $G = O_N$ et P , Q tels que $P = N_G(P)$, $Q = N_G(Q)$. D'après (iii) il suffit de vérifier que $A_P(v)$ est déterminé par $A_P(v) \cap A_o(v)$. Pour cela il suffit par exemple de trouver $a \in A_P(v)$ tel que $a \notin A_o(v)$, ou de trouver l'un des entiers $n_1, \dots, n_s$ correspondant à L et d'utiliser (7.13) et une récurrence sur N .

Si N est impair, on prend $a = \prod_{i \in E_{\tilde{\lambda}}} a_i$.

Si N est pair, soit $\ell = \tilde{\lambda}_1^*$. Si $\tilde{\lambda}_\ell \geq 2$, l'un des n_i est égal à ℓ . Supposons donc $\tilde{\lambda}_\ell = 1$. Si $\tilde{\lambda}_2^* \leq \ell-3$, on peut prendre $a = a_\ell$. Si $\tilde{\lambda}_2^* = \ell-2$, il y a plusieurs cas. Si $\tilde{\lambda}_{\ell-2} \geq 4$, l'un des n_i vaut $\ell-2$. Si $\tilde{\lambda}_{\ell-2} = 3$ et $a_\ell a_{\ell-2} \in A_P(v)$, on peut prendre $a = a_\ell$. Si $\tilde{\lambda}_{\ell-2} = 3$ et $a_\ell a_{\ell-2} \notin A_P(v)$, l'un des n_i vaut $\ell-1$. Si $\tilde{\lambda}_{\ell-2} = 2$, l'un des n_i vaut $\ell-1$. Il reste le cas où $\tilde{\lambda}_2^* = \ell-1$. Si $\tilde{\lambda}_{\ell-1} \geq 4$, l'un des n_i vaut $\ell-1$. Si $\tilde{\lambda}_{\ell-1} = 3$ et $a_\ell a_{\ell-1} \notin A_P(v)$, on peut prendre $a = a_\ell$. Si $\tilde{\lambda}_{\ell-1} = 3$ et $a_\ell a_{\ell-1} \in A_P(v)$, on peut prendre $a = a_\ell$ si $\lambda_{\ell-2}$ est impair et $a_\ell a_{\ell-2} \in A_P(v)$, et l'un des n_i vaut $\ell-2$ dans le cas contraire. Si $\tilde{\lambda}_{\ell-1} = 2$, on peut prendre $a = a_\ell$. Cela démontre la proposition.

8. Relation d'ordre entre classes unipotentes.

On considère la situation du paragraphe 6, dont on utilise les notations. On démontre l'assertion de (I.2.10).

8.1. Soit uG^o la composante de G considérée et soit $\mathcal{U} = \mathcal{U}(uG^o)$. Dans les cas (VI) et (VIII), on définit pour tout $i \geq 1$:

$$\Phi_i : \mathcal{U} \times V \to \mathcal{U} \times V , \ (x,v) \mapsto (x,(x^2-1)^i(v)) ,$$

$$\Psi_i : \mathcal{U} \times V \to \mathcal{U} \times V \times k , \ (x,v) \mapsto (x,(x^2-1)^i(v) , x((x^2-1)^{i-1}(v),v)) .$$

Dans les autres cas, on définit pour tout $i \geq 1$:

$$\Phi_i : \mathcal{U} \times V \to \mathcal{U} \times V , \ (x,v) \mapsto (x,(x-1)^i(v)) ,$$

$$\Psi_i : \mathcal{U} \times V \to \mathcal{U} \times V \times k , \ (x,v) \mapsto (x,(x-1)^i(v) , f((x-1)^{i-1}(v),v)) .$$

On considère les fibres $\Phi_i^{-1}(x,o)$ et $\Psi_i^{-1}(x,o,o) \subset \Phi_i^{-1}(x,o)$. Les fonctions $x \mapsto \dim \Phi_i^{-1}(x,o)$ et $x \mapsto \dim \Psi_i^{-1}(x,o,o)$ de $\mathcal{U}$ dans $\mathbb{N}$ sont semi-continues supérieurement. Comme elles sont constantes sur chaque classe unipotente, on voit que si $x,y \in \mathcal{U}$ sont tels que $c\ell_G(x) \leq$

$c\ell_G(y)$, alors $\dim \Phi_i^{-1}(x,o) \geq \dim \Phi_i^{-1}(y,o)$ et $\dim \Psi_i^{-1}(x,o,o) \geq \dim \Psi_i^{-1}(y,o,o)$.

Soit $C_{\lambda,\varepsilon} = c\ell_G(x)$. Il est alors facile de calculer $\dim \Phi_i^{-1}(x,o)$ et $\dim \Psi_i^{-1}(x,o,o)$. Par exemple dans les cas (VI) et (VIII) $\Phi_i^{-1}(x,o) = \mathrm{Ker}(x^2-1)^i$. On trouve dans tous les cas :

$$\dim \Phi_i^{-1}(x,o) = \sum_{j\leq i} \lambda_j^*$$

$$\dim \Psi_i^{-1}(x,o,o) = \sum_{j\leq i} \lambda_j^* - \max(\varepsilon_i,o) .$$

Ainsi, si $C_{\lambda,\varepsilon}$ et $C_{\mu,\phi}$ sont deux classes unipotentes contenues dans $\mathcal{U}$ telles que $C_{\lambda,\varepsilon} \leq C_{\mu,\phi}$, alors (λ,ε) et (μ,ϕ) satisfont les conditions (a) et (b) de (I.2.10) .

Considérons maintenant le cas (II). On a donc $G = Sp_{2n}$ et $p = 2$. Soit $i \geq 2$ un entier pair tel que $\sum_{j\leq i} \lambda_j^* = \sum_{j\leq i} \mu_j^*$. Supposons que $\lambda_{i+1}^* - \mu_{i+1}^*$ soit impair et que $\phi_i = 0$. Soit $\ell = \lambda_{i+1}^*$. Soit P un sous-groupe parabolique de $G' = Sp_{2(n+\ell)}$ ayant un sous-groupe de Levi L de type $C_n + A_{\ell-1}$. On a alors $L \cong Sp_{2n} \times GL_n$. On peut donc considérer $C_{\lambda,\varepsilon}$ et $C_{\mu,\phi}$ comme des classes unipotentes de L . Soient $C_{\bar\lambda,\bar\varepsilon} = \mathrm{Ind}_{L,P}^{G'}(C_{\lambda,\varepsilon})$ et $C_{\bar\mu,\bar\phi} = \mathrm{Ind}_{L,P}^{G'}(C_{\mu,\phi})$. Les partitions $\bar\lambda$ et $\bar\mu$ de $2(n+\ell)$ s'obtiennent en ajoutant à d_λ et d_μ respectivement 2ℓ cases selon les règles de (7.3). On vérifie facilement que pour $\bar\lambda$ ces cases sont toutes placées dans les lignes $1,2,\ldots,\ell$ et que pour $\bar\mu$ elles sont placées dans les lignes $1,2,\ldots,\ell+1$, avec exactement une case dans la ligne $\ell+1$. On en déduit que $\sum_{j\leq i} \bar\lambda_j^* = \sum_{j\leq i} \lambda_j^* = \sum_{j\leq i} \mu_j^* = \left(\sum_{j\leq i} \bar\mu_j^*\right) - 1$. Par conséquent $C_{\bar\lambda,\bar\varepsilon} \not\leq C_{\bar\mu,\bar\phi}$, et donc aussi $C_{\lambda,\varepsilon} \not\leq C_{\mu,\phi}$.

En procédant de manière similaire dans les autres cas, on montre que $C_{\lambda,\varepsilon} \leq C_{\mu,\phi} \Longrightarrow (\lambda,\varepsilon) \leq (\mu,\phi)$, l'ordre dans l'ensemble I des couples servant à paramétrer $\mathcal{CU}(uG^o)$ étant celui décrit en (I.2.10).

8.2. THEOREME. <u>Soient</u> $C_{\lambda,\varepsilon}$ <u>et</u> $C_{\mu,\phi}$ <u>des classes unipotentes de</u> G

<u>contenues dans</u> $\mathcal{U}$. <u>Alors</u> $C_{\lambda,\varepsilon} \leq C_{\mu,\phi}$ <u>si et seulement si</u> $(\lambda,\varepsilon) \leq (\mu,\phi)$.

Pour $p \neq 2$, c'est un résultat de Hesselink [12,3.7] (une démonstration incomplète est due à Gerstenhaber [10]) . Il reste à montrer que $(\lambda,\varepsilon) \leq (\mu,\phi) \Longrightarrow C_{\lambda,\varepsilon} \leq C_{\mu,\phi}$ quand $p = 2$. On ne considère que le cas (II) pour simplifier les notations. Jusqu'à la fin de (8.7) , $G = Sp_{2n}$ et $p = 2$.

Soient V_1 et V_2 des sous-espaces orthogonaux de V tels que $V = V_1 \oplus V_2$. La restriction de f à chacun des sous-espaces V_1, V_2 de V est non singulière, et on obtient deux goupes symplectiques $G_1 \subset GL(V_1)$ et $G_2 \subset GL(V_2)$. On peut identifier $G_1 \times G_2$ au stabilisateur de V_1 dans G. On a bien sûr :

8.3. LEMME. <u>Si</u> $x_1, y_1 \in G_1$ et $x_2, y_2 \in G_2$ <u>sont unipotents et si</u> $\mathcal{cl}_{G_1}(x_1) \leq \mathcal{cl}_{G_1}(y_1)$ <u>et</u> $\mathcal{cl}_{G_2}(x_2) \leq \mathcal{cl}_{G_2}(y_2)$, <u>alors</u> $\mathcal{cl}_G(x_1x_2) \leq \mathcal{cl}_G(y_1y_2)$.

8.4. Si dans (8.3) $\mathcal{cl}_{G_1}(x_1) = C_{\lambda^1,\varepsilon^1}$, $\mathcal{cl}_{G_1}(y_1) = C_{\mu^1,\phi^1}$, $\mathcal{cl}_{G_2}(x_2) = C_{\lambda^2,\varepsilon^2}$ et $\mathcal{cl}_{G_2}(y_2) = C_{\mu^2,\phi^2}$, alors les couples (λ,ε) et (μ,ϕ) tels que $\mathcal{cl}_G(x_1x_2) = C_{\lambda,\varepsilon}$ et $\mathcal{cl}_G(y_1y_2) = C_{\mu,\phi}$ sont donnés par les formules de (6.13).

Soient maintenant $(\lambda,\varepsilon) = 1^{c(1)}_{\varepsilon(1)} \oplus 2^{c(2)}_{\varepsilon(2)} \oplus \ldots$ et $(\mu,\phi) = 1^{d(1)}_{\phi(1)} \oplus 2^{d(2)}_{\phi(2)} \oplus \ldots$ des éléments de I tels que $(\lambda,\varepsilon) \leq (\mu,\phi)$. S'il existe un entier impair i tel que $c_i \neq 0$ et $d_i \neq 0$, on peut utiliser (8.3) avec $(\lambda^1,\varepsilon^1) = (\mu^1,\phi^1) = i^2$, $(\lambda^2,\varepsilon^2) = 1^{c(1)}_{\varepsilon(1)} \oplus \ldots \oplus i^{c(i)-2}_{\varepsilon(i)} \oplus \ldots$ et $(\mu^2,\phi^2) = 1^{d(1)}_{\phi(1)} \oplus \ldots \oplus i^{d(i)-2}_{\phi(i)} \oplus \ldots$. Remarquons qu'on a bien $(\lambda^2,\varepsilon^2) \leq (\mu^2,\phi^2)$, et que par récurrence sur n on peut supposer que le théorème est vrai pour G_2 . De même, s'il existe un entier $i > 2$ tel que $c_i \geq 3$, $\varepsilon_i = 1$, $d_i \geq 2$, $\phi_i = 0$, on peut utiliser (8.3) avec $(\lambda^1,\varepsilon^1) = (\mu^1,\phi^1) = i^2_0$, $(\lambda^2,\varepsilon^2) = 1^{c(1)}_{\varepsilon(1)} \oplus \ldots \oplus i^{c(i)-2}_{\varepsilon(i)} \oplus \ldots$ et $(\mu^2,\phi^2) = 1^{d(1)}_{\phi(1)} \oplus \ldots \oplus i^{d(i)-2}_{\phi'(i)} \oplus \ldots$ où $\phi'_i = 0$ si $d_i \geq 3$ et $\phi'_i = \omega$ si $d_i = 2$. Des arguments de ce type montrent qu'il suffit de prouver que $(\lambda,\varepsilon) \leq (\mu,\phi) \Longrightarrow C_{\lambda,\varepsilon} \leq C_{\mu,\phi}$ quand les couples (λ,ε) et (μ,ϕ) satisfont les conditions suivantes (où l'on utilise les mêmes notations que ci-dessus) :

A) Pour tout i impair, $c_i = 0$ ou $d_i = 0$.

B) Pour tout $i \geq 2$ pair, si $c_i \neq 0$ et $d_i \neq 0$, alors soit $c_i \leq 2$, $\varepsilon_i = 1$ et $\phi_i = 0$, soit $d_i \leq 2$, $\phi_i = 1$ et $\varepsilon_i = 0$.

8.5. LEMME. Soient (λ,ε) et (μ,ϕ) des éléments de I tels que $(\lambda,\varepsilon) < (\mu,\phi)$. Supposons qu'ils vérifient les conditions (A) et (B) de (8.4) et la condition (C) suivante :

C) $\{(\lambda^1,\varepsilon^1) \in I \mid (\lambda,\varepsilon) < (\lambda^1,\varepsilon^1) < (\mu,\phi)\} = \emptyset$.

Alors (λ,ε) et (μ,ϕ) sont décrits par l'un des cas ci-dessous :

cas	(λ,ε)	(μ,ϕ)	restrictions
1)	r^2_0	r^2	$r \geq 2$, $r \equiv 0 \ (2)$
2)	r^2	$(r+1) \oplus (r-1)$	$r \geq 1$, $r \equiv 1 \ (2)$
3)	$r + s$	$(r+2) \oplus (s-2)$	$r \geq s \geq 2$, $r \equiv s \equiv 0 \ (2)$
4)	$r^2 + s$	$(r+1)^2_0 \oplus (s-2)$	$r > s \geq 2$, $r \not\equiv s \equiv 0 \ (2)$
5)	$r^2 + s$	$(r+1)^2 \oplus (s-2)$	$r \geq s \geq 2$, $r \equiv s \equiv 0 \ (2)$
6)	$r + s^2$	$(r+2) \oplus (s-1)^2$	$r \geq s \geq 2$, $r \equiv s \equiv 0 \ (2)$
7)	$r + s^2$	$(r+2) \oplus (s-1)^2_0$	$r > s \geq 3$, $r \not\equiv s \equiv 1 \ (2)$
8)	$r^2 + s^2$	$(r+1)^2 \oplus (s-1)^2$	$r \geq s \geq 2$, $r \equiv s \equiv 0 \ (2)$
9)	$r^2 + s^2$	$(r+1)^2_0 \oplus (s-1)^2$	$r > s \geq 2$, $r \not\equiv s \equiv 0 \ (2)$
10)	$r^2 + s^2$	$(r+1)^2 \oplus (s-1)^2_0$	$r > s \geq 2$, $r \not\equiv s \equiv 1 \ (2)$
11)	$r^2 + s^2$	$(r+1)^2_0 \oplus (s-1)^2_0$	$r \geq s \geq 3$, $r \equiv s \equiv 1 \ (2)$.

Soit $\lambda = \ell_1^{a(1)} \oplus \ell_2^{a(2)} \oplus \ldots$, avec $\ell_1 > \ell_2 > \ldots$ et $a_1 \neq 0$, $a_2 \neq 0, \ldots$ et soit $\mu = m_1^{b(1)} \oplus m_2^{b(2)} \oplus \ldots$, avec $m_1 > m_2 > \ldots$ et $b_1 \neq 0$, $b_2 \neq 0, \ldots$. Le lemme se démontre par un examen systématique de tous les cas possibles. Par exemple, supposons que $\phi(m_1) = \omega$. Supposons que $\ell_1 \leq m_1 - 2$. On montre alors qu'il existe $(\lambda^1,\varepsilon^1) \in I$ tel que $(\lambda,\varepsilon) < (\lambda^1,\varepsilon^1) < (\mu,\phi)$ dans chacun des cas suivants : $a_1 \geq 4$; $a_1 = 3$; $a_1 = 2$, $a_2 \geq 2$; $a_1 = 2$, $a_2 = 1$, $\ell_3 \leq \ell_2 - 2$; $a_1 = 2$, $a_2 = 1$, $\ell_3 = \ell_2 - 1$; $a_1 = 1$, $a_2 \geq 2$; $a_1 = a_2 = 1$, $a_3 \geq 2$; $a_1 = a_2 = a_3 = 1$. Par exemple, si $a_1 \geq 4$, on prend $\lambda_1^1 = \lambda_2^1 = \lambda_1 + 1$, $\lambda_{a(1)-1}^1 = \lambda_{a(1)}^1 = \lambda_1 - 1$, $\lambda_i^1 = \lambda_i$ pour $i \neq 1, 2, a_1 - 1, a_1$. Si $a_1 = a_2 = a_3 = 1$, on prend $\lambda_1^1 = \lambda_1 + 2$, $\lambda_2^1 = \lambda_2 - 2$, $\lambda_i^1 = \lambda_i$ pour $i \geq 3$. On vérifie qu'il existe ε^1 tel que $(\lambda^1, \varepsilon^1) \in I$ et $(\lambda, \varepsilon) < (\lambda^1, \varepsilon^1) \leq (\mu, \phi)$. On traite les autres cas de manière similaire. On voit ainsi qu'on doit avoir $\ell_1 = m_1 - 1$. Si $b_1 \geq 4$, on vérifie aussi que la condition (C) ne peut pas être satisfaite. On doit donc avoir $b_1 = 2$. La condition (C) montre que $\varepsilon(\ell_1) = 1$. L'examen des possibilités restantes montre que (λ, ε) et (μ, ϕ) sont donnés par l'un des cas (8) ou (10) du lemme. On procède de la même manière si $\phi(m_1) = 0$ ou $\phi(m_1) = 1$.

8.6. LEMME. <u>Dans chacun des cas</u> (1) <u>à</u> (11) <u>de</u> (8.5), <u>on a</u> $C_{\lambda,\varepsilon} \leq C_{\mu,\phi}$.

Dans le cas (1) (resp. (2),...,(11)), soit $(\bar{\mu}, \bar{\phi}) = (r+1)^2$ (resp. $(r+1)^2$, $(r+2) \oplus s$, $(r+1)_0^2 \oplus s$, $(r+1)^2 \oplus s$, $(r+2) \oplus s^2$, $(r+2) \oplus s^2$, $(r+1)^2 \oplus s^2$, $(r+1)_0^2 \oplus s^2$, $(r+1)^2 \oplus s^2$, $(r+1)_0^2 \oplus s^2$) . Soit $C_{\bar{\mu},\bar{\phi}}$ la classe unipotente de Sp_{2n+2} correspondant à $(\bar{\mu}, \bar{\phi})$ et soit $v \in C_{\bar{\mu},\bar{\phi}}$. Soit P un sous-groupe parabolique de Sp_{2n+2} ayant un sous-groupe de Levi L de type C_n . Soit $Y = \mathcal{P}_v$. Comme en (4.8) on obtient une partition $Y = Y_1 \cup Y_2 \ldots \cup Y_m$ de Y indexée par les classes unipotentes de L , ou ce qui revient au même par les classes unipotentes de Sp_{2n} . Soient Y_1 et Y_2 les sous-variétés de Y correspondant à (λ, ε) et (μ, ϕ) respectivement. D'après la démonstration de (6.7) , $Y_1 \neq \emptyset$ et $Y_2 \neq \emptyset$, et on vérifie facilement que $Y_1 \subset \bar{Y}_2$. D'après (4.9) on a donc $C_{\lambda,\varepsilon} \leq C_{\mu,\phi}$.

8.7. Les lemmes (8.3), (8.5) et (8.6) démontrent (8.2) dans le cas où $G = Sp_{2n}$, $p = 2$.

8.8. On traite de manière similaire les cas (III) et (IV) d'une part, et les cas (VI) et (VII) d'autre part. En tenant compte de [12], cela démontre (8.2).

8.9. Supposons que $p = 2$. Soit $n \geq 1$ un entier, soit $G = Sp_{8n}$, et pour $1 \leq i \leq n$ soit $G_i = Sp_8$. On considère $G_1 \times \ldots \times G_n$ comme un sous-groupe de G. Soit, pour $1 \leq i \leq n$, u_i (resp. v_i) un élément unipotent de G_i correspondant au couple $3^2 \oplus 1^2$ (resp. $4 \oplus 2_0^2$). Soient $u = u_1 \ldots u_n \in G$ et $v = v_1 \ldots v_n \in G$. D'après (8.2), $cl_G(u) \leq cl_G(v)$ si n est pair, et $cl_G(u) \not\leq cl_G(v)$ si n est impair.

Ce genre de phénomène ne se produit pas quand $p \neq 2$.

9. Relations d'équivalence dans les groupes de Weyl.

Dans ce paragraphe x est un élément unipotent de G qui normalise B et T. On considère les éléments unipotents contenus dans xG^o. On rappelle que $N = N_G(B)$. Pour tout $w \in W$, on pose ${}^wN = N_G({}^wB)$, où ${}^wB$ est l'unique sous-groupe de Borel de G contenant T tel que $(B, {}^wB) \in O(w)$.

9.1. Pour tout $w \in W^x$, soit $V_w = \mathcal{U}(N \cap {}^wN \cap xG^o)$. On définit un préordre sur W^x en posant $w \prec w'$ si $\overline{{}^BV_{w'}} \subset \overline{{}^BV_w}$ $(w, w' \in W^x)$. Soit $\mathcal{R}_G$ la relation d'équivalence sur W^x associée à ce préordre : on dit que w et w' sont équivalents, et on écrit $w \simeq_G w'$, si $w \prec w'$ et $w' \prec w$, c'est-à-dire si $\overline{{}^BV_{w'}} = \overline{{}^BV_w}$. On écrit aussi $\mathcal{R}$ au lieu de $\mathcal{R}_G$, et $w \simeq w$ au lieu de $w \simeq_G w$.

Il est clair qu'on peut remplacer G par G/U_G ou G/R_G et qu'en identifiant $W = W_G$ à W_{G/U_G} ou W_{G/R_G} on trouve les mêmes relations $\prec$ et $\simeq$.

Supposons donc G réductif. D'après (2.16), les classes d'équivalence pour $\mathcal{R}$ sont les sous-ensembles de W^x de la forme $\varphi(\{\sigma\} \times S(u))$, où $u \in xG^o$ est un élément unipotent tel que $Q(u)$ soit non vide (2.4) et $\sigma \in S(u)$. Ce sont aussi les sous-ensembles de la forme $Q(C_i)$, où C_i est une composante irréductible de l'intersection de N et d'une G^o-classe unipotente C de G contenue dans xG^o (et telle que $Q(C)$ soit non vide), et chaque classe d'équivalence contient une involution qui peut être choisie de manière canonique (c'est $\varphi(\sigma,\sigma)$, si σ est comme ci-dessus) (2.17).

Rappelons que pour tout $w \in W^x$ on a défini $I_w = \{s \in \Pi \mid \ell(ws) < \ell(w)\}$. D'après (4.5), l'application $w \mapsto I_{w^{-1}}$ est constante sur les classes d'équivalences dans W^x. Si u et σ sont comme ci-dessus, la valeur de cette fonction sur $\varphi(\{\sigma\} \times S(u))$ est I_σ.

9.2. Soit P un sous-groupe parabolique de G rencontrant xG^o et soit $I = W_P \cap \Pi$. On a donc une relation d'équivalence $\mathcal{R}_P$ sur $W_P^x \subset W^x$. On prolonge $\mathcal{R}_P$ en une relation d'équivalence sur W^x en disant que si $w_o \in W^x$ est $(\emptyset\text{-}I)$-réduit (4.2) et si $w, w' \in w_o W_P^x$ sont tels que $w_o^{-1} w \simeq_P w_o^{-1} w'$, alors w et w' sont équivalents. On note aussi $\mathcal{R}_P$ cette relation d'équivalence et on écrit $w \simeq_P w'$.

9.3. LEMME. <u>Soit</u> P <u>un sous-groupe parabolique de</u> G <u>rencontrant</u> xG^o. <u>Si</u> $w, w' \in W^x$ <u>sont tels que</u> $w \simeq_P w'$, <u>alors</u> $w \simeq_G w'$.

On peut supposer G réductif. Soit $I = W_P \cap \Pi$. On peut supposer aussi que $P \supset B$. Soit L l'unique sous-groupe de Levi de P contenant T. Alors $B' = B \cap L$ est un sous-groupe de Borel de L. Soit $V_L = V_1 \cap xL^o$, et pour tout $w \in W_L^x \subset W^x$ soit $V_{L,w} = V_L \cap V_w$. Il est facile de vérifier que les variétés $V_{L,w}$ sont celles qui interviennent dans la définition de la relation d'équivalence $\mathcal{R}_L$ sur W_L^x (qui s'identifie à la relation d'équivalence $\mathcal{R}_P$ sur W_P^x).

Soit $w_o \in W^x$ un élément (Ø-I)-réduit et soient $w, w' \in W_P^x$ des éléments tels que $w \simeq_P w'$. Il faut montrer que $w_o w \simeq_G w_o w'$. Soit $w_1 = w_o w_P$. Soient n_o et n_1 des représentants de w_o et w_1 respectivement. Puisque w_o est (Ø-I)-réduit, $V_{w_o w} = U_{w_1}(n_o V_{L,w} n_o^{-1})$ et $V_{w_o w'} = U_{w_1}(n_o V_{L,w'} n_o^{-1})$, où $U_{w_1} = U \cap n_1 U n_1^{-1}$. Comme $w \simeq_P w'$, on a $\overline{(B')\cdot V_{L,w}} = \overline{(B')\cdot V_{L,w'}}$, où l'on note $g\cdot x$ l'action par conjugaison $(g,x) \mapsto gxg^{-1}$ de G sur lui-même. Il est facile de vérifier que $B'_o = n_o B' n_o^{-1}$ est un sous-groupe de B qui normalise U_{w_1} . Par conséquent $\overline{(B'_o)\cdot V_{w_o w}} = \overline{(B'_o)\cdot V_{w_o w'}}$, et cela montre que $\overline{B\cdot V_{w_o w}} = \overline{B\cdot V_{w_o w'}}$. On a donc bien $w_o w \simeq_G w_o w'$.

9.4. Pour tout entier n on définit une nouvelle relation d'équivalence R_n sur W^x par les propriétés suivantes : pour tout sous-groupe parabolique P de G rencontrant xG^o , R_n est moins fine que R_P si $W_P \cap \Pi$ est formé d'au plus n x-orbites, et R_n est la plus fine des relations d'équivalence sur W^x qui vérifient cette condition. On note $w \simeq_n w'$ cette relation. Il est clair que $w \simeq_1 w' \Leftrightarrow w = w'$ et que $w \simeq_n w' \Rightarrow w \simeq_{n+1} w' \Rightarrow w \simeq w'$.

9.5. PROPOSITION. <u>Supposons que</u> $G = GL_n$. <u>Alors</u> $R = R_2$.

La relation d'équivalence R_2 est la plus fine des relations d'équivalence sur W qui ont la propriété suivante : si $w \in W$ et $s, t \in \Pi$ sont tels que $\ell(w) < \ell(ws) < \ell(wst) < \ell(wsts)$, alors ws et wst sont équivalents. Identifions W à $\mathfrak{S}_n$, le groupe des permutations de $\{1,\ldots,n\}$. La relation d'équivalence sur $\mathfrak{S}_n$ correspondant à R_2 a été étudiée par Knuth [17]. En particulier le nombre de classes d'équivalence pour R_2 est égal au nombre de tableaux standards qu'on peut obtenir à partir de partitions de n . C'est aussi le nombre de classes d'équivalence pour R . Comme R_2 est plus fine que R , on a donc $R = R_2$.

9.6. Si $G = SO_8$, $\mathcal{R}_2 = \mathcal{R}_3 \neq \mathcal{R}$. Si $G = Sp_{2n}$ $(n \geq 2)$, on peut montrer que $\mathcal{R}_{n-1} \neq \mathcal{R}$. En effet, si P est un sous-groupe parabolique de Sp_{2n} qui a un sous-groupe de Levi de type C_{n-1} et si $s_1 \in \Pi$ est comme au paragraphe 6, alors la classe d'équivalence de $w_P s_1$ est formée d'un seul élément pour $\mathcal{R}_{n-1}$, et de $(n-1)$ éléments pour $\mathcal{R}$. Le cas où $n = 2$ se traite à part.

9.7. Considérons une suite d'entiers naturels $\lambda_1, \lambda_2, \ldots$ tels que $\sum_{i \geq 1} \lambda_i = n$. Ici la suite $\lambda_1, \lambda_2, \ldots$ n'est pas supposée décroissante. On associe à cette suite un diagramme dont les lignes sont de longueur $\lambda_1, \lambda_2, \ldots$ (les diagrammes ainsi obtenus sont donc plus généraux que ceux considérés jusqu'ici). On obtient un tableau en plaçant les entiers $1, 2, \ldots, n$ dans le diagramme. Si t est un tableau, on note $t_{i1}, t_{i2}, \ldots, t_{i\lambda_i}$ la suite formée par la ligne i de t . Supposons qu'une ligne de t au moins ne soit pas une suite croissante. Soit alors i le plus grand entier tel que la ligne i ne soit pas croissante, soit j le plus petit entier tel que $t_{i1}, t_{i2}, \ldots, t_{ij}$ ne soit pas croissante et soit h le plus petit entier tel que $t_{ih} > t_{ij}$. On définit alors un nouveau tableau t' dont les lignes sont de longueur $\lambda_1, \lambda_2, \ldots, \lambda_{i-1}, \lambda_i - 1, \lambda_{i+1} + 1, \lambda_{i+2}, \ldots$ en plaçant t_{ih} à l'extremité de la ligne $i+1$ de t , en plaçant t_{ij} à la place précédemment occupée par t_{ih} dans la ligne i et en décalant $t_{i,j+1}, \ldots, t_{i,\lambda_i}$. La ligne i de t' est donc $t_{i1}, \ldots, t_{i,h-1}, t_{ij}, t_{i,h+1}, \ldots t_{i,j-1}, t_{i,j+1}, \ldots, t_{i,\lambda_i}$. La ligne $i+1$ de t' est $t_{i+1,1}, \ldots, t_{i+1,\lambda_{i+1}}, t_{ih}$.

Cette opération $t \mapsto t'$ peut être répétée un nombre fini de fois, après quoi on obtient un tableau $f(t)$ dont toutes les lignes sont des suites croissantes.

Soit $w : i \mapsto w_i$ une permutation de $\{1, \ldots, n\}$. On prend la suite $w_1, \ldots, w_n$ comme première ligne d'un tableau dont les lignes ont longueur n,o,o,... et on identifie w à ce tableau. L'application

w ↦ f(w) est la correspondance de Robinson.

Il existe plusieurs définitions de cette application. Nous aurons besoin des propriétés suivantes (voir par exemple [27], où d'autres
références sont aussi indiquées) :

a) pour tout w ∈ $\mathfrak{S}_n$, f(w) est un tableau standard. De plus les tableaux

standards f(w) et f(w^{-1}) correspondent à la même partition de n .

b) Soit λ une partition de n et soient s , t ∈ St(λ) des tableaux stan-

dards. Alors il existe un unique w ∈ $\mathfrak{S}_n$ tel que f(w) = s et f(w^{-1}) = t .

c) Considérons la relation d'équivalence R_2 sur $\mathfrak{S}_n$ (identifié au grou-

pe de Weyl de GL$_n$) . Alors w ≈ w' si et seulement si f(w) = f(w') .

La propriété (c) est le résultat de Knuth [17] utilisé pour démontrer (9.5).

9.8. PROPOSITION. <u>Soit</u> G = GL$_n$, <u>soit</u> u ∈ C$_\lambda$ <u>un élément unipotent de</u> G

<u>et soit</u> Q(u) = $\mathcal{P}$(S(u) × S(u)). <u>Identifions les groupes</u> W <u>et</u> $\mathfrak{S}_n$. <u>Alors</u>

<u>la correspondance de Robinson</u> R : w → R(w) = (f(w),f(w^{-1})) <u>donne un dia-</u>

<u>gramme commutatif</u>

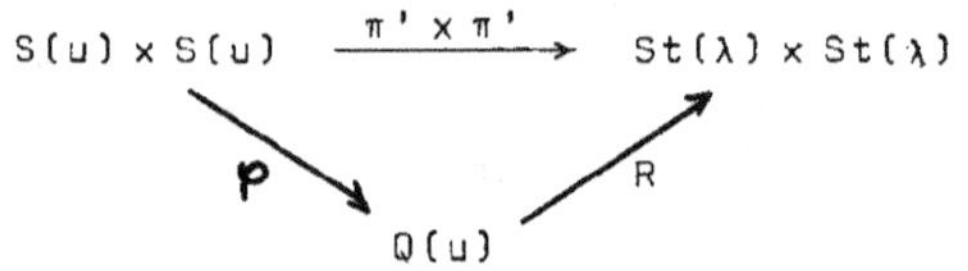

$$S(u) × S(u) \xrightarrow{\;\pi' × \pi'\;} St(λ) × St(λ)$$
$$\mathcal{P} \searrow \qquad \nearrow R$$
$$Q(u)$$

<u>où</u> π' : S(u) → St(λ) <u>est la bijection définie en</u> (5.21).

On prend G = GL(V) , où V est un espace vectoriel sur k de

dimension n , et on identifie B^G à la variété F des drapeaux complets

de V . Pour éviter les confusions, notons σ,τ,... les éléments de S(u)

et s,t,... les éléments de St(λ) . Rappelons qu'on a défini deux bi-

jections π et π' de S(u) dans St(λ) . Soit $\tilde{G}$ = G(V) (I.2.7) et

soit a le générateur de C$_{\tilde{G}}^\lambda$(u)/C$_G$(u) . Si σ,τ ∈ S(u) , alors

$\pi'(\sigma) = \pi(a\sigma)$ et $\varphi(a\sigma,a\tau) = w_G\varphi(\sigma,\tau)w_G$.

La correspondance entre les G-orbites dans $\mathcal{F}\times\mathcal{F}$ et les éléments de $\mathfrak{S}_n$ peut être décrite géométriquement comme suit. Si w est la position relative de $F = (F_0,F_1,\dots,F_n)$ et $F' = (F'_0,F'_1,\dots,F'_n)$, alors pour $1 \leq i \leq n$ on a $w(i) = j$ si et seulement si $F'_i/F'_{i-1} \subset (F_j+F'_{i-1})/F'_{i-1}$ et $F'_i/F'_{i-1} \not\subset (F_{j-1}+F'_{i-1})/F'_{i-1}$. Cela se vérifie facilement en remarquant que d'après le lemme de Bruhat il existe une base $(e_1,\dots,e_n)$ de V telle que pour $1 \leq i \leq n$ on ait $F_i = F_{i-1} \oplus ke_i$ et $F'_i = F'_{i-1} \oplus ke_{w(i)}$.

Soit $X_\rho = \{F \in \mathcal{F} \mid F_{n-\lambda_1^*-\dots-\lambda_x^*} = \mathrm{Im}(u-1)^x$ pour tout $x \in \mathbb{N}\}$. Il est clair que X_ρ est une composante irréductible de $\mathcal{F}_u$.

Considérons un tableau standard $s \in St(\lambda)$. On associe comme en (5.3) une sous-variété X_s de $\mathcal{F}_u$ au tableau s . Par définition de X_s , on a $F'_i/F'_{i-1} \subset (\mathrm{Im}(u-1)^{x-1} + F'_{i-1})/F'_{i-1}$ et $F'_i/F'_{i-1} \not\subset (\mathrm{Im}(u-1)^x + F'_{i-1})/F'_{i-1}$ si $F' \in X_s$ et si $n-i+1$ se trouve dans la colonne x du tableau s. Supposons de plus que $n-i+1$ se trouve dans la ligne y du tableau s. Il existe alors $F \in X_\rho$ tel que $(F_{n-\lambda_1^*-\dots-\lambda_x^*+y}+F'_{i-1})/F'_{i-1} = (\mathrm{Im}(u-1)^{x-1}+F'_{i-1})/F'_{i-1}$ et $(F_{n-\lambda_i^*-\dots-\lambda_x^*+y-1}+F'_{i-1})/F'_{i-1} \neq F'_i/F'_{i-1}$, et les éléments de X_ρ qui ont cette propriété forment un ouvert dense de X_ρ . Soit $X_\sigma = \overline{X}_s$. Alors X_σ est une composante irréductible de $\mathcal{F}_u$, et les résultats ci-dessus montrent que si $w' = \varphi(\rho,\sigma)$, alors $w'(n-i+1) = n-\lambda_1^*-\dots-\lambda_x^*+y$. Soit $w = \varphi(a\rho,a\sigma) = w_G w' w_G$. On a donc $w(i) = \lambda_1^*+\dots+\lambda_x^*-y+1$ si i se trouve dans la colonne x et dans la ligne y du tableau s . On déduit alors facilement de la définition de f que $f(w^{-1}) = s$. Par construction $s = \pi(\sigma)$. On a donc aussi $s = \pi'(a\sigma)$, et comme $\varphi(a\rho,a\sigma)^{-1} = \varphi(a\sigma,a\rho)$, on en déduit que $f(\varphi(a\sigma,a\rho)) = \pi'(a\sigma)$, et donc aussi que $f(\varphi(\sigma,a\rho)) = \pi'(\sigma)$.

Soit $\tau \in S(u)$. Alors $\varphi(\sigma,\tau)$ et $\varphi(\sigma,a\rho)$ sont équivalents, et d'après (9.7) on a donc $f(\varphi(\sigma,\tau)) = f(\varphi(\sigma,a\rho)) = \pi'(\sigma)$. De plus $f(\varphi(\sigma,\tau)^{-1}) = f(\varphi(\tau,\sigma)) = \pi'(\tau)$. Donc $R(\varphi(\sigma,\tau)) = (\pi'(\sigma),\pi'(\tau))$.

9.9. Soit V un espace vectoriel de dimension N, soit $G = G(V)$ et soit $x \in G - GL(V)$. On peut identifier le groupe de Weyl W de G à $\mathfrak{S}_n$ et W^x au centralisateur dans $\mathfrak{S}_n$ de $w_0 : i \mapsto N-i+1$. En considérant les éléments unipotents de $GL(V)$ on obtient d'après (9.1) une relation d'équivalence $\mathcal{R}$ sur W. Soit $\mathcal{S}$ la restriction de $\mathcal{R}$ à W^x. Si $u \in GL(V)$ est unipotent, on peut choisir x de telle sorte que $xux^{-1} = u$, et alors $a = x\,C_{GL(V)}(u)$ engendre $A(u)$. Si $\sigma, \tau \in S(u)$ sont tels que $\varphi(\sigma,\tau) \in W^x$, on doit avoir $\varphi(\sigma,\tau) = \varphi(a\sigma, a\tau)$, d'où $\sigma = a\sigma$ et $\tau = a\tau$. Soit $S(u)^{A(u)} = \{\sigma \in S(u) \mid a\sigma = \sigma\}$. Les classes d'équivalences pour $\mathcal{S}$ sont les sous-ensembles de la forme $\varphi(\{\sigma\} \times S(u)^{A(u)})$ avec $\sigma \in S(u)^{A(u)}$ (rappelons qu'une condition nécessaire et suffisante pour avoir $S(u)^{A(u)} \neq \emptyset$ est donnée en (5.21)). En particulier chaque classe d'équivalence de $\mathcal{S}$ contient une unique involution et si $u_1, \ldots, u_m$ sont des représentants des classes unipotentes dans $GL(V)$ on a :

$$\sum_{1 \leq i \leq m} |S(u_i)^{A(u_i)}| = |\{w \in W^x \mid w^2 = 1\}|$$

$$\sum_{1 \leq i \leq m} |S(u_i)^{A(u_i)}|^2 = |W^x| .$$

On peut montrer que l'entier $|S(u_i)^{A(u_i)}|$ est la dimension d'une représentation irréductible de W^x s'il n'est pas nul .

10. Groupes exceptionnels.

Dans ce paragraphe, G est réductif et $x \in G$ est un élément unipotent qui normalise B et T. On généralise au cas où G n'est pas connexe des résultats de Steinberg et Tits sur les éléments réguliers et sous-réguliers. On décrit aussi dans certains cas la variété $\mathcal{B}_u^G$ quand sa dimension est 2. On étudie les classes unipotentes qui proviennent de la symétrie d'ordre 2 du graphe E_6 quand $p = 2$. On montre qu'on a l'égalité dans (2.5).

10.1. Le groupe G n'ayant qu'un nombre fini de classes unipotentes, il existe une unique G^o-classe dense dans $\mathcal{U}(xG^o)$, puisque cette variété est irréductible. On dit que c'est la G^o-classe unipotente <u>régulière</u> contenue dans xG^o et que ses éléments sont réguliers (dans G) (I.4.8).

10.2. PROPOSITION. <u>Soit</u> $u \in xG^o$ <u>un élément unipotent. Les conditions suivantes sont équivalentes</u> :

a) u <u>est régulier</u>.

b) $\dim C_G(u) = rg_u(G)$.

c) $\dim \mathcal{B}_u^G = 0$.

d) $|\mathcal{B}_u^G| = 1$.

e) u <u>est conjugué à un élément de la forme</u>

$x \prod_{1\leq i\leq r} x_{\alpha_i}(1) \prod_{h(\lambda)\geq 2} x_\lambda(c_\lambda)$, <u>où</u> $\{\alpha_1,\ldots,\alpha_r\}$ <u>est un système de représentants des</u> x-<u>orbites dans</u> Π'.

Les conditions (a) et (b) sont équivalentes puisque $\mathrm{codim}_G \mathcal{U}(uG^o) = rg_u(G)$ (I.1.6). Les conditions (c), (d) et (e) sont équivalentes en vertu de (1.2) et (1.3). D'après (2.5), (b) $\Rightarrow$ (c). Il suffit donc de montrer que (e) $\Rightarrow$ (b). Soit $P = N_G(B)$, $L = N_P(T)$ et $C = c\ell_T(x)$. D'après (3.2), $\tilde{C} = \mathrm{Ind}_{L,P}^G(C)$ est la classe unipotente régulière dans xG^o. Mais C est une L^o-classe distinguée dans L. La description de $xU_P \cap \tilde{C}$ donnée par (3.16) montre que (e) $\Rightarrow$ (b).

10.3. Soit C une G^o-classe unipotente contenue dans xG^o. On dit que C est une G^o-classe <u>sous-régulière</u> (et que ses éléments sont sous-réguliers) si $\overline{C}$ est une composante irréductible de la variété des éléments unipotents non réguliers de xG^o.

Si u est un élément unipotent non régulier de xG^o, alors $\dim \mathcal{B}_u^G \geq 1$, $\dim C_G(u) \geq 2 + rg_u(G)$ (2.5) et il existe $s \in \Pi$ tel que $\mathcal{B}_u^G$ contienne une droite de type s. Soit $P \in \mathcal{P}^o_{o(s)}$ et soit C la G^o-

classe de Richardson associée à P . Alors $u \in \overline{C}$. Si de plus $u \in C$, alors d'après (3.2) $\dim \mathcal{B}_u^G = 1$ et $\dim C_G(u) = 2 + rg_u(G)$, et comme il n'y a qu'un nombre fini de classes unipotentes, cela montre que C est une G^o-classe sous-régulière et que toutes les G^o-classes sous-régulières sont de ce type.

Soit $u \in xG^o$ un élément unipotent sous-régulier. Alors $\mathcal{B}_u^G$ est une réunion de droites de divers types. Pour dire quelles sont ces droites et décrire leurs intersections, on se ramène facilement au cas où Π est la réunion de 2 orbites pour l'action de u . Ce cas est discuté dans la proposition suivante. En l'utilisant, on trouve par exemple que si G est connexe de type F_4 et $p \neq 2$, alors $\mathcal{B}_u^G$ a l'aspect suivant :

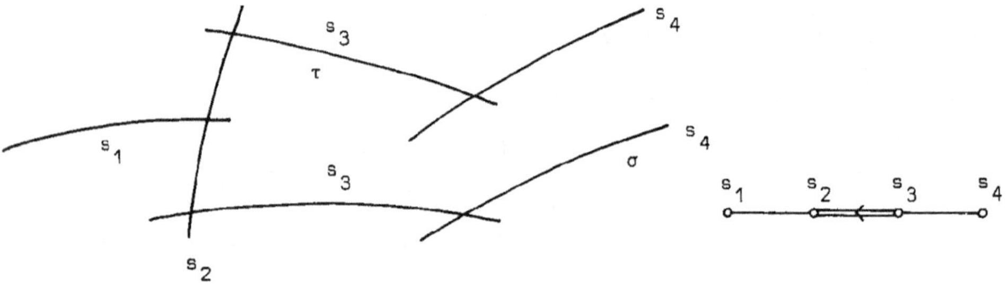

Remarquons que d'après (2.10) par exemple, $A_o(u)$ agit transitivement sur l'ensemble des droites de type s contenues dans $\mathcal{B}_u^G$, si cet ensemble n'est pas vide. On peut donc lire sur la figure l'action de $A_o(u)$ sur $S(u)$. Il est facile aussi dans ce cas de décrire l'application $\varphi : S(u) \times S(u) \to W$. Si σ, τ sont deux des droites qui forment $\mathcal{B}_u^G$, il suffit de suivre le plus court chemin de σ à τ dans $\mathcal{B}_u^G$. Par exemple, si σ et τ sont les composantes indiquées sur la figure, $\varphi(\sigma,\tau) = s_4 s_3 s_2 s_3$.

10.4. PROPOSITION. Supposons que Π soit formé de deux x-orbites distinctes o(s) et o(t) . Soit $u \in xG^o$ un élément unipotent et soit L une droite de type s contenue dans $\mathcal{B}_u^G$. Dans ce cas :

a) si s* et t* ne commutent pas, alors L rencontre une droite de type t contenue dans $\mathcal{B}_u^G$;

b) si s* et t* commutent, ou bien L ne rencontre aucune droite de type t contenue dans $\mathcal{B}_u^G$, ou bien chaque point de L appartient à une droite de type t contenue dans $\mathcal{B}_u^G$.

De plus, dans chacun des cas ci-dessous les G^o-classes unipotentes de xG^o et les variétés $\mathcal{B}_u^G$ sont les suivantes (l'action de x sur $\Delta(G^o)$ étant indiquée par des flèches si elle n'est pas triviale) :

$\Delta(G^o)$	classes unipotentes	dim $\mathcal{B}_u$	$\lvert S(u)\rvert$	figure
b$_1$) o o (s t)	C_o régulière	0	1	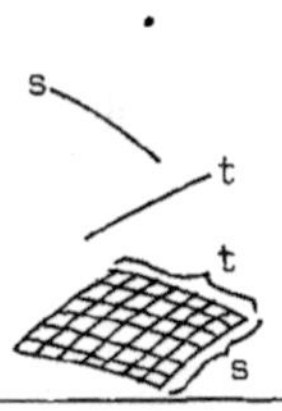
	C_1 sous-régulière	1	1	
	C_2 sous-régulière	1	1	
	C_3 quasi-semi-simple	2	1	
b$_2$) o—o (s t)	C_o régulière	0	1	
	C_1 sous-régulière	1	2	
	C_2 quasi-semi-simple	3	1	
b$_3$) (s t) (p≠2); (s t) (p=2)	C_o régulière	0	1	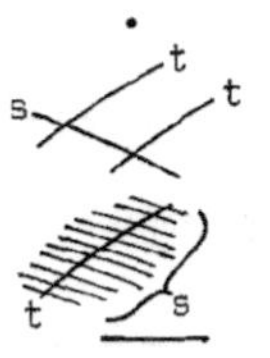
	C_1 sous-régulière	1	3	
	C_2	2	1	
	C_3 quasi-semi-simple	4	1	

$\Delta(G^o)$	classes unipotentes	dim $\mathcal{B}_u$	$\lvert S(u)\rvert$	figure
b$_4$) 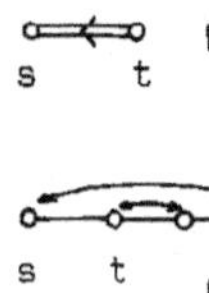 (p=2) (p=2)	 C_o régulière	0	1	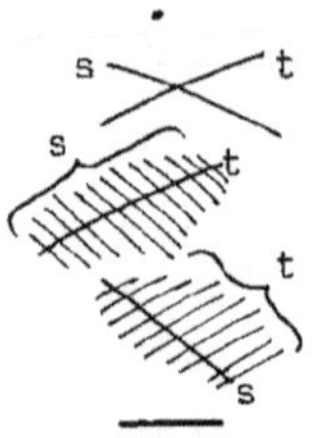
	C_1 sous-régulière	1	2	
	C_2	2	1	
	C_3	2	1	
	C_4 quasi-semi-simple	4	1	
b$_5$) 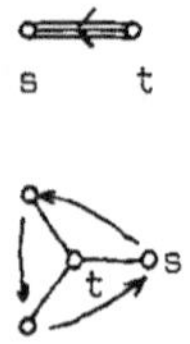 (p≠3) (p=3)	 C_o régulière	0	1	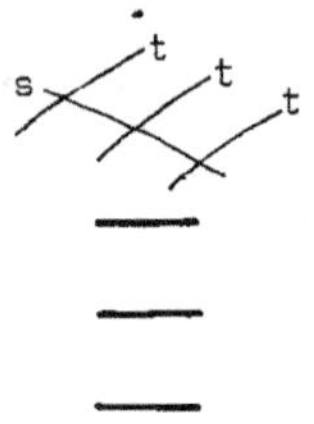
	C_1 sous-régulière	1	4	
	C_2	2	2	
	C_3	3	1	
	C_4 quasi-semi-simple	6	1	
b$_6$)  (p=3)	 C_o régulière	0	1	
	C_1 sous-régulière	1	2	
	C_2	2	2	
	C_3	3	1	
	C_4	3	1	
	C_5 quasi-semi-simple	6	1	

(<u>Une figure comme celle donnée dans le cas</u> (b$_3$), $u \in C_2$, <u>signifie qu'il y a dans</u> $\mathcal{B}_u^G$ <u>une unique droite de type</u> t <u>et que</u> $\mathcal{B}_u^G$ <u>est une réunion de droites de type</u> s <u>qui rencontrent cette droite de type</u> t). <u>Les diagrammes dans la deuxième colonne donnent la relation d'ordre dans</u> $\mathcal{CU}(xG^o)$. <u>Dans chacun des cas ci-dessus</u>, $\dim C_G(u) = 2\dim \mathcal{B}_u^G + rg_u(G)$.

On se ramène facilement aux cas considérés dans la table. Quand l'action de x sur $\Delta(G^o)$ est triviale, (a) et (b) sont démontrés dans [42, pp. 140-155], ainsi qu'une partie des informations contenues dans la table. Le cas des G^o-classes unipotentes provenant de l'automorphisme d'ordre 3 du graphe D_4 quand $p = 3$ a été traité en détail plus haut (I.3). Dans les cas (1) à (4) la proposition se démontre facilement à l'aide des résultats obtenus pour les groupes classiques. Il reste le cas des groupes de type G_2, pour lesquels on peut procéder comme en (I.3). Les détails sont omis.

10.5. COROLLAIRE. Les G^o-classes unipotentes sous-régulières contenues dans xG^o sont en correspondance bijective avec les x-orbites dans l'ensemble des composantes connexes de $\Delta(G^o)$.

Cela découle de (10.3) et (10.4).

10.6. PROPOSITION. Soit $u \in xG^o$ un élément unipotent. Les conditions suivantes sont équivalentes :

(a) u est sous-régulier ;

(b) $\dim C_G(u) = 2 + rg_u(G)$;

(c) $\dim \mathcal{B}_u^G = 1$;

(d) il existe $s \in \Pi$ tel que $c\ell_{G^o}(u)$ soit la G^o-classe de Richardson associée à P , où $P \in \mathcal{P}^o_{o(s)}$.

On déduit de (10.3) que (a), (b) et (d) sont des conditions équivalentes, et d'après (2.5) et (10.2), (b) $\Rightarrow$ (c). Il suffit de montrer que (c) $\Rightarrow$ (b). C'est vrai pour les groupes classiques puisque dans ce cas, $\dim C_G(u) = 2\dim \mathcal{B}_u^G + rg_u(G)$ ((5.6) et (6.5)). On montre à l'aide de calculs semblables à ceux faits en (I.3) que c'est vrai pour les groupes connexes de type G_2. Pour les groupes connexes de type F_4, E_6, E_7 ou E_8 on utilise le fait que les classes sous-régulières des groupes Sp_6 et SO_8 sont distinguées. Si $\dim \mathcal{B}_u^G = 1$, il existe un sous-groupe parabolique $P \ni u$ de G tel que $\dim \mathcal{B}_u^P = 1$ et tel que P ait un sous-groupe de Levi de type C_3 si G est de type F_4 , et de type D_4 si G est de type E_6, E_7 ou E_8 . Soit u_o l'élément de L tel que $u \in u_o U_P$. Alors dim $\mathcal{B}^L_{u_o} = 1$, donc u^o est sous-régulier dans L et $\tilde{C} = \mathrm{Ind}_L^G(c\ell_L(u_o))$ est sous-régulière dans G . En choisissant B et T de façon à pouvoir utiliser (3.16), on voit que si $u \notin \tilde{C}$, alors $u \in U_Q$, où Q est un sous-groupe parabolique de G tel que $|W_Q \cap \Pi| \geq 2$, d'où $\dim \mathcal{B}^G_u \geq 2$, ce qui est absurde. On a donc $u \in \tilde{C}$, et $\dim C_G(u) = 2 + rg_u(G)$.

Pour démontrer le lemme complétement, il reste à considérer le cas des classes unipotentes fournies par l'automorphisme d'ordre 3 du graphe D_4 quand $p = 3$ et le cas des classes unipotentes provenant de l'automorphisme d'ordre 2 du graphe E_6 quand $p = 2$. Le premier cas a déjà été traité (I.3). Dans le second cas, on procède comme pour F_4 , en constatant que si V est un espace vectoriel de dimension 6 , alors il existe dans $G(V) - GL(V)$ une unique classe unipotente sous-régulière, et que cette classe est distinguée ($p = 2$) .

10.7. PROPOSITION. *Supposons que* $\Delta(G^o)$ *soit connexe, de type autre que* A_1 *ou* A_2 . *Alors* $X_2 = \{u \in \mathcal{U}(xG^o) \mid \dim C_G(u) = 4 + rg_u(G)\}$ *est un ouvert dense dans la variété des éléments unipotents de* xG^o *qui ne sont ni réguliers ni sous-réguliers. Si* $u \in X_2$, *il existe un sous-groupe parabolique* P *de* G *rencontrant* xG^o *tel que* $W_P \cap \Pi$ *soit la réunion de deux* x*-obites dans* Π *et une* L^o*-classe unipotente* C *dans un sous-groupe de Levi* L *de* P *tels que* $c\ell_{G^o}(u) = \mathrm{Ind}_L^G(C)$. *Si* G^o *est de type* D_4 *et* x *agit trivialement sur* $\Delta(G^o)$, X_2 *est formé de* 3 G^o*-classes qui sont toutes des* G^o*-classes de Richardson. Dans les cas suivants, il y a exactement deux* G^o*-classes dans* X_2 :

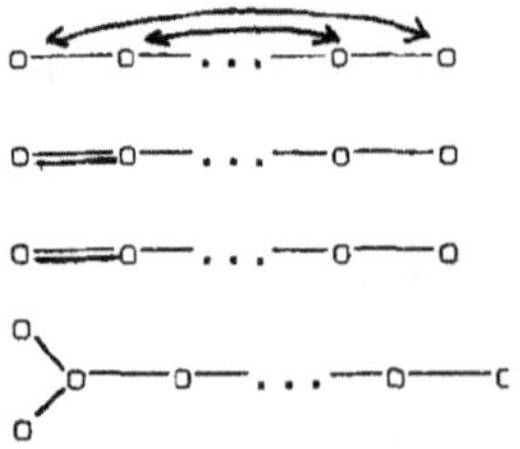

A_n — $n \geq 4$, $p = 2$

B_n — $n \geq 2$, $p = 2$

C_n — $n \geq 3$

D_n — $n \geq 5$

(*l'action de* x *étant indiquée par des flèches si elle n'est pas trivia-*

le). Si G^o est de type D_n $(n \geq 5)$ ces deux G^o-classes sont des G^o-classes de Richardson. Si $p = 2$ et si G est de type B_2 ou A_4 (avec une action non triviale de x), elles ne sont pas des classes de Richardson. Dans les autres cas l'une est une G^o-classe de Richardson et l'autre pas.

Dans tous les autres cas X_2 est une seule G^o-classe, et c'est une G^o-classe de Richardson si et seulement si Π contient au moins trois x-orbites.

Si $u \in xG^o$ n'est ni régulier ni sous-régulier, alors il existe un sous-groupe parabolique P de G contenant u tel que $W_P \cap \Pi$ soit formé de deux x-orbites dans Π et tel que $\dim \mathcal{B}_u^P \geq 2$. Dans le cas contraire on aurait en effet $\dim \mathcal{B}_u^G = 1$, ce qui est exclu d'après (10.2) et (10.4). Soit L un sous-groupe de Levi de P.

Supposons que L^o soit de type A_2 et que u agisse trivialement sur W_P, ou que L^o soit de type $A_2 + A_2$ et que u agisse non trivialement sur W_P. Les hypothèses du corollaire montrent qu'il existe $r, s, t \in \Pi$ tels que $W_P \cap \Pi = o(s) \cup o(t)$, $r \notin W_P$ et $(r^*s^*)^2 \neq 1$ (dans ce cas r^* et t^* commutent). Remarquons que uU_P est quasi-semi-simple dans P/U_P. Soit L_o une droite de type s contenue dans $\mathcal{B}_u^P$. D'après (10.6) il existe une droite L_1 de type r contenue dans $\mathcal{B}_u^G$ qui rencontre L_o. Soit $\{B'\} = L_o \cap L_1$. Comme uU_P est quasi-semi-simple dans P/U_P, il existe une droite L_2 de type t passant par B' contenue dans $\mathcal{B}_u^G$. Comme $L_1 \cap L_2 = \{B'\}$ et $(r^*t^*)^2 = 1$, on voit d'après (10.6) que si $P' \in \mathcal{P}^o_{o(r) \cup o(t)}$ est tel que $P \supset B'$, alors $\dim \mathcal{B}_u^{P'} = 2$. On peut donc supposer que L^o n'est ni de type A_2, ni de type $A_2 + A_2$ avec une action non triviale de x sur $\Delta(L^o)$.

Soit u_o l'élément de L tel que $u \in u_o U_P$. D'après (10.6) il existe une L^o-classe unipotente C de L telle que $u_o \in C$ et $\dim C_G(u') = 4 + rg_{u'}(L)$ pour tout $u' \in C$. Alors u appartient à l'adhérence de $\tilde{C} = \mathrm{Ind}_{L,P}^{G}(C)$, $\tilde{C} \subset X_2$, et si de plus $\dim C_G(u) = 4 + \mathrm{rg}_u(G)$, alors $u \in \tilde{C}$. Cela montre que X_2 est un ouvert dense de la variété des éléments unipotents de xG^o qui ne sont ni réguliers ni sous-réguliers et que X_2 est bien une réunion de G^o-classes du type désiré.

Supposons que $u \in \tilde{C} = \mathrm{Ind}_{L}^{G}(C)$. Supposons que $\Delta(G^o)$ et l'action de x sur $\Delta(G^o)$ soient donnés par

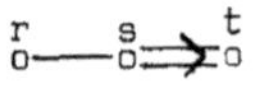

$(p \neq 2)$ ou
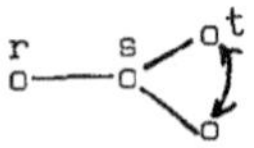

$(p = 2)$

et que P , L , C correspondent au cas (3) de (10.6) (avec $C = C_2$) . Soit L_o l'unique droite de type s contenue dans $\mathcal{B}_u^P$. D'après (10.6) L_o rencontre en un point B' une droite L_1 de type t contenue dans $\mathcal{B}_u^G$. Comme $L_1 \cap L_2 = \{B'\}$, on déduit de (10.6) que si $P' \in \mathcal{P}^o_{o(r) \cup o(t)}$ et $P' \supset B'$, alors $\dim \mathcal{B}_u^{P'} = 2$ et cela montre que $c\ell_G(u)$ est la G^o-classe de Richardson associée à P' .

En utilisant (3.6), on voit alors que le nombre de G^o-classes contenues dans X_2 est au plus celui donné par l'énoncé du corollaire, et les résultats obtenus jusqu'ici sur les groupes classiques permettent de vérifier les assertions restantes.

10.8. Décrivons maintenant les variétés $\mathcal{B}_u^G$ de dimension 2 pour les groupes réductifs connexes dont toutes les racines ont la même longueur. Dans ce cas, si $s , t \in \Pi$ ne commutent pas, (10.6) montre que :

(*) toute droite de type s contenue dans $\mathcal{B}_u^G$ rencontre exactement une droite de type t contenue dans $\mathcal{B}_u^G$.

Soit G un groupe réductif connexe de type D_n $(n \geq 2)$, les éléments de Π étant numérotés comme au paragraphe 6 :

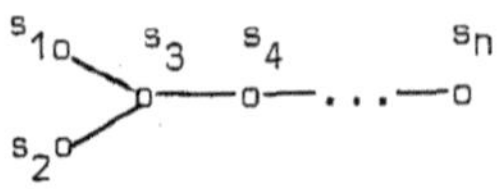

Soit P_2 un sous-groupe parabolique de G tel que $W_{P_2} \cap \Pi = \{s_1, s_2\}$, et pour $3 \leq i \leq n$ soit P_i l'unique sous-groupe parabolique de G tel que $P_i \supset P_2$ et $W_{P_i} \cap \Pi = \{s_1, \dots, s_i\}$.

Soit $u \in U_{P_2}$ un élément de la classe de Richardson associée à P_2 et soit $X_2 = \mathcal{B}^{P_2}$. Alors X_2 est une composante irréductible de $\mathcal{B}_u^G$ formée de droites de type s_1 et s_2 , et qui ne contient aucune droite de type s_i pour $3 \leq i \leq n$. Pour $3 \leq i \leq n$, soit X_i la réunion des droites de type s_i qui rencontrent X_{i-1} .

Montrons que $X_2, X_3, \dots, X_n$ sont les composantes irréductibles de $\mathcal{B}_u^G$.

D'après (*), chaque droite de type s_1 ou s_2 contenue dans X_2 rencontre exactement une droite de type s_3 contenue dans $\mathcal{B}_u^G$. D'après la démonstration de (1.12), la réunion X_3 de ces droites de type s_3 est une réunion de composantes irréductibles de $\mathcal{B}_u^G$. Soit L une droite de type s_1 contenue dans X_2 . On obtient une application f_3 de X_3 dans L de la façon suivante. Si $B' \in X_3$, la droite de type s_3 par B' rencontre X_2 en un point B'' et la droite de type s_2 par B'' rencontre L en $f_3(B')$. On vérifie facilement que f_3 est un morphisme. Soit X_3' une composante irréductible de X_3 . Comme $\dim X_3' = 2$ et X_3' est une variété complète, on a alors $f_3(X_3') = L$, d'où $X_3' = X_3$. Ainsi X_3 est une composante irréductible de $\mathcal{B}_u^G$.

Si $4 \leq i \leq n$, on montre de même que X_i est une composante irréductible de $\mathcal{B}_u^G$ en utilisant le morphisme $f_i : X_i \to L$ qui associe à $B' \in X_i$ l'élément $f_{i-1}(B'')$, où B'' est le point d'intersection de X_{i-1} et de la droite de type s_i passant par B' .

Il reste à voir que $\mathcal{B}_u^G = X_2 \cup X_3 \cup \dots \cup X_n$. Il suffit de montrer que si L' est une droite de type s_i qui rencontre X_j , $(1 \leq i \leq n , 2 \leq j \leq n)$, alors $L' \subset X_2 \cup \dots \cup X_n$. Remarquons que quitte à modifier la numérotation de s_1 et s_2 on peut supposer $i \geq 2$.

Soit L'' une droite de type s_j contenue dans X_j et rencontrant L' . Si $i \geq j+2$, par chaque point de L'' passe une droite de type s_i

contenue dans $\mathcal{B}_u^G$ (10.6), et en particulier il existe une droite de type s_i contenue dans $\mathcal{B}_u^G$ qui rencontre $L'' \cap X_{j-1}$. Par récurrence sur j, on trouve alors qu'il existe une droite de type s_i contenue dans $\mathcal{B}_u^G$ qui rencontre X_2. Mais cela est impossible puisqu'on aurait alors $\dim \mathcal{B}_u^G \geq 3$. Si $i = j+1$, alors $L' \subset X_i$ par définition de X_i. Si $i = j$, on a certainement $L' \subset X_i$. Si $i = j-1$, remarquons que L'' rencontre une droite de type s_i contenue dans X_i, et d'après (*) cette droite doit être L', donc $L' \subset X_i$. Si $i \leq j-2$, il existe une droite de type s_i contenue dans $\mathcal{B}_u^G$ qui rencontre $L'' \cap X_{j-1}$. Par récurrence sur $j-i$, on trouve donc qu'il existe une droite L_1' de type s_i qui rencontre $X_{i+1} \cap X_{i+2}$. Soit L_1'' une droite de type s_{i+1} qui rencontre $L_1' \cap X_{i+1} \cap X_{i+2}$. Alors L_1'' rencontre une droite de type s_i contenue dans X_i, et d'après (*) on doit donc avoir $L_1' \subset X_i$. Par conséquent $X_i \cap X_{i+2} \neq \emptyset$, et il existe une droite de type s_{i+2} qui rencontre X_i, ce qui est impossible comme on l'a vu plus haut.

On a donc bien $\mathcal{B}_u^G = X_2 \cup \ldots \cup X_n$.

On peut se représenter $\mathcal{B}_u^G$ ainsi (pour $n = 4$) :

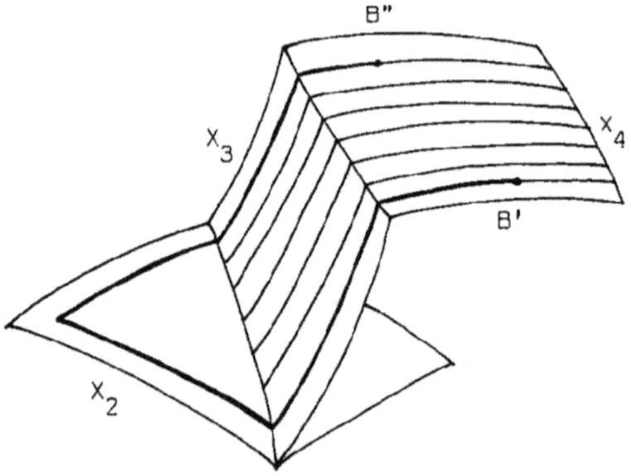

Il est facile dans ce cas de décrire $\varphi : S(u) \times S(u) \to W$. On trouve par exemple $\varphi(X_4, X_4) = s_4 s_3 s_2 s_1 s_3 s_4$. En effet, si B' et B" sont des points de X_4 en position générale (comme sur la figure) le plus court chemin de B' et B" le long des droites de type s_i (pour différents s_i) est donné par cette expression. En général, on trouve : $\varphi(X_i,X_j) = s_i s_{i-1}\dots s_3(s_2s_1)s_3s_4\dots s_{j-1}s_j$. En particulier $\varphi(X_n,X_n) = w_{P_{n-1}}w_G$, ce qui montre que u n'est pas distingué.

Soit $Y = X_2 \cap X_3$ et soit $y_0 \in Y$. Soient L_1 et L_2 les droites de type s_1 et s_2 respectivement passant par y_0, et pour $3 \leq i \leq n$ soit L_i la droite de type s_i contenue dans X_i qui rencontre L_{i-1}. Alors $L_1 \cup L_2 \cup \dots \cup L_n$ est la réunion disjointe de $\{y_0\} \cong \mathbb{A}^0$, $L_1 - \{y_0\} \cong \mathbb{A}^1$, $L_2 - L_1 \cong \mathbb{A}^1, \dots, L_n - L_{n-1} \cong \mathbb{A}^1$, et $\mathcal{B}_u^G - (L_1 \cup \dots \cup L_n)$ est la réunion disjointe de $X_2-(L_1\cup L_2)$, $X_3-(X_2 \cup L_3), \dots, X_n-(X_{n-1}\cup L_n)$. Ces dernières variétés sont isomorphes à $\mathbb{A}^2$. Cela est clair pour $X_2-(L_1\cup L_2)$, en raison de l'isomorphisme $X_2 \cong \mathbb{P}^1 \times \mathbb{P}^1$. Pour $X_i-(X_{i-1}\cup L_i)$ $(3 \leq i \leq n)$, on suppose que $G = SO_{2n}$. Alors $u \in C_{\lambda,\varepsilon}$, où $(\lambda,\varepsilon) = (n-3) \oplus 1^3$ si $p \neq 2$ et $(\lambda,\varepsilon) = (n-4) \oplus 2 \oplus 1^2$ si $p = 2$. En appliquant les méthodes du paragraphe 6, il est facile de décrire $X_n - X_{n-1}$, et on trouve bien que $X_n - (X_{n-1} \cup L_n)$ est isomorphe à $\mathbb{A}^2$. Dans le cas général on remplace G par P_i/U_{P_i} (en remarquant que $\mathcal{B}_u^{P_i} = X_2 \cup \dots \cup X_i$) pour se ramener au cas où $i = n$.

On obtient ainsi une filtration de $\mathcal{B}_u^G$ par des sous-espaces fermés $\emptyset \subset Y_1 \subset Y_2 \subset \dots \subset Y_{2n} = \mathcal{B}_u^G$ tels que $Y_1 \cong \mathbb{A}^0$, $Y_i - Y_{i-1} \cong \mathbb{A}^1$ si $2 \leq i \leq n+1$ et $Y_i - Y_{i-1} \cong \mathbb{A}^2$ si $n+2 \leq i \leq 2n$.

Remarquons encore qu'aucune des composantes irréductibles de $\mathcal{B}_u^G$ n'est à la fois réunion de droites de type s_1 et s_4. Par conséquent si Q est un sous-groupe parabolique de G tel que $W_Q \cap \Pi = \{s_1, s_4\}$, alors la classe de Richardson associée à Q ne contient pas u. On retrouve ainsi l'une des assertions de (10.7).

10.9. Supposons maintenant que G soit connexe de type $A_\ell (\ell \geq 3)$, $D_\ell (\ell \geq 2)$ ou $E_\ell (6 \leq \ell \leq 8)$ et que $u \in G$ soit tel que $\dim \mathcal{B}_u^G = 2$. On a déjà démontré que si G est de type A_ℓ ou D_ℓ, alors $\dim C_G(u) = 2\dim \mathcal{B}_u^G + rg(G)$

(5.6), (6.5), et on verra en (10.15) que la même chose est vraie si G est de type E_ℓ.

Soit E l'ensemble des sous-groupes paraboliques P de G tels que $\mathcal{B}^P$ soit une composante irréductible de $\mathcal{B}_u^G$ et soit $E' = \{W_P \cap \Pi \mid P \in E\}$. On sait que E n'est pas vide.

Considérons un élément P de E. Alors $W_P \cap \Pi$ est formé de deux éléments, disons s_1 et s_2, qui commutent.

Considérons les sous-groupes $Q' \supset P$ de G tels que :

1) Si $|W_{Q'} \cap \Pi| = i$, alors $Q'/U_{Q'}$ est de type D_i $(i \geq 2)$;

2) s_1 et s_2 sont des extrémités du graphe $\Delta_0(Q'/U_{Q'})$ et si $i \geq 3$ il existe un élément s_3 de ce graphe adjacent à s_1 et à s_2.

Il est clair que l'ensemble de ces sous-groupes est totalement ordonné par inclusion. Soit $Q = Q(P)$ son plus grand élément. Alors $\mathcal{B}_u^Q$ est une variété du type considéré en (10.8). Si $|W_Q \cap \Pi| = n$, $\mathcal{B}_u^Q$ est donc la réunion de (n-1) composantes irréductibles de $\mathcal{B}_u^G$.

En prenant les différents sous-groupes paraboliques P de G tels que $\mathcal{B}^P$ soit une composante irréductible de $\mathcal{B}_u^G$ et les sous-groupes paraboliques $Q \supset P$ correspondants, on obtient une famille de composantes irréductibles de $\mathcal{B}_u^G$.

10.10. Si G est un groupe réductif quelconque et si $u \in G$ est unipotent, on a associé à tout $\sigma \in S(u)$ un sous-ensemble I_σ de Π (4.3). Par définition, $I_\sigma = \{s \in \Pi \mid X_\sigma$ est une réunion de droites de type $s\}$. On peut aussi associer à σ un second sous-ensemble de Π de la manière suivante.

Soit P_σ le sous-groupe de G engendré par les éléments des sous-groupes de Borel de G qui forment X_σ. On a donc $X_\sigma \subset \mathcal{B}^{P_\sigma}$, et P_σ est le plus petit sous-groupe parabolique de G ayant cette propriété. Soit $J_\sigma = W_{P_\sigma} \cap \Pi$. On a $I_\sigma \subset J_\sigma$ et $J_{a\sigma} = J_\sigma$ pour tout $a \in A_0(u)$.

On peut considérer aussi I_σ et J_σ comme des sous-graphes de $\Delta_0(G)$.

10.11. PROPOSITION. Soit G un groupe réductif connexe de type A_ℓ $(\ell\geq 3)$, D_ℓ $(\ell\geq 2)$ ou E_ℓ $(6\leq\ell\leq 8)$ et soit u un élément unipotent de G tel que $\dim \mathcal{B}_u^G = 2$. Alors l'application $\sigma\mapsto(I_\sigma,J_\sigma)$ de $S(u)$ dans l'ensemble des couples de sous-graphes de $\Delta_o(G)$ est injective, et son image est formée de l'ensemble des couples (I,J) qui vérifient les conditions suivantes :

a) Soit $j=|J|$. Alors $j\geq 2$ et J est de type D_j .

b) I est un sous-graphe de J . Si $j=2$, alors $I=J$. Si $j=3$, I est formé de l'unique sommet de J qui n'est pas une extremité. Si $j\geq 4$, I est formé de l'extremité d'une branche de J de longueur maximale.

c) Si $j=2$, soit $K=J$. Si $j\geq 3$, soit K l'unique sous-graphe de J ne contenant pas I et formé de deux extremités de J . Alors la classe de Richardson associée à K est $c\ell_G(u)$.

Si G est de type A_ℓ , alors $|S(u)| = \ell(\ell-3)/2$. Si G est de type E_ℓ , $|S(u)| = (\ell+2)(\ell-1)/2$. Si G est de type D_ℓ , $|S(u)| = \ell-1$ ou $\ell(\ell-1)/2$ suivant la classe à laquelle appartient u . De plus, il existe une filtration de $\mathcal{B}_u^G$ par des sous-espaces fermés $\emptyset = Y_0\subset Y_1\subset\ldots\subset Y_m$, où $m=|S(u)|+\ell+1$, Y_1 est un point, $Y_i-Y_{i-1}\cong\mathbb{A}^1$ si $2\leq i\leq\ell+1$ et $Y_i-Y_{i-1}\cong\mathbb{A}^2$ si $\ell+2\leq i\leq m$.

On démontre cette proposition par une série de considérations du type de celles faites en (10.8). Les détails sont omis.

10.12. Soient P un sous-groupe parabolique de G contenant B et x et soit L un sous-groupe de Levi de P contenant T . Soit $u\in xL^o$ un élément unipotent tel que $\overline{c\ell_{B\cap L}(u)}$ soit une composante irréductible de $\overline{c\ell_{L^o}(u)\cap N}$ et tel que $\dim C_L(u) = 2\dim \mathcal{B}_u^L + rg_u(L)$. D'après (3.13) et (2.6), $\overline{c\ell_B(u)}$ est alors une composante irréductible de $\overline{c\ell_G(u)\cap N}$ et $\dim \mathcal{B}_u^G = \dim C_B(u) - rg_u(G)$. Dans de nombreux cas cette formule permet d'obtenir dim $\mathcal{B}_u^G$ puisque dim $C_B(u)$ peut en principe se calculer à l'aide des formules de commutation.

10.13. Considérons maintenant la situation suivante : G^o est un groupe adjoint de type E_6, $p = 2$, $|G/G^o| = 2$ et $x \in G - G^o$ agit non trivialement sur $\Delta(G^o)$.

Rappelons qu'on a attaché à G et x un système de racines Φ_x dont le groupe de Weyl W_x est isomorphe à W^x et qu'on a une surjection naturelle $\pi_x : \Phi_G \to \Phi_x$. Ici Φ_x est de type F_4 . Si L est un sous-groupe de Levi de P contenant T , on attache à P le sous-système $\pi_x(\Phi_L)$ de Φ_x .

Le groupe W_x agit sur l'ensemble des sous-systèmes de Φ_x , et ceux qui correspondent à des sous-groupes paraboliques de G sont ceux de type F_4 , B_3 , C_3 , $A_2+\tilde{A}_1$, $\tilde{A}_2+A_1$, B_2 , A_2 , $\tilde{A}_2$, $A_1+\tilde{A}_1$, A_1 , $\tilde{A}_1$, $\emptyset$. D'après (3.13), les classes unipotentes de G contenues dans xG^o correspondent aux classes de conjugaison de couples formés d'un des sous-systèmes de cette liste et d'une classe unipotente distinguée C d'un sous-groupe de Levi correspondant à ce sous-système. En prenant pour C la classe régulière, on trouve ainsi une classe unipotente qu'on désigne par le type du sous-système considéré, <u>sauf dans le cas du sous-système</u> A_2, <u>où l'on note</u> $(A_2)_2$ <u>la classe obtenue par ce procédé</u>.

Sauf pour F_4 , B_3 et C_3 , la classe unipotente régulière est la seule qui soit distinguée. Pour C_3 , la classe unipotente sous-régulière est distinguée (elle correspond à $C_{\lambda,\varepsilon} \subset G(V)$, avec $\dim V = 6$ et $(\lambda,\varepsilon) = 3^2$) . Notons $C_3(a_1)$ la classe unipotente correspondante dans G . Pour B_3 , la classe unipotente qui correspond à $C_{\lambda,\varepsilon} \subset O_8$, $(\lambda,\varepsilon) = 4 \oplus 2^2$, est distinguée. <u>C'est la classe unipotente correspondante dans</u> xG^o <u>qu'on note</u> A_2 .

Par induction, on voit que la classe unipotente sous-régulière et la classe dense dans la variété des éléments unipotents de xG° qui ne sont ni réguliers ni sous-réguliers sont des classes unipotentes distinguées. Notons-les $F_4(a_1)$ et $F_4(a_2)$ respectivement. Nous verrons plus loin qu'il y a dans xG° une quatrième classe unipotente distinguée $F_4(a_3)$.

On utilise les notations suivantes pour Π' :

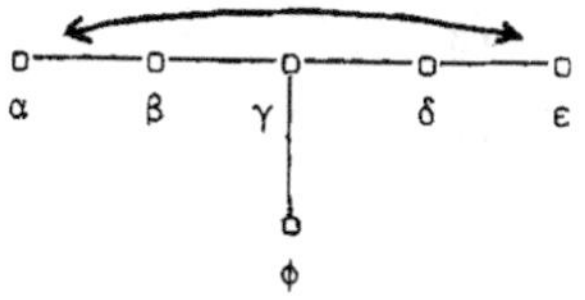

On suppose que x et les isomorphismes $x_\lambda : \mathbb{G}_a \to X_\lambda$ $(\lambda \in \Phi_G)$ sont tels que $x^2 = 1$, $x(x_\lambda(1))x^{-1} = x_{x\cdot\lambda}(1)$ pour tout $\lambda \in \Phi_G$ et $[x_\lambda(1), x_\mu(1)] = x_{\lambda+\mu}(1)$ si λ , μ , $\lambda+\mu \in \Phi_G$.

Soient P et Q les sous-groupes paraboliques de G contenant B et x qui correspondent respectivement aux sous-systèmes de type B_3 et C_3 de Φ_x . Soient L et M leurs sous-groupes de Levi respectifs qui contiennent T . Les classes unipotentes de $L - L^{\circ}$ (resp. $M - M^{\circ}$) correspondent aux classes unipotentes dans $O_8 - SO_8$ (resp. $G(V) - GL(V)$ avec $\dim V = 6$) , et on note $C_{\lambda,\varepsilon}$ la classe unipotente correspondant au couple (λ,ε) si (λ,ε) satisfait aux conditions de (I.2.6) (resp. I.2.7)). Soit encore $U_{P,Q} = U_P \cap U_Q$.

10.14. PROPOSITION. *Dans la situation de* (10.13), *il y a* 17 *classes unipotentes contenues dans* xG°, *dont quatre sont distinguées, et les éléments* $u_1, \ldots, u_{17}$ *ci-dessous sont des représentants de ces classes. On a* $\dim C_G(u_i) = 2\dim \mathcal{B}^G_{u_i} + rg_x(G)$ $(1 \leq i \leq 17)$, *et* $\dim \mathcal{B}^G_{u_i}$ *est donné par la table ci-dessous* :

Classe	Représentant	dim $\mathcal{B}^G_{u_i}$
F_4	$u_1 = xx_\alpha(1)x_\beta(1)x_\gamma(1)x_\phi(1)$	0
$F_4(a_1)$	$u_2 = xx_{\alpha+\beta+\gamma+\delta}(1)x_{\beta+\gamma+\delta}(1)x_\gamma(1)x_\phi(1)$	1
$F_4(a_2)$	$u_3 = xx_\alpha(1)x_{\beta+\gamma+\delta}(1)x_{\beta+\gamma+\phi}(1)x_{\gamma+\phi}(1)$	2
B_3	$u_4 = xx_\beta(1)x_\gamma(1)x_\phi(1)$	3
C_3	$u_5 = xx_\alpha(1)x_\beta(1)x_\gamma(1)$	3
$F_4(a_3)$	$u_6 = xx_{\alpha+\beta+\gamma+\delta}(1)x_{\alpha+\beta+\gamma}(1)x_{\beta+\gamma+\phi}(1)x_{\alpha+\beta+\gamma+\phi}(1)$	4
$C_3(a_1)$	$u_7 = xx_{\alpha+\beta+\gamma+\delta}(1)x_{\beta+\gamma+\delta}(1)x_\gamma(1)$	5
B_2	$u_8 = xx_\beta(1)x_\gamma(1)$	6
$\tilde{A}_2+A_1$	$u_9 = xx_\alpha(1)x_\beta(1)x_\phi(1)$	6
$\tilde{A}_1+A_2$	$u_{10} = xx_\alpha(1)x_\gamma(1)x_\phi(1)$	7
$\tilde{A}_2$	$u_{11} = xx_\alpha(1)x_\beta(1)$	9
A_2	$u_{12} = xx_{\beta+\gamma+\delta}(1)x_{\beta+\gamma+\phi}(1)x_{\gamma+\phi}(1)$	9
$A_1+\tilde{A}_1$	$u_{13} = xx_\alpha(1)x_\gamma(1)$	10
$(A_2)_2$	$u_{14} = xx_\gamma(1)x_\phi(1)$	12
$\tilde{A}_1$	$u_{15} = xx_\alpha(1)$	13
A_1	$u_{16} = xx_\gamma(1)$	16
$\emptyset$	$u_{17} = x$	24

Si H *est un sous-groupe de Levi d'un sous-groupe parabolique propre de* G *rencontrant* xG^0 *et si* C *est une classe unipotente rigide de* $H-H^0$ *, alors* $\tilde{C} = \mathrm{Ind}_H^G(C)$ *est donnée par la table suivante, où la première colonne est le type des sous-systèmes de* Φ_x *correspondant à* H :

sous-système	C	$\tilde{C}$
$\emptyset$	$\emptyset$	F_4
A_1	$\emptyset$	$F_4(a_1)$
$\tilde{A}_1$	$\emptyset$	$F_4(a_1)$

sous-système	C	$\tilde{C}$
B_2	$2 \oplus 1^4$	$F_4(a_3)$
$(O_6 - SO_6)$	2^3	$F_4(a_2)$
B_3	$2 \oplus 1^6$	$\tilde{A}_2$

$A_1 + \tilde{A}_1$	$\emptyset$	$F_4(a_2)$
A_2	$\emptyset$	C_3
$\tilde{A}_2$	$\emptyset$	B_3
$A_2 + \tilde{A}_1$	$\emptyset$	$F_4(a_3)$
$\tilde{A}_2 + A_1$	$\emptyset$	$F_4(a_3)$

B_3	$2^3 \oplus 1^2$	$C_3(a_1)$
	$3^2 \oplus 2$	B_3
C_3	1^6_0	A_2
	1^6	B_2

De plus, la structure d'ordre de $\mathcal{U}(xG^0)$ est celle donnée par les diagrammes du chapitre IV.

Pour $1 \leq i \leq 17$, soit $C_{(i)} = c\ell_G(u_i)$. On sait déjà que les classes $C_{(1)}$, $C_{(2)}$, $C_{(3)}$ sont distinguées, que les classes $C_{(1)}, \ldots, C_{(17)}$ autres que $C_{(6)}$ sont toutes distinctes et que $\dim C_G(u_i) = 2 \dim \mathcal{B}^G_{u_i} + 4$ si $i \neq 6$. On connaît $\dim \mathcal{B}^G_{u_i}$ pour $i \in \{1,2,3\}$. Pour les autres valeurs de i, on peut calculer $\dim \mathcal{B}^G_{u_i}$ par la méthode indiquée en (10.12), sauf pour $i = 6$. Pour $i \neq 6$ on a $\dim \mathcal{B}^G_{u_i} \neq 4$. La classe de Richardson associée aux sous-systèmes de type B_2 de Φ_x est donc distinguée. On la note $F_4(a_3)$. Si u appartient à cette classe, on a aussi $\dim C_G(u) = 2 \dim \mathcal{B}^G_u + rg_u(G)$.

Soit $y = x x_{\alpha+\beta+\gamma+\phi}(1) x_{\gamma+\phi}(1) x_{\beta+\gamma+\delta}(1)$ et soit $Y = yU_{P,Q}$. On vérifie facilement à l'aide des formules de commutation que les éléments de $x x_{\alpha+\beta+\gamma+\delta}(1) U_Q$ qui sont conjugués à un élément de Y forment un sous-ensemble dense de $x x_{\alpha+\beta+\gamma+\delta}(1) U_Q$, et que tous les éléments de Y sont conjugués à y ou a $u_6' = y x_{\alpha+\beta+\gamma+\phi}(1)$. Or $u_6 = x_{-\delta}(1) x_{-\beta}(1) u_6' x_{-\beta}(1) x_{-\delta}(1)$ et $\overline{c\ell_G(y)} \subset \overline{c\ell_G(u_6')}$. On en déduit que $c\ell_G(u_6) = \mathrm{Ind}_M^G(c\ell_M(y x_{\alpha+\beta+\gamma+\phi}(1)))$ est la classe notée $F_4(a_3)$. Il est clair d'autre part que u_6 appartient aux adhérences des classes de Richardson associées aux sous-systèmes $A_2 + \tilde{A}_1$, $A_1 + \tilde{A}_2$ de Φ_x. Pour des raisons de dimension, ces classes sont égales à $C_{(6)}$.

La classe de Richardson associée à A_2 est $C_{(5)}$. En effet,

$\dim \mathcal{B}^G_{u_5} = 3$ et $C_{(5)} \ni xx_\alpha(1)x_\beta(1)x_{\beta+2\gamma+\delta+\phi}(1)$. On a donc aussi $C_{(5)} = \mathrm{Ind}_L^G(c\ell_L(xx_{\beta+\gamma+\delta}(1)x_{\beta+\gamma+\phi}(1)))$. Soit $u = x\prod_{\lambda\in\phi^+} x_\lambda(c_\lambda)$ un élément de $xx_{\beta+\gamma+\delta}(1)x_{\beta+\gamma+\phi}(1)U_P$. Si $c_\alpha = c_\varepsilon$, il est clair que $u \in \overline{C}_{(6)}$. Si $c_\alpha \neq c_\varepsilon$, on vérifie facilement à l'aide des formules de commutation que u est conjugué à un élément du sous-groupe de G engendré par T, X_α, $X_{\beta+\gamma+\delta}$, $X_{\beta+\gamma+\phi}$ et x. On en déduit que $\overline{C}_{(5)} = C_{(5)} \cup \overline{C}_{(6)}$.

La classe de Richardson associée à $\tilde{A}_2$ est $C_{(4)}$. En effet $\dim \mathcal{B}^G_{u_4} = 3$ et $C_{(4)} \ni xx_{\alpha+\beta+\gamma+\delta}(1)x_\gamma(1)x_\phi(1)$. On a donc $C_{(4)} = \mathrm{Ind}_M^G(c\ell_M(xx_{\alpha+\beta+\gamma}(1)x_{\beta+\gamma+\delta}(1)))$. Soit $u = x\prod_{\lambda\in\phi^+} x_\lambda(c_\lambda)$ un élément de $xx_{\alpha+\beta+\gamma}(1)x_{\beta+\gamma+\delta}(1)U_Q$. Si $c_\phi = 0$, il est clair que $u \in \overline{C}_{(6)}$. Si $c_\phi \neq 0$, on vérifie facilement que u est conjugué à $u_4' = xx_{\alpha+\beta+\gamma}(1)x_{\beta+\gamma+\delta}(1)x_\phi(1)$ ou à $u_4'' = u_4'x_{\beta+\gamma+\phi}(1)$. Mais $u_4' \in C_{(4)}$ et $u_4' \in \overline{c\ell_G(u_4'')}$. On en déduit que $\overline{C}_{(4)} = C_4 \cup \overline{C}_{(6)}$.

On déduit maintenant de (3.16) que $\overline{C}_{(3)} = C_{(3)} \cup \overline{C}_{(4)} \cup \overline{C}_{(5)}$.

Soient maintenant $x_0 = 1$, $x_1 = x_{\alpha+\beta+\gamma+\delta+\varepsilon}(1)$, $x_2 = x_{\alpha+\beta+\gamma+\delta}(1)$, $x_3 = x_{\beta+2\gamma+\delta+\phi}(1)$, $x_4 = x_{\beta+\gamma+\delta}(1)$, $x_5 = x_1x_3$, $x_6 = x_1x_4$, $x_7 = x_2x_3$, $x_8 = x_{\alpha+\beta}(1)x_3$, $x_9 = x_2x_4$, $x_{10} = x_2x_{\gamma+\phi}(1)$, $x_{11} = x_{10}x_4$, et pour $0 \leq i \leq 11$ soit $X_i = xx_iU_{P,Q}$.

Considérons la variété $X = xU_P$ (resp. xU_Q ; xx_1U_Q ; xx_3U_P ; xx_2U_Q). On vérifie à l'aide des formules de commutation que chaque élément de X est conjugué à un élément de $X_0 \cup X_1 \cup X_2$ (resp. $X_0 \cup X_3 \cup X_4$; $X_1 \cup X_5 \cup X_6$; $X_3 \cup X_5 \cup X_7 \cup X_8$; $X_2 \cup X_9 \cup X_{10} \cup X_{11}$) et que ceux qui sont contenus dans X_2 (resp. X_4 ; X_6 ; X_8 ; X_{11}) forment un sous-ensemble dense de X.

On a déjà vérifié que $X_{11} \subset C_{(6)} \cup c\ell_G(xx_{11})$. On montre de plus à l'aide des formules de commutation que pour $0 \leq i \leq 10$, chaque élément de X_i est conjugué à un élément de la forme $xx_\lambda(1)$, $xx_\lambda(1)x_\mu(1)$ ou $xx_\lambda(1)x_\mu(1)x_\nu(1)$, avec $\lambda, \mu, \nu \in \phi_G^+$. Il est facile de déterminer à quelle classe un tel élément appartient. De plus on trouve que :

$$\overline{C}_{(11)} = C_{(11)} \cup C_{(13)} \cup C_{(15)} \cup C_{(16)} \cup C_{(17)} \quad \text{et} \quad C_{(17)} \leq C_{(16)} \leq C_{(15)} \leq C_{(13)} \leq C_{(11)}$$

(resp. $\overline{C}_{(12)} = C_{(12)} \cup \overline{C}_{(13)} \cup C_{(14)}$ et $C_{(16)} \leq C_{(14)} \leq C_{(12)}$;
$\overline{C}_{(8)} = C_{(8)} \quad C_{(10)} \quad \overline{C}_{(12)}$ et $C_{(12)} \leq C_{(10)} \leq C_{(8)}$;
$\overline{C}_{(7)} = C_{(7)} \cup \overline{C}_{(8)} \cup \overline{C}_{(9)}$ et $C_{(10)} \leq C_{(9)}$; $\overline{C}_{(6)} = C_{(6)} \cup C_{(7)}$) .

On vérifie plus facilement que $\overline{C}_{(14)} = C_{(14)} \cup \overline{C}_{(16)}$.

On déduit de ces résultats qu'on a toutes les classes unipotentes contenues dans xG^{o} et que l'ordre est bien celui indiqué au chapitre IV. Les assertions concernant l'induction se vérifient en utilisant les dimensions des centralisateurs et en cherchant dans chaque cas un représentant convenable de la classe unipotente considérée (comme on l'a fait pour les classes de Richardson associées à P et à Q).

10.15 THEOREME. <u>Soit</u> G <u>un groupe réductif. Alors</u> $\dim C_G(y) = 2\dim \mathcal{B}_y^G + rg_y(G)$ <u>pour tout</u> $y \in G$.

D'après les résultats du paragraphe 2 il suffit de considérer le cas où y est unipotent. On peut supposer de plus qu'on est dans l'un des cas considérés en (I.1.14). Il reste donc le cas où G est un groupe connexe simple. D'après (3.14) il suffit de vérifier qu'on a l'égalité pour les classes unipotentes distinguées rigides. Le théorème est ainsi une conséquence des lemmes suivants :

10.16. LEMME. <u>Soit</u> C <u>une classe unipotente distinguée rigide d'un groupe connexe simple</u> G . <u>Avec les notations de</u> (I.2.13), <u>on se trouve alors dans l'une des situations suivantes</u> :

a) $p = 3$, G <u>est de type</u> G_2 <u>et</u> C <u>est la classe notée</u> $\tilde{A}_1$;

b) $p = 2$, G <u>est de type</u> F_4 <u>et</u> C <u>est la classe notée</u> $\tilde{A}_2 + A_1$.

D'après (7.11), G doit être un groupe exceptionnel. On peut alors utiliser les tables.

10.17. LEMME. <u>Dans les deux cas ci-dessus, on a</u> $\dim C_G(u) =$

$2\dim \mathcal{B}_u^G + rg(G)$ <u>si</u> $u \in C$.

Dans le cas (a), on vérifie facilement que $sts \in Q(C)$ si $s, t \in \Pi$ correspondent respectivement aux racines courtes et aux racines longues.

Dans le cas (b), on prend pour u l'élément x_{15} de [29] . Il s'agit de montrer que $\dim \mathcal{B}_u^G \geq 6$.

Pour tout $w \in W$, soit $X_w = \{B' \in \mathcal{B}_u^G \mid (B,B') \in O(w)\}$. Il suffit de montrer qu'il existe $w \in W$ tel que $\dim X_w \geq 6$.

La variété $Y_w = \{v \in \prod_{\substack{\alpha>0 \\ w^{-1}(\alpha)<0}} X_\alpha \mid v^{-1}uv \in \prod_{\substack{\alpha>0 \\ w^{-1}(\alpha)>0}} X_\alpha\}$ est isomorphe à X_w , et il suffit de trouver $w \in W$ tel que $\dim Y_w \geq 6$.

Avec les notations de [5, p.272], Π' est formé de $\alpha_1 = \varepsilon_2 - \varepsilon_3$, $\alpha_2 = \varepsilon_3 - \varepsilon_4$, $\alpha_3 = \varepsilon_4$ et $\alpha_4 = \frac{1}{2}(\varepsilon_1-\varepsilon_2-\varepsilon_3-\varepsilon_4)$, et

$$u = x_{\varepsilon_2}(1)x_{\varepsilon_2+\varepsilon_3}(1)x_{(\varepsilon_1-\varepsilon_2+\varepsilon_3+\varepsilon_4)/2}(1)x_{\varepsilon_1-\varepsilon_3}(1) .$$

Il est facile de vérifier à l'aide des formules de commutation qu'on a $\dim Y_w = 6$ lorsque la matrice de w par rapport à la base $(\varepsilon_1,\varepsilon_2,\varepsilon_3,\varepsilon_4)$ est

$$\begin{pmatrix} 0 & 0 & 1 & 0 \\ 0 & 1 & 0 & 0 \\ 0 & 0 & 0 & 1 \\ 1 & 0 & 0 & 0 \end{pmatrix} .$$

11. <u>Exemples</u>.

Dans ce paragraphe G est un groupe réductif. On utilise les notations des paragraphes 5 et 6 pour les groupes classiques.

11.1. Montrons comment on utilise (6.7) pour déterminer le nombre des composantes irréductibles de $\mathcal{B}_u^G$ et l'action de $A(u)$ sur $S(u)$.

Supposons que $G = Sp_{10}$ et $p \neq 2$. Une classe unipotente de G est alors caractérisée par la partition correspondante. Soit $u \in C_\lambda$ un élément unipotent de G, où $\lambda = 4^2 \oplus 2$. Alors $A(u)$ est le groupe abélien engendré par a_1, a_2 et a_3, avec $a_1a_2 = a_1^2 = a_2^2 = a_3^2 = 1$. Pour λ', nous avons trois possibilités :

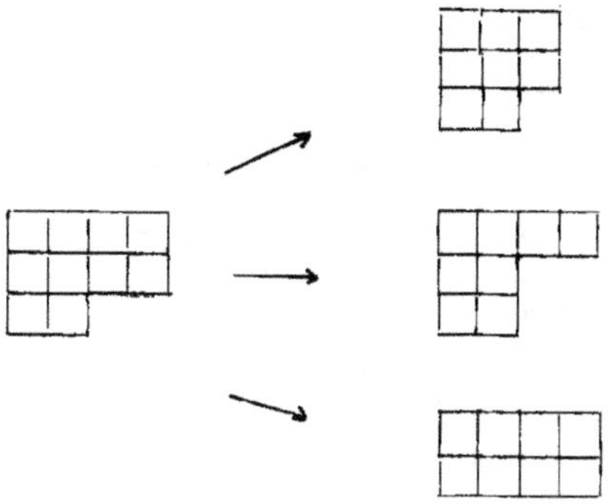

(1)

(2)

(3)

On suppose que les résultats pour Sp_8 sont connus, et on utilise les notations de (4.11), (4.12) et (4.13) :

1) $\lambda' = 3^2 \oplus 2$. Alors $S'(u') = \{\alpha_1,\dots,\alpha_6\}$, $A'(u')$ agit trivialement sur $S'(u')$ et donc A'_p agit trivialement sur $S'(u')$. Le sous-groupe A_p de $A(u)$ est engendré par a_3 et est donc d'indice 2. Soient $\tau'_i = \overline{C_G(u)^0\alpha_i}$ et $\tau''_i = a_1\tau'_i$ $(1 \leq i \leq 6)$. On a $S_1 = \{\tau'_1,\dots,\tau'_6,\tau''_1,\dots,\tau''_6\}$, et a_3 agit trivialement sur S_1.

2) $\lambda' = 4 \oplus 2^2$. Alors $S'(u') = \{\beta_1,\dots,\beta_6,\gamma'_1,\gamma'_2,\gamma''_1,\gamma''_2\}$. Le groupe $A'(u')$ est engendré par a_1, a_2, a_3, avec $a_1^2 = a_2^2 = a_3^2 = a_2a_3 = 1$, a_1 agit trivialement, $a_2\beta_i = \beta_i$ $(1 \leq i \leq 6)$ et $a_2\gamma'_i = \gamma''_i$ $(1 \leq i \leq 2)$. Dans ce cas $A'_p = \{1, a_1a_2\}$ (remarquons qu'on a $a_1a_2 = 1$ dans $A(u)$, mais $a_1a_2 \neq 1$ dans $A'(u')$). Pour $1 \leq i \leq 2$, γ'_i et γ''_i sont dans la même A_p-orbite. Soient $\sigma_i = \overline{C_G(u)^0\beta_i}$ $(1 \leq i \leq 6)$, $\sigma_7 = \overline{C_G(u)^0\gamma'_1}$, $\sigma_8 = \overline{C_G(u)^0\gamma'_2}$. On a alors $S_2 = \{\sigma_1,\dots,\sigma_8\}$ et $A(u)$ agit trivialement sur S_2.

3) $\lambda' = 4^2$. Alors $S'(u') = \{\delta_1,\delta_2,\varepsilon'_1,\dots,\varepsilon'_4,\varepsilon''_1,\dots,\varepsilon''_4\}$. Le groupe $A'(u')$ est engendré par a_1 et a_2, avec $a_1a_2 = a_1^2 = a_2^2 = 1$, et on a $a_1\delta_i = \delta_i$

$(1 \leq i \leq 2)$ et $a_1\varepsilon_i' = \varepsilon_i''$ $(1 \leq i \leq 4)$. Dans ce cas $A_P = A(u)$ et $A_P' = \{1\}$. Soient $\sigma_9 = \overline{C_G(u)^0\delta_1}$, $\sigma_{10} = \overline{C_G(u)^0\delta_2}$, $\tau_7' = \overline{C_G(u)^0\varepsilon_1'}, \ldots, \tau_{10}' = \overline{C_G(u)^0\varepsilon_4'}$, $\tau_7'' = a_1\tau_7', \ldots, \tau_{10}'' = a_1\tau_{10}'$. Alors $S_3 = \{\sigma_9, \sigma_{10}, \tau_7', \ldots, \tau_{10}', \tau_7'', \ldots, \tau_{10}''\}$, et a_3 agit trivialement.

Les composantes irréductibles de $\mathcal{B}_u^G$ sont donc $\sigma_1, \ldots, \sigma_{10}$, $\tau_1', \ldots, \tau_{10}', \tau_1'', \ldots, \tau_{10}''$, a_3 agit trivialement, et pour $1 \leq i \leq 10$ $a_1\sigma_i = \sigma_i$ et $a_1\tau_i' = \tau_i''$. En particulier $|S(u)| = 30$.

On peut aussi déterminer les sous-ensembles I_σ de Π définis en (4.3). Avec les notations de (6.24), soit par exemple $d \in D^*$ la suite $((\lambda^0, \varepsilon^0), (\lambda^1, \varepsilon^1), \ldots, (\lambda^5, \varepsilon^5))$ correspondant à

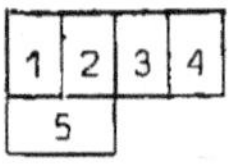

Les boîtes 2 et 4 sont spéciales. Le groupe S_d est donc formé des quatre éléments suivants :

s = 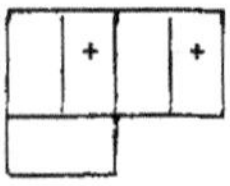

, s' = 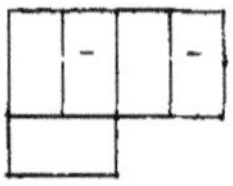

, t = 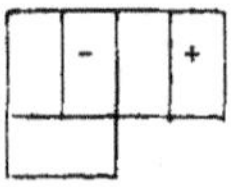

, t' = 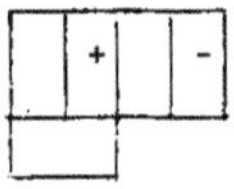

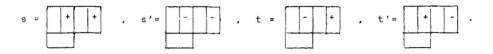

.

L'action de R_d est triviale, $a_1 s = a_2 s = s'$, $a_1 t = a_2 t = t'$, $a_3 s = s$ et $a_3 t = t$. On déduit facilement de (6.30) que $I_\tau = \{s_1, s_3, s_5\}$ si $\tau \in S(u)$ correspond à s ou s' , et $I_\tau = \{s_1, s_5\}$ si $\tau \in S(u)$ correspond à t ou t' .

11.2. Si $u \in G$ appartient à une classe de Richardson, il n'est pas toujours possible de trouver un sous-groupe parabolique P de G qui ait les propriétés suivantes : uU_P est quasi semi-simple dans P/U_P , $\mathcal{B}_u^P$ est une composante irréductible de $\mathcal{B}_u^G$ et $C_{G^0}(u) \subset P$. C'est le cas par exemple si $G = Sp_6$, $p \neq 2$ et $u \in C_{\lambda,\varepsilon}$, où $\lambda = 2^2 \oplus 1^2$.

11.3. Soient $C \leq C'$ des classes unipotentes de G . Il n'est pas toujours possible de trouver $u \in C$, $v \in C'$ tels que $\mathcal{B}_v^G \subset \mathcal{B}_u^G$. Soient par exemple $G = GL_4$, $C = C_\lambda$, $C' = C_\mu$, où $\lambda = 2^2$ et $\mu = 3 \oplus 1$. Si $u \in C$, on déduit facilement de (5.12) que toutes les droites de type s_1 contenues dans $\mathcal{B}_u^G$ rencontrent toutes les droites de type s_3 contenues dans $\mathcal{B}_u^G$. Si $v \in C'$, alors $\mathcal{B}_v^G$ contient une droite de type s_1 et une droite de type s_3 qui ne se rencontrent pas. On ne peut donc pas avoir $\mathcal{B}_v^G \subset \mathcal{B}_u^G$.

11.4. Les composantes irréductibles de $\mathcal{B}_u^G$ peuvent avoir des points singuliers. Pour $G = GL_6$, c'est le cas pour la composante correspondant au tableau standard

1	3
2	5
4	
6	

Cet exemple est traité dans [37] et [26] .

On vérifie aussi que si G est connexe de type G_2 et si $\dim \mathcal{B}_u^G = 3$, alors $\mathcal{B}_u^G$ est irréductible et a des points singuliers.

11.5. Si $\mathcal{P}$ est une classe de conjugaison de sous-groupes paraboliques de G , il peut arriver que les composantes irréductibles de $\mathcal{P}_u$ n'aient pas toutes la même dimension. Par exemple, si $G = GL_4$, soit P un sous-groupe parabolique de G tel que $W_P \cap \Pi = \{s_1\}$ et soit $u \in C_\lambda$, où $\lambda = 2 \oplus 1^2$. On vérifie facilement que $\mathcal{P}_u$ a deux composantes irréductibles, une de dimension 2 et une de dimension 3 (cela provient du fait que $O(s_1 s_2 s_1) \not\subset \overline{O(s_2 s_3 s_2 s_1)}$) . Remarquons aussi que si Q est un sous-groupe parabolique de G tel que $W_Q \cap \Pi = \{s_2\}$, alors $\mathcal{Q}_u$ est irréductible et de dimension 3 . Les variétés $\mathcal{P}_u$ et $\mathcal{Q}_u$ n'ont donc pas le même nombre de composantes, bien que P et Q soient associés.

11.6. Considérons l'une des variétés Y_i définies en (4.8). Les composantes irréductibles de Y_i n'ont pas nécessairement toutes la même dimension. Supposons que $G = SO_8$ et $p \neq 2$. Soit $u \in C_{\lambda,\varepsilon}$, où $\lambda = 3 \oplus 2^2 \oplus 1$ et soit P un sous-groupe parabolique de G tel que $W_P \cap \Pi = \{s_1\}$. On vérifie facilement que si Y_i correspond à la classe de l'élément neutre de P/U_P, alors $Y_i = \{P' \in \mathcal{P} | u \in U_{P'}\}$ a deux composantes irréductibles, une de dimension 2 et une de dimension 3. Remarquons aussi que si Q est un sous-groupe parabolique de G tel que $W_Q \cap \Pi = \{s_3\}$, alors la variété $Y_i' = \{Q' \in \mathcal{Q} | u \in U_{Q'}\}$ est irréductible et a dimension 3. Les variétés $\{P' \in \mathcal{P} | u \in U_{P'}\}$ et $\{Q' \in \mathcal{Q} | u \in U_{Q'}\}$ n'ont donc pas le même nombre de composantes bien que P et Q soient associés.

11.7. Si G est connexe et si la caractéristique n'est pas bonne, il peut y avoir des classes unipotentes distinguées qui ne sont pas des classes de Richardson. En plus des deux cas mentionnés en (10.16), on a la classe A_7 des groupes de type E_8 lorsque $p = 3$ (les notations sont celles de (I.2.13)) et certaines classes unipotentes distinguées des groupes de type D_n lorsque $p = 2$ (par exemple celle correspondant à la partition $6 \oplus 4^2 \oplus 2$).

11.8. Soit P un sous-groupe parabolique d'un groupe réductif connexe G et soit $X_u = \{P' \in \mathcal{P} | u \in U_{P'}\}$. Mentionnons quelques cas où il est facile de décrire X_u (les exemples (b), (c) et (d) sont inspirés de [47]) :

a) si G est de type A_n (resp. D_n ; E_6 ; E_7 ; E_8), $\dim \mathcal{B}_u^G = 2$ et P est minimal, alors X_u est une réunion de droites projectives dans une configuration de type A_{n-2} (resp. A_1 ou D_{n-2}, cette dernière possibilité seulement si $n \geq 5$; A_5 ; D_6 ; E_7). En particulier X_u est connexe dans ce cas. Ces résultats se déduisent de (10.11).

b) si $G = SO_7$, $p \neq 2$, u correspond à la partition $3 \oplus 1^4$ et P a un sous-groupe de Levi de type A_2 , alors X_u peut être identifié à $\{F_3 \subset V \mid \dim F_3 = 3,\ uF_3 = F_3$ et F_3 est isotrope$\}$. Si $F_3 \in X_u$, on a $\mathrm{Im}(u-1)^2 \subset F_3 \subset \mathrm{Ker}(u-1)$. Soit W un complémentaire de $\mathrm{Im}(u-1)^2$ dans $\mathrm{Ker}(u-1)$. La restriction à W de la forme bilinéaire définissant G est non dégénérée, et X_u est isomorphe à la variété des sous-espaces isotropes maximaux de W. Donc X_u est la réunion disjointe de deux droites projectives.

c) Soient $G = GL_n$ et $u \in C_\lambda$. On attache à P les entiers $n_1,\dots,n_r$ tels que $n_1+\dots+n_r = n$ et $W_P \cap \Pi = \bigcup_{1\leq i\leq r} \{s_j \mid n_1+\dots+n_{i-1} < j < n_1+\dots+n_i\}$. Les sous-groupes de Levi de P sont donc de type $A_{n_1-1}+\dots+A_{n_r-1}$.

c_1) Supposons que $\lambda_1^* = n_i$ pour un entier i tel que $n_j \leq n_i$, $i \leq j \leq r$. Soit $W = \mathrm{Ker}(u-1)$ et soit v l'automorphisme de V/W induit par u. Si μ est la partition associée à v , $\mu_j^* = \lambda_{j+1}^*$. Soit Q un sous-groupe parabolique de $GL(V/W)$ associé aux entiers $n_1,\dots,\hat{n}_i,\dots,n_r$, et soit $Y_v = \{Q' \in \mathcal{Q} \mid v \in U_{Q'}\}$.

On a alors $X_u \cong Y_v$. De manière plus précise, en identifiant X_u et Y_v aux variétés de drapeaux correspondantes,

$$f : Y_v \to X_u$$
$$(V_1'/W,\dots,V_{r-1}'/W) \mapsto ((u-1)V_1',\dots,(u-1)V_i',V_i',\dots,V_{r-1}') ,$$
$$g : X_u \to Y_v$$
$$(V_1,\dots,V_r) \mapsto ((u-1)^{-1}V_1/W,\dots,(u-1)^{-1}V_{i-1}'/W = V_i/W,\dots,V_r/W)$$

sont des morphismes inverses l'un de l'autre. On vérifie que g est bien défini en constatant que $u-1$ est nul sur V_i/V_{i-1} et que $\dim V_i/V_{i-1} = n_i = \lambda_1^* = \dim \mathrm{Ker}(u-1)$.

c_2) Soit $V = V' \oplus V''$. Supposons que V' et V'' soient u-stables, que les partitions correspondant à $u' = u_{|V'}$ et $u'' = u_{|V''}$ soient $\lambda' = (\lambda_2,\lambda_3,\dots)$ et $\lambda'' = (\lambda_1,0,\dots)$, et que $\lambda_1 = r$. Soit P un sous-groupe parabolique de $GL(V')$ correspondant aux entiers $n_1-1,\dots,n_r-1$. Soit $X'_{u'} = \{P_1' \in \mathcal{P}' \mid u' \in U_{P_1'}\}$. On identifie $X'_{u'}$ à la variété de drapeaux correspondante.

Si $(V_1,\dots,V_r) \in X_u$, on a $V_i \subset \mathrm{Ker}(u-1)^i = \mathrm{Ker}(u'-1)^i \oplus \mathrm{Ker}(u''-1)^i$. Montrons que $V_i \supset \mathrm{Ker}(u''-1)^i$. Cette relation est fermée. D'après (5.15) il suffit donc de montrer qu'une relation similaire est vérifiée par les éléments de $X_\sigma (\sigma \in St(\lambda))$ lorsque $I_\sigma \supset W_P \cap \Pi$. On déduit de (5.12) et du fait que $\lambda_1 = r$ que la première ligne de σ doit être $1, 1+n_r, 1+n_r+n_{r-1}, \dots, 1+n_r+\dots+n_2$. Si $F = (F_o, F_1, \dots, F_n) \in X_\sigma$, on trouve alors que $F_{n_1+\dots+n_i} \supset \mathrm{Im}(u-1)^{r-i} \cap \mathrm{Ker}(u-1)^i \supset \mathrm{Ker}(u''-1)^i$. On en déduit qu'on a des morphismes f' , g' inverses l'un de l'autre :

$f' : X_u \to X'_{u'}$,

$(V_1,\dots,V_r) \mapsto (V_1 \cap V', \dots, V_r \cap V')$

$g' : X'_{u'} \to X_u$

$(V'_1,\dots,V'_r) \mapsto (V'_1 \oplus \mathrm{Ker}(u''-1), V'_2 \oplus \mathrm{Ker}(u''-1)^2, \dots, V'_r \oplus \mathrm{Ker}(u''-1)^r)$.

Donc $X_u \cong X'_{u'}$.

d) Soient $G = Sp_{4n+2}, p \neq 2$, $W_P \cap \Pi = \{s_{2i+1} \mid o \leq i \leq n\}$ et $u \in C_\lambda$ avec $\lambda = (2n, 2n, 2, o, \dots)$. Dans ce cas X_u est la réunion de $2n+1$ droites projectives dans la configuration suivante :

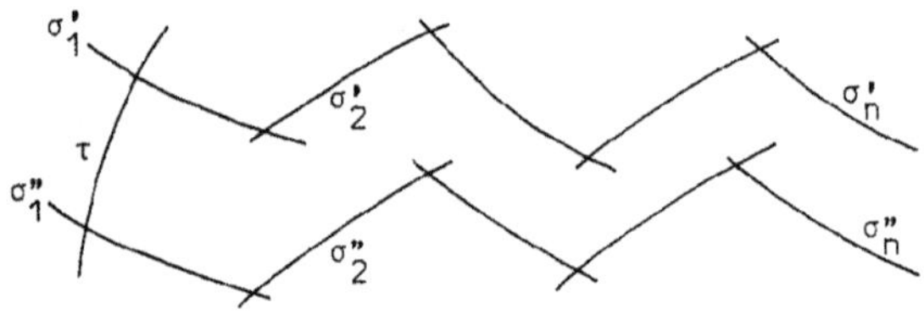

avec $a_1\tau = a_3\tau = \tau$ et $a_1\sigma'_i = a_3\sigma''_i = \sigma''_i$ $(1 \leq i \leq n)$.

Cela se vérifie directement pour $n = 1$. Pour $n \geq 2$, on identifie X_u à la variété de drapeaux correspondante et pour $(F_2, F_4, \dots) \in X_u$ on étudie les diverses possibilités pour F_2 . On a $F_2 \subset \mathrm{Ker}(u-1)$. Soit $W = \mathrm{Im}(u-1)^{2n-1}$. On a $\dim W = 2$, et d'après les résultats du paragraphe 6 on a dans W deux droites particulières W' , W'' . L'examen des diverses possibilités montre qu'on doit avoir $F_2 \supset W'$, $F_2 \supset W''$ ou $F_2 = W$. Si $F_2 \supset W'$ ou $F_2 \supset W''$, on trouve deux composantes irréductibles σ'_n , σ''_n .

Avec $F_2 = W$ on se ramène au même problème dans Sp_{4n-2} , ce qui donne des composantes $\tau, \sigma_1', \sigma_1'', \ldots, \sigma_{n-1}', \sigma_{n-1}''$. Il est alors facile de vérifier que les intersections sont bien celles décrites par la figure.

Appendice. Quelques résultats d'A.G. Elashvili.

Un grand nombre de calculs concernant les groupes et les algèbres simples exceptionnels en caractéristique 0 ont été menés à bien par A.G. Elashvili et divers mathématiciens travaillant avec lui. Mentionnons en particulier l'étude de la structure des centralisateurs d'éléments nilpotents [A1], [A3], et la détermination des classes de Richardson [8] (aussi pour les algèbres de Lie classiques).

La connaissance explicite de l'induction pour les classes unipotentes dans les groupes exceptionnels intervient à plusieurs reprises dans ce travail, en particulier dans la démonstration de (10.15) et au chapitre III. Afin d'étudier les nappes des algèbres de Lie (dans l'esprit de [A2]), Elashvili a été amené à dresser une table d'induction pour les algèbres de Lie exceptionnelles. Ces résultats n'étant pas publiés pour l'instant, nous les reproduirons ci-dessous, avec quelques indications sur la manière dont ils ont été obtenus et quelques compléments pour les groupes exceptionnels en mauvaise caractéristique.

Soit $\mathfrak{g}$ une algèbre de Lie semi-simple et soit $\mathcal{O}$ une orbite nilpotente d'un facteur de Levi $\mathfrak{m}$ d'une sous-algèbre parabolique de $\mathfrak{g}$. Supposons que la caractéristique soit nulle. On peut alors définir l'induction de manière similaire à ce qui a été fait pour les groupes. Soit $\tilde{\mathcal{O}}$ l'orbite de $\mathfrak{g}$ obtenue ainsi. Alors $\operatorname{codim}_{\mathfrak{g}} \tilde{\mathcal{O}} = \operatorname{codim}_{\mathfrak{m}} \mathcal{O}$, ce qui limite les possibilités pour $\tilde{\mathcal{O}}$ à un petit nombre d'orbites de $\mathfrak{g}$:

si $\mathcal{O}_1,\ldots,\mathcal{O}_r$ sont ces orbites, on a $r \leq 3$ pour les algèbres de Lie exceptionnelles.

Si $r = 1$, on a $\tilde{\mathcal{O}} = \mathcal{O}_1$. Supposons donc $r \geq 2$. Soit $\Delta_{\mathcal{O}}$ le graphe de Dynkin pondéré de $\mathcal{O}$. On obtient un graphe de Dynkin pondéré $\tilde{\Delta}_{\mathcal{O}}$ en attachant le poids 2 aux sommets restants du graphe de Dynkin de $\mathfrak{g}$ (il faut faire ici un choix pour la sous-algèbre parabolique). Si l'une des orbites $\mathcal{O}_i$ est telle que $\tilde{\Delta}_{\mathcal{O}} = \Delta_{\mathcal{O}_i}$, alors $\tilde{\mathcal{O}} = \mathcal{O}_i$ et $\Delta_{\tilde{\mathcal{O}}} = \tilde{\Delta}_{\mathcal{O}}$. Cette circonstance ne se présente malheureusement que dans un petit nombre de cas. Pour les cas restants, Elashvili considère la graduation $\mathfrak{g} = \bigoplus_j \mathfrak{g}_j$ associée à $\tilde{\Delta}_{\mathcal{O}}$ (une fois choisies une sous-algèbre de Cartan de $\mathfrak{g}$ et une base du système de racines) et il essaie de trouver un élément dans $\mathcal{O}_i \cap (\bigoplus_{j\geq 2} \mathfrak{g}_j)$ pour un i $(1 \leq i \leq r)$.

On sait qu'on peut associer des représentants de classes nilpotentes à certaines configurations de racines. Si $\mathfrak{g}$ est de type D_ℓ $(\ell \geq 6)$ ou E_ℓ $(6 \leq \ell \leq 8)$, l'une des configurations qui intervient est par exemple

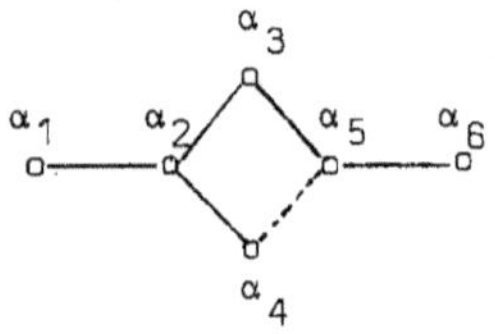

les sommets représentant les racines α_i et α_j étant reliés par un trait plein si $\langle\alpha_i|\alpha_j\rangle < 0$ et par un trait interrompu si $\langle\alpha_i|\alpha_j\rangle > 0$ $(i \neq j)$. Si $X_{\alpha_i} \in \mathfrak{g}$ est un élément nilpotent de $\mathfrak{g}$ associé à la racine α_i, l'élément $X = \sum_{1\leq i\leq 6} X_{\alpha_i}$ est un représentant de l'orbite nilpotente notée $D_6(a_2)$. Il existe parfois plusieurs configurations qui correspondent à la même orbite nilpotente.

Pour trouver un élément dans $\mathcal{O}_i \cap (\bigoplus_{j\geq 2} \mathfrak{g}_j)$ il suffit donc de reconnaître une telle configuration parmi les racines de poids ≥ 2. En pratique cela demande une excellente connaissance des systèmes de racines et beaucoup de patience, d'autant plus que les différentes configurations correspondant à $\mathcal{O}'$ ne conviennent pas toutes.

Par élimination on trouve alors les orbites nilpotentes rigides.

Par transitivité de l'induction il suffit de considérer le cas où l'orbite $\mathcal{O}$ est rigide dans $\mathfrak{m}$. Lorsque $\mathcal{O} = \{0\}$ on trouve pour $\mathcal{O}'$ l'orbite de Richardson associée à $\mathfrak{m}$. Si $\mathfrak{m}$ est de type A_ℓ (resp. B_ℓ, C_ℓ, D_ℓ), la classe $\mathcal{O}$ est caractérisée comme en (I.2) par la partition associée à la classe correspondante dans $GL_{\ell+1}$ (resp. $O_{2\ell+1}$, $Sp_{2\ell}$, $O_{2\ell}$), en laissant toutefois tomber les signes ⊕ pour alléger. Lorsque $\mathfrak{m}$ est de type E_6 ou E_7 les notations sont celles utilisées dans les tables du chapitre IV. Lorsque $\mathfrak{m}$ a plusieurs facteurs simples on adopte la même convention pour chacun des facteurs.

Orbites rigides :

G_2 : ∅ ; A_1 ; $\tilde{A}_1$.

F_4 : ∅ ; A_1 ; $\tilde{A}_1$; $A_1+\tilde{A}_1$; $A_2+\tilde{A}_1$; $\tilde{A}_2+A_1$.

E_6 : ∅ ; A_1 ; $3A_1$; $2A_2+A_1$.

E_7 : ∅ ; A_1 ; $2A_1$; $(3A_1)'$; $4A_1$; A_2+2A_1 ; $2A_2+A_1$; $(A_3+A_1)'$.

E_8 : ∅ ; A_1 ; $2A_1$; $3A_1$; $4A_1$; A_2+A_1 ; A_2+2A_1 ; A_2+3A_1 ; $2A_2+A_1$; $2A_2+2A_1$; A_3+A_1 ; A_3+2A_1 ; $A_3+A_2+A_1$; $2A_3$; A_4+A_3 ; $D_4(a_1)+A_1$; A_5+A_1 ; $D_5(a_1)+A_2$.

G_2

$\mathfrak{m}$	$\mathcal{O}$	$\mathcal{O}'$
A_1	1^2	A_2
$\tilde{A}_1$	1^2	A_2
∅	{0}	G_2

F_4

$\mathfrak{m}$	$\mathcal{O}$	$\mathcal{O}'$
B_3	$2^2 1^3$	$C_3(a_1)$
B_3	1^7	$\tilde{A}_2$
C_3	$2\ 1^4$	B_2
C_3	1^6	A_2
$A_2+\tilde{A}_1$	$1^3;1^2$	$F_4(a_3)$
$\tilde{A}_2+A_1$	$1^3;1^2$	$F_4(a_3)$
C_2	$2\ 1^2$	$F_4(a_2)$

F_4

$\mathfrak{m}$	$\mathcal{O}$	$\mathcal{O}'$
C_2	1^4	$F_4(a_3)$
A_2	1^3	C_3
$\tilde{A}_2$	1^3	B_3
$A_1+\tilde{A}_1$	$1^2;1^2$	$F_4(a_2)$
A_1	1^2	$F_4(a_1)$
$\tilde{A}_1$	1^2	$F_4(a_1)$
∅	{0}	F_4

E_6

$\mathfrak{m}$	$\mathcal{O}$	$\mathfrak{z}$
D_5	$3\ 2^2 1^3$	A_3+A_1
D_5	$2^2 1^6$	A_2+A_1
D_5	1^{10}	$2A_1$
A_5	1^6	A_2
A_4+A_1	$1^5;1^2$	A_2+2A_1
$2A_2+A_1$	$1^3;1^3;1^2$	$D_4(a_1)$
D_4	$3\ 2^2 1$	A_5

$\mathfrak{m}$	$\mathcal{O}$	$\mathfrak{z}$
D_4	$2^2 1^4$	$D_4(a_1)$
D_4	1^8	$2A_2$
A_4	1^5	A_3
A_3+A_1	$1^4;1^2$	$D_4(a_1)$
$2A_2$	$1^3;1^3$	D_4
A_2+2A_1	$1^3;1^2;1^2$	A_4+A_1
A_3	1^4	A_4

$\mathfrak{m}$	$\mathcal{O}$	$\mathfrak{z}$
A_2+A_1	$1^3;1^2$	$D_5(a_1)$
$3A_1$	$1^2;1^2;1^2$	A_5+A_1
A_2	1^3	A_5+A_1
$2A_1$	$1^2;1^2$	D_5
A_1	1^2	$E_6(a_1)$
$\emptyset$	$\{0\}$	E_6

E_7

$\mathfrak{m}$	$\mathcal{O}$	$\mathfrak{z}$
E_6	$2A_2+A_1$	$(A_5+A_1)''$
E_6	$3A_1$	A_3+2A_1
E_6	A_1	A_2+A_1
E_6	$\emptyset$	$(3A_1)''$
D_6	$3\ 2^4 1$	D_4+A_1
D_6	$3\ 2^2 1^5$	A_3+A_2
D_6	$2^4 1^4$	$D_4(a_1)$
D_6	$2^2 1^8$	A_3
D_6	1^{12}	A_2
D_5+A_1	$3\ 2^2 1^3;1^2$	$(A_5)'$
D_5+A_1	$2^2 1^6;1^2$	A_3+A_2
D_5+A_1	$1^{10};1^2$	$2A_2$
A_6	1^7	A_2+3A_1
A_5+A_1	$1^6;1^2$	$D_4(a_1)$
A_4+A_2	$1^5;1^3$	$A_3+A_2+A_1$
$A_3+A_2+A_1$	$1^4;1^3;1^2$	A_4+A_2

$\mathfrak{m}$	$\mathcal{O}$	$\mathfrak{z}$
D_5	$3\ 2^2 1^3$	$D_6(a_2)$
D_5	$2^2 1^6$	A_4
D_5	1^{10}	$(A_3+A_1)''$
D_4+A_1	$3\ 2^2 1;1^2$	$D_6(a_1)+A_1$
D_4+A_1'	$2^2 1^4;1^2$	$(A_5+A_1)'$
D_4+A_1	$1^8;1^2$	A_4
$(A_5)'$	1^6	$D_4(a_1)+A_1$
$(A_5)''$	1^6	D_4
A_4+A_1	$1^5;1^2$	A_4+A_1
A_3+A_2	$1^4;1^3$	$D_5(a_1)+A_1$
A_3+2A_1	$1^4;1^2;1^2$	$(A_5+A_1)'$
$2A_2+A_1$	$1^3;1^3;1^2$	A_5+A_2
A_2+3A_1	$1^3;1^2;1^2;1^2$	A_6
D_4	$3\ 2^2 1$	D_6
D_4	$2^2 1^4$	A_5+A_2
D_4	1^8	$(A_5)''$

$\mathfrak{m}$	$\mathcal{O}$	$\mathfrak{z}$
A_4	1^5	$D_5(a_1)$
$(A_3+A_1)'$	$1^4;1^2$	A_5+A_2
$(A_3+A_1)''$	$1^4;1^2$	D_5
$2A_2$	$1^3;1^3$	D_5+A_1
A_2+2A_1	$1^3;1^2;1^2$	$D_6(a_1)+A_1$
$4A_1$	$1^2;1^2;1^2;1^2$	$E_6(a_1)$
A_3	1^4	$D_6(a_1)$
A_2+A_1	$1^3;1^2$	$E_6(a_1)$
$(3A_1)'$	$1^2;1^2;1^2$	D_6+A_1
$(3A_1)''$	$1^2;1^2;1^2$	E_6
A_2	1^3	D_6+A_1
$2A_1$	$1^2;1^2$	$E_7(a_2)$
A_1	1^2	$E_7(a_1)$
$\emptyset$	$\{0\}$	E_7

E_8

$\mathfrak{m}$	$\mathcal{O}$	$\tilde{\mathcal{O}}$
E_7	$(A_3+A_1)'$	$D_6(a_2)+A_1$
E_7	$2A_2+A_1$	A_5+2A_1
E_7	A_2+2A_1	$D_5(a_1)+A_1$
E_7	$4A_1$	D_4+A_1
E_7	$(3A_1)'$	A_3+A_2
E_7	$2A_1$	$D_4(a_1)$
E_7	A_1	A_3
E_7	$\emptyset$	A_2
D_7	$3^3 2 2 1$	D_5+A_2
D_7	$3\ 2^4 1^3$	$D_6(a_2)$
D_7	$3\ 2^2 1^7$	A_5
D_7	$2^4 1^6$	A_4+2A_1
D_7	$2^2 1^{10}$	A_3+A_2
D_7	1^{14}	$2A_2$
E_6+A_1	$2A_2+A_1;1^2$	$D_8(a_3)$
E_6+A_1	$3A_1;1^2$	$D_6(a_2)+A_1$
E_6+A_1	$A_1;1^2$	A_4+A_1
E_6+A_1	$\emptyset;1^2$	$D_4(a_1)$
D_5+A_2	$3\ 2^2 1^3;1^3$	A_7
D_5+A_2	$2^2 1^6;1^3$	$2A_4$
D_5+A_2	$1^{10};1^3$	A_4+A_2
A_7	1^8	$D_4(a_1)+A_2$
A_6+A_1	$1^7;1^2$	$A_4+A_2+A_1$
A_4+A_3	$1^5;1^4$	$2A_4$
$A_4+A_2+A_1$	$1^5;1^3;1^2$	A_6+A_1

$\mathfrak{m}$	$\tilde{\mathcal{O}}$	$\tilde{\mathcal{O}}$
E_6	$2A_2+A_1$	E_6+A_1
E_6	$3A_1$	D_5+A_1
E_6	A_1	$D_5(a_1)$
E_6	$\emptyset$	D_4
D_6	$3\ 2^4 1$	D_6
D_6	$3\ 2^2 1^5$	$D_6(a_1)+A_1$
D_6	$2^4 1^4$	$2A_4$
D_6	$2^2 1^8$	$(A_5+A_1)''$
D_6	1^{12}	A_4
D_5+A_1	$3\ 2^2 1^3;1^2$	$D_7(a_1)$
D_5+A_1	$2^2 1^6;1^2$	$D_6(a_1)+A_1$
D_5+A_1	$1^{10};1^2$	$(A_5+A_1)''$
D_4+A_2	$3\ 2^2 1;1^3$	D_7
D_4+A_2	$2^2 1^4;1^3$	$D_8(a_3)$
D_4+A_2	$1^8;1^3$	A_6
A_6	1^7	D_4+A_2
A_5+A_1	$1^6;1^2$	$2A_4$
A_4+A_2	$1^5;1^3$	D_5+A_2
$2A_3$	$1^4;1^4$	$D_7(a_2)$
A_4+2A_1	$1^5;1^2;1^2$	$D_7(a_2)$
$A_3+A_2+A_1$	$1^4;1^3;1^2$	$D_8(a_3)$
$2A_2+2A_1$	$1^3;1^3;1^2;1^2$	A_8
D_5	$3\ 2^2 1^3$	$E_7(a_2)$
D_5	$2^2 1^6$	$E_6(a_1)$
D_5	1^{10}	D_5

$\mathfrak{m}$	$\mathcal{O}$	$\tilde{\mathcal{O}}$
D_4+A_1	$3\ 2^2 1;1^2$	$E_7(a_1)+A_1$
D_4+A_1	$2^2 1^4;1^2$	A_8
D_4+A_1	$1^8;1^2$	$E_6(a_1)$
A_5	1^6	$D_6(a_1)$
A_4+A_1	$1_5;1_2$	$E_6(a_1)+A_1$
A_3+A_2	$1^4;1^3$	$D_7(a_1)$
A_3+2A_1	$1^4;1^2;1^2$	A_8
$2A_2+A_1$	$1^3;1^3;1^2$	$E_7(a_2)+A_1$
A_2+3A_1	$1^3;1^2;1^2;1^2$	$D_8(a_1)$
D_4	$3\ 2^2 1$	E_7
D_4	$2^2 1^4$	$E_7(a_2)+A_1$
D_4	1^8	E_6
A_4	1^5	D_6+A_1
A_3+A_1	$1^4;1^2$	$E_7(a_2)+A_1$
$2A_2$	$1^3;1^3$	$D_8(a_1)$
A_2+2A_1	$1^3;1^2;1^2$	$E_7(a_1)+A_1$
$4A_1$	$1^2;1^2;1^2;1^2$	D_8
A_3	1^4	$E_7(a_1)$
A_2+A_1	$1^3;1^2$	D_8
$3A_1$	$1^2;1^2;1^2$	E_7+A_1
A_2	1^3	E_7+A_1
$2A_1$	$1^2;1^2$	$E_8(a_2)$
A_1	1^2	$E_8(a_1)$
$\emptyset$	$\{0\}$	E_8

La même méthode permet aussi de trouver dans chaque cas un élément explicite $x \in \tilde{\mathcal{O}} \cap (\bigoplus_{j\geq 2} \mathfrak{g}_i)$. Elashvili a utilisé ces représentants pour étudier le comportement des stabilisateurs lors de l'induction et il a obtenu en particulier le résultat mentionné en (7.15).

Les tables d'Elashvili donnent bien sûr aussi l'induction pour les classes unipotentes des groupes simples exceptionnels en caractéristique nulle. En utilisant les résultats de Shoji, Shinoda et Mizuno on vérifie facilement que ces tables sont correctes en caractéristique quelconque pour autant qu'on utilise les conventions faites en (I.2.13) et qu'en caractéristique 2, lorsque le sous-groupe M correspondant à $\mathfrak{m}$ est un groupe classique, on fasse les substitutions suivantes dans la colonne donnant $\mathcal{O}$:

a) Si M est de type B_3 , il existe un homomorphisme surjectif π : $M \to Sp_6$. Si (λ,ε) représente une classe unipotente de Sp_6 , notons $(\lambda,\varepsilon)^*$ la classe unipotente de M dont l'image est $C_{\lambda,\varepsilon}$. On doit alors remplacer $2^2 \oplus 1^3$ par $(2^2_0 \oplus 1^2)^*$ et 1^7 par $(1^6)^*$.

b) Si M est de type D_ℓ $(\ell \geq 4)$, on fait les substitutions suivantes :

M	remplacer λ par $(\mu,\ )$	
D_4	$3 \oplus 2^2 \oplus 1$	2^4
D_4	$2^2 \oplus 1^4$	$2^2_0 \oplus 1^4$
D_5	$3 \oplus 2^2 \oplus 1^3$	$2^4 \oplus 1^2$
D_5	$2^2 \oplus 1^6$	$2^2_0 \oplus 1^6$
D_6	$3 \oplus 2^4 \oplus 1$	2^6
D_6	$3 \oplus 2^2 \oplus 1^5$	$2^4 \oplus 1^2$

M	remplacer λ par $(\mu,\ )$	
D_6	$2^4 \oplus 1^4$	$2^4_0 \oplus 1^4$
D_6	$2^2 \oplus 1^8$	$2^2_0 \oplus 1^8$
D_7	$3^3 \oplus 2^2 \oplus 1$	$3^2 \oplus 2^4$
D_7	$3 \oplus 2^4 \oplus 1^3$	$2^6 \oplus 1^2$
D_7	$3 \oplus 2^2 \oplus 1^7$	$2^4 \oplus 1^6$
D_7	$2^4 \oplus 1^6$	$2^4_0 \oplus 1^6$
D_7	$2^2 \oplus 1^{10}$	$2^2_0 \oplus 1^{10}$

Ces substitutions sont en fait naturelles (III.5.2).

En caractéristique 2 il reste encore quelques classes supplémentaires pour lesquelles il faut calculer l'induction. Si C est une classe unipotente rigide de M et $\tilde{C} = \mathrm{Ind}_M^G(C)$, on obtient (avec les mêmes conventions que ci-dessus) le tableau suivant :

G	M	C	$\tilde{C}$
F_4	B_3	$(2 \oplus 1^4)^*$	$C_3(a_1)_2$
	C_3	$2_0^2 \oplus 1^2$	$C_3(a_1)$
	C_2	2_0^2	$F_4(a_2)$
E_7	D_6	$4 \oplus 3^2 \oplus 2$	A_6
E_8	E_7	$(A_3 + A_2)_2$	A_6
	D_7	$4 \oplus 3^2 \oplus 2 \oplus 1^2$	$(D_7(a_1))_2$
	D_6	$4 \oplus 3^2 \oplus 2$	$D_8(a_1)$

Références.

A1. A.V. Alekseevsky: Component groups of centralizer for unipotent elements in semisimple algebraic groups. Trudy Tbiliss. Mat. Inst. Razmazde Akad. Nauk Gruzin. SSR 62 (1979), 5-27.

A2. W. Borho, H. Kraft: Ueber Bahnen und deren Deformationen bei linearen Aktionen reduktiver Gruppen. Comment. Math. Helv. 54 (1979), 61-104.

A3. A.G. Elashvili: The centralizers of nilpotent elements in the semisimple Lie algebras. Trudy Tbiliss. Mat. Inst. Razmadze Akad. Nauk Gruzin. SSR 46 (1975), 109-132.

CHAPITRE III

DUALITE

Dans ce chapitre, G est un groupe réductif connexe, sauf aux paragraphes 3 et 4 où il est commode de considérer aussi O_{2n}, et au paragraphe 12. On note X^G, ou X si aucune confusion n'est à craindre, l'ensemble ordonné des classes unipotentes de G.

1. Une relation de dualité.

1.1. Si P est un sous-groupe parabolique de G, la classe de Richardson $C_P \in X$ est la classe unipotente de G qui contient un ouvert dense du radical unipotent de P. On note X_R^G (ou X_R) l'ensemble des classes de Richardson de G. On associe aussi à P la classe $\hat{C}_P \in X$ qui contient les éléments unipotents réguliers d'un sous-groupe de Levi de P, et on note X_L^G (ou X_L) le sous-ensemble de X formé des classes qui s'obtiennent de cette manière. Remarquons que si $\hat{C}_P = \hat{C}_Q$, alors les sous-groupes paraboliques P et Q sont associés, et on a alors $C_P = C_Q$ (II.3.7). Mais de $C_P = C_Q$ on ne peut pas déduire en général que $\hat{C}_P = \hat{C}_Q$.

Si $G = GL_n$, alors $X_R = X_L = X$, et $d : X \to X$, $\hat{C}_P \mapsto C_P$ est une involution décroissante. Elle correspond à l'involution $\lambda \mapsto \lambda^*$ de l'ensemble des partitions de n.

1.2. Nous considérons maintenant les applications décroissantes $d: X \to X$ qui satisfont les conditions suivantes :

I) pour tout sous-groupe parabolique P de G, on a $d(\widehat{C}_P) = C_P$;

II) soit $e = d^2$. Alors $x \leqslant e(x)$ pour tout $x \in X$.

On note $\tilde{X}^G$ (ou $\tilde{X}$) l'image de d.

1.3. LEMME. _Dans cette situation,_ $d^3 = d$, $e^2 = e$, $\tilde{X} = e(X)$ $= \{x \in X \mid x = e(x)\}$, _et la restriction de_ d _à_ $\tilde{X} \to \tilde{X}$ _est une involution décroissante._

Transformons l'inégalité $x \leqslant d^2(x)$ d'une part en lui appliquant d, d'autre part en remplaçant x par $d(x)$. On trouve $d(x) \geqslant d(d^2(x))$ et $d(x) \leqslant d^2(d(2))$, d'où $d(x) = d^3(x)$. Les assertions restantes se déduisent de celle-là.

1.4. THEOREME. _Il existe une application décroissante_ $d : X \to X$ _satisfaisant les conditions de_ (1.2.).

On peut supposer que $\Delta(G)$ est connexe. Si G est un groupe exceptionnel, l'existence de d se vérifie par un examen des tables. Pour les groupes classiques on a un résultat plus précis :

1.5. THEOREME. _Supposons que_ G _soit de type_ A_n, B_n, C_n _ou_ D_n. _Alors_ d _est unique. De plus, pour tout_ $x \in X$ _on a_ $d(x) = \sup_X\{\widehat{C}_P \mid C_P \geqslant x\}$ _et_ $e(x) = \inf_X\{C_P \mid C_P \geqslant x\}$.

Ce résultat sera démontré aux paragraphes 4,6,7 et 8 si G est de type B_n, C_n ou D_n. Le cas où G est de type A_n est trivial.

2. Un critère d'unicité.

On suppose que $d : X \to X$ est une application décroissante qui vérifie les conditions de (1.2).

2.1. LEMME. *Si* $x = \inf_X\{C_P | C_P \geqslant x\}$, *alors* $x \in \hat{X}$.

Si $C_P \geqslant x$, alors $e(x) \leqslant e(C_P) = C_P$, donc $e(x) \leqslant x$, d'où $e(x) = x$ puisqu'on a toujours $x \leqslant e(x)$.

2.2. On suppose dans le reste du paragraphe que l'application $d_o : X \to X$, $x \mapsto \sup\{\hat{C}_P | C_P \geqslant x\}$ est bien définie et satisfait les conditions de (1.2), et que $e_o = d_o^2$ est définie par la formule $e_o(x) = \inf\{C_P | C_P \geqslant x\}$. Soit $\tilde{X}_o = d_o(X) = e_o(X)$.

D'après (2.1) on a donc $\tilde{X}_o \subset \tilde{X}$.

2.3. LEMME. *Pour tout* $x \in X$, $d(x) \geqslant d_o(x)$.

En effet, $d(C_P) = e(\hat{C}_P) \geqslant \hat{C}_P$. Si $x \in X$ et $C_P \geqslant x$, on a donc $d(x) \geqslant d(C_P) \geqslant \hat{C}_P$, d'où $d(x) \geqslant d_o(x)$ par définition de d_o.

2.4. LEMME. *Pour tout sous-groupe parabolique* P *de* G, $d(C_P) = d_o(C_P)$ *et* $e(\hat{C}_P) = e_o(\hat{C}_P)$.

On a $d(C_P) \geqslant d_o(C_P)$. Mais $d_o(C_P) = e_o(\hat{C}_P)$ et $d(C_P) = e(\hat{C}_P)$. Donc $e(\hat{C}_P) \geqslant e_o(\hat{C}_P)$. Comme $\hat{C}_P \leqslant e_o(\hat{C}_P)$, on trouve $e(\hat{C}_P) \leqslant e(e_o(\hat{C}_P)) = e_o(\hat{C}_P)$, puisque $e_o(\hat{C}_P) \in \tilde{X}_o \subset \tilde{X}$. Par conséquent $e(\hat{C}_P) = e_o(\hat{C}_P)$, c'est-à-dire $d(C_P) = d_o(C_P)$.

2.5. LEMME. *Soit* $x \in \tilde{X}_o$. *Alors* $d(x) = d_o(x)$.

On a $x \in \tilde{X}$ et $x = \inf_X\{C_P | C_P \geqslant x\}$. Donc $x = \inf_{\tilde{X}}\{C_P | C_P \geqslant x\}$. Par conséquent $d(x) = \sup_{\tilde{X}}\{d(C_P) | C_P \geqslant x\}$. Mais $d_o(x) = \sup_X\{\hat{C}_P | C_P \geqslant x\}$ $= \sup_X\{d_o(C_P) | C_P \geqslant x\} = \sup_X\{d(C_P) | C_P \geqslant x\}$, d'après (2.4). Comme

$d_o(x) \in \tilde{X}_o \subset \tilde{X}$, on a donc aussi $d_o(x) = \sup_{\tilde{X}}\{d(C_P) \mid C_P \geq x\}$. Par conséquent $d(x) = d_o(x)$.

2.6. PROPOSITION. Dans la situation de (2.2), soit $X_1 = \{x \in X \mid \hat{C}_P \leqslant x \Longrightarrow e_o(\hat{C}_P) \leqslant x\}$. Supposons que $X_1 = \tilde{X}_o$. Alors $d = d_o$.

Puisque $e(\hat{C}_P) = e_o(\hat{C}_P)$, d'après (2.4), on trouve que $\tilde{X} \subset X_1$, et donc que $\tilde{X} = \tilde{X}_o$. On en déduit immédiatement que $e = e_o$, et donc que $d = d \circ e = d \circ e_o = d_o \circ e_o = d_o$ (en particulier parce que d et d_o coïncident sur $\tilde{X}_o$) .

3. Sur la relation d'ordre entre partitions.

3.1. LEMME. Soit E un ensemble ordonné fini ayant un plus grand élément. Supposons que pour tout $x, y \in E$, $\inf(x,y)$ existe. Alors pour tout sous-ensemble A de E , $\inf(A)$ et $\sup(A)$ existent.

Si $A = \emptyset$, $\inf(A)$ est le plus grand élément de E . Si $A \neq \emptyset$, l'existence de $\inf(A)$ se montre par récurrence sur $|A|$. Soit $B = \{x \in E \mid x \geqslant a$ pour tout $a \in A\}$, soit $b_o = \inf(B)$ et soit $C = \{x \in E \mid x \leqslant b$ pour tout $b \in B\}$. Alors $A \subset C$ et $b_o = \max(C)$. Donc $b_o \geqslant a$ pour tout $a \in A$, ce qui montre que $b_o \in B$, c'est-à-dire que $b_o = \sup(A)$.

3.2. Soit $N \in \mathbb{N}$. On note $P(N)$ l'ensemble des partitions de N . Rappelons que si $\lambda = (\lambda_1, \lambda_2, \ldots) \in P(N)$, on note $\lambda^* = (\lambda_1^*, \lambda_2^*, \ldots) \in P(N)$ la partition duale de λ. Si $\lambda, \mu \in P(N)$, on pose $\lambda \leqslant \mu$ si pour tout $i \geqslant 1$, $\sum_{j \leqslant i} \lambda_j \leqslant \sum_{j \leqslant i} \mu_j$. Cela fait de $P(N)$ un ensemble ordonné, et l'involution $\lambda \mapsto \lambda^*$ de $P(N)$ est décroissante.

3.3. LEMME. <u>Soit</u> A <u>un sous-ensemble de</u> $\mathcal{P}(N)$. <u>Alors</u> $\inf(A)$ <u>et</u> $\sup(A)$ <u>existent</u>.

Il suffit de montrer que si $\lambda,\mu \in \mathcal{P}(N)$, alors $\inf(\lambda,\mu)$ existe. Pour tout $i \geq 1$, soient $\ell_i = \sum_{j\leq i} \lambda_i$, $m_i = \sum_{j\leq i} \mu_i$, $n_i = \min(\ell_i, m_i)$ et $\nu_i = n_i - n_{i-1}$ (où $n_0 = 0$) . On vérifie sans peine que $\nu = (\nu_1,\nu_2,\ldots) \in \mathcal{P}(N)$, et il est clair alors que $\nu = \inf(\lambda,\mu)$.

3.4. LEMME. <u>Soient</u> λ <u>et</u> μ <u>des partitions de</u> N. <u>Supposons que</u> $\sum_{j\leq i} \lambda_j \leq \sum_{j\leq i} \mu_j$ <u>pour tout</u> i <u>tel que</u> $\lambda^*_{\lambda_i} = i$ (c'est-à-dire tel que $\lambda_i \neq \lambda_{i+1}$) , $1 \leq i \leq \lambda^*_1$. <u>Alors</u> $\lambda \leq \mu$.

Dans le cas contraire, il existerait i tel que $\sum_{j\leq i} \lambda_j > \sum_{j\leq i} \mu_j$. Soient $i_0 = \lambda^*_{\lambda_i+1}$ et $i_1 = \lambda^*_{\lambda_i}$. Alors $i_0 < i < i_1$. Comme $\sum_{j\leq i_0} \lambda_j \leq \sum_{j\leq i_0} \mu_j$ et $\lambda_{i_0+1} = \lambda_{i_0+2} = \ldots = \lambda_{i_1}$, on doit avoir $\lambda_i > \mu_i$, et donc aussi $\lambda_\ell > \mu_\ell$ pour $i \leq \ell \leq i_1$. Par conséquent $\sum_{j\leq i_1} \lambda_j > \sum_{j\leq i_1} \mu_j$, contrairement à l'hypothèse.

3.5. Soit maintenant G l'un des groupes Sp_{2n}, SO_{2n+1} ou O_{2n}. On suppose que $p \neq 2$, et à l'aide de la représentation naturelle $G \subset GL_N$ ($N = 2n$ si $G = Sp_{2n}$ ou O_{2n} , $N = 2n+1$ si $G = SO_{2n+1}$) on représente les classes unipotentes de G par des partitions de N . Soit $\mathcal{X}$ le sous-ensemble de $\mathcal{P}(N)$ correspondant ainsi à X^G . L'ordre sur X^G correspond à l'ordre induit de $\mathcal{P}(N)$ sur $\mathcal{X}$(I.2.4) . On note $\mathcal{X}_R$, $\mathcal{X}_L$ les sous-ensembles de $\mathcal{X}$ correspondant à X_R, X_L respectivement.

3.6. LEMME. <u>Si</u> $\lambda \in \mathcal{P}(N)$, <u>alors</u> $\inf_{\mathcal{X}}(\lambda)$ <u>existe</u>.

On peut supposer que $\lambda \notin \mathcal{X}$. Supposons que $G = SO_{2n+1}$ ou O_{2n} (resp. $G = Sp_{2n}$) . Il existe alors un plus grand entier pair (resp. impair) i tel que $\lambda^*_i - \lambda^*_{i+1}$ soit impair, et un plus grand entier j tel que $j = 1$ ou $2 \leq j \leq i-1$ et $\lambda^*_{j-1} \neq \lambda^*_j$. Soient $r = \lambda^*_i$, $s = \lambda^*_{j+1}$ et soit λ' la partition de N définie par $\lambda'_r = \lambda_r - 1$, $\lambda'_s = \lambda_s + 1$, $\lambda'_h = \lambda_h$ si $h \neq r,s$. Alors $\lambda' < \lambda$, et on vérifie facilement que $\{\mu \in X \mid \mu \leq \lambda'\} = \{\mu \in X \mid \mu \leq \lambda\}$. Par récurrence, on peut supposer que $\inf_X(\lambda')$ existe et on trouve donc que $\inf_X(\lambda) = \inf_X(\lambda')$ existe.

3.7. On note d l'application $X \to X$, $\lambda \mapsto \inf_X(\lambda^*)$. On pose $e = d^2$, $\tilde{X} = e(X)$.

3.8. LEMME. <u>L'application</u> d <u>est décroissante</u>, e <u>est croissante</u>, $d = d^3$, $e = e^2$, $\lambda \leq e(\lambda)$ <u>pour tout</u> $\lambda \in X$, $d(X) = \tilde{X}$, <u>et la restriction de</u> d <u>à</u> $\tilde{X} \to \tilde{X}$ <u>est une involution</u>.

L'application $\lambda \mapsto \lambda^*$ est décroissante et $\lambda \mapsto \inf_X(\lambda)$ est croissante. Donc d est décroissante. Comme en (1.3), il suffit de savoir que $\lambda \leq e(\lambda)$ pour tout $\lambda \in X$.

Comme $d(\lambda) = \inf_X(\lambda^*) \leq \lambda^*$, on a aussi $\lambda \leq d(\lambda)^*$, d'où $\lambda = \inf_X(\lambda) \leq \inf_X(d(\lambda)^*) = d^2(\lambda) = e(\lambda)$.

3.9. Il est facile de décrire e explicitement. Remarquons que si $\lambda \in P(N)$, alors $\lambda \in X$ si et seulement si la condition suivante est satisfaite. Si $G = Sp_{2n}$ (resp. si $G = SO_{2n+1}$ ou O_{2n}) , alors pour tout $i \geq 1$, $\lambda^*_{2i-1} - \lambda^*_{2i}$ (resp. $\lambda^*_{2i} - \lambda^*_{2i+1}$) est pair.

3.10. LEMME. <u>Soit</u> $\lambda \in X$ <u>et soit</u> μ <u>la partition définie comme suit</u>. <u>Si</u> $G = Sp_{2n}$ (<u>resp. si</u> $G = SO_{2n+1}$, <u>si</u> $G = O_{2n}$) :

a) <u>si</u> $j \geq 0$ <u>est un entier pair (resp. impair, impair) tel que</u> λ^*_{j+1} <u>soit impair (resp. pair, impair) et</u> $\lambda^*_{j+1} \neq \lambda^*_{j+2}$, <u>alors</u> $\mu^*_{j+1} = \lambda^*_{j+1} - 1$ <u>et</u> $\mu^*_{j+2} = \lambda^*_{j+2} + 1$.

b) <u>si</u> μ^*_i <u>n'est pas spécifié par la règle (a), alors</u> $\mu^*_i = \lambda^*_i$.

Alors $\mu = e(\lambda)$.

Soit $e' : X \to X$ l'application définie par ces formules. Supposons d'abord que $G=Sp_{2n}$. Alors λ^*_{2i-1} et λ^*_{2i} ont la même parité pour tout $i \geq 1$. Soit $\nu = d(\lambda) = \inf_X(\lambda^*)$. Alors ν s'obtient en appliquant de manière répétée la construction utilisée dans la démonstration de (3.6). On trouve que si λ^*_{2i-1} est impair et $\lambda^*_{2i-1} \neq \lambda^*_{2i}$, alors $\nu_{2i-1} = \lambda^*_{2i-1}-1$ et $\nu_{2i} = \lambda^*_{2i}+1$, et que $\nu_{2i-1} = \lambda^*_{2i-1}$ et $\nu_{2i} = \lambda^*_{2i}$ si λ^*_{2i-1} est pair ou si $\lambda^*_{2i-1} = \lambda^*_{2i}$. On en déduit aussitôt que $\nu^* = \mu$ appartient aussi à X , et donc que $\mu = \inf_X(\nu^*) = d(\nu) = e(\lambda)$.

Le cas où $G=SO_{2n+1}$ se traite de manière similaire.

Supposons maintenant que $G=O_{2n}$. On montre facilement que $d \circ e' = d$, et donc que $e \circ e' = e$. Supposons maintenant que $\lambda \in e'(X)$. Soit $\mu' = e(\lambda)$. Montrons que $\mu' \leq \lambda$.

Soit $i \geq 1$ un entier et soit ν l'unique partition de N telle que $\nu^*_j = \lambda^*_j$ si $j \leq 2i+1$ et $\nu^*_j \leq 1$ si $j \geq 2i+2$. Il est clair que $\nu \in X$, que $\lambda \leq \nu$ et que si $\ell = 2i$ ou $2i+1$, alors $\sum_{j\leq \ell} \nu^*_j = \sum_{j\leq\ell} \lambda^*_j$. Soit $\nu' = e(\nu)$. En tenant compte de la forme de ν , on trouve que $\nu'^*_j = \nu^*_j$ si $j \geq 2i+1$, et donc $\sum_{j\leq\ell} \nu'^*_j = \sum_{j\leq\ell} \nu^*_j$ si $\ell = 2i$ ou $2i+1$. Comme e est croissante et $\lambda \leq \nu$, on a $\mu' \leq \nu'$, donc $\nu'^* \leq \mu'^*$, et par conséquent $\sum_{j\leq \ell} \nu'^* \leq \sum_{j\leq \ell} \mu'^*_j$. Il est clair que $\lambda^*_1 = \mu'^*_1$, et les résultats ci-dessus montrent que $\sum_{j\leq \ell} \lambda^*_j \leq \sum_{j\leq \ell} \mu'^*_j$. Comme i est arbitraire, on a donc $\lambda^* \leq \mu'^*$, d'où $\mu' \leq \lambda$.

Cela montre que $(e \circ e')(\lambda) \leq e'(\lambda)$ pour tout $\lambda \in X$. Mais on a aussi $e(e'(\lambda)) \geq e'(\lambda)$ d'après (3.8). Donc $e \circ e' = e'$. Comme on sait déjà que $e \circ e' = e$, on a $e = e'$.

3.11. On déduit facilement de (3.10) que si $G = Sp_{2n}$ ou SO_{2n+1} , alors $\tilde{X} = \{\lambda \in X | \lambda^* \in X\}$.

4. Le cas des groupes classiques ($p \neq 2$).

4.1. On suppose que $p \neq 2$ et que $G = Sp_{2n}$, SO_{2n+1} ou O_{2n} et on utilise les mêmes notations qu'au paragraphe 3. On note $\rho_P \in X$ la partition de N correspondant à C_P , et λ_P la partition correspondant à C_P . Soient $d' : X \to X$, $x \mapsto \sup\{\lambda_P | \rho_P \geq x\}$ et $e' : X \to X$, $x \mapsto \inf_X\{\rho_P | \rho_P \geq x\}$.

4.2. LEMME. Les applications d' et e' ci-dessus sont bien définies.

D'après (3.1) il suffit de montrer si λ, $\mu \in X$, alors $\inf(\lambda,\mu)$ existe, ce qui est clair puisque $\inf_X(\inf_{P(N)}(\lambda,\mu))$ existe d'après (3.3) et (3.6).

4.3. LEMME. L'application e' est croissante, d' est décroissante, $d' \circ e' = d'$, $e'^2 = e'$, $x \leq e'(x)$ pour tout $x \in X$ et $e'(x) = x$ pour tout $x \in X_R$.

Ces propriétés sont des conséquences immédiates des définitions.

4.4. Soit P un sous-groupe parabolique de G . Comme en (II.7.2) on associe à P des entiers $m \geq 0$, $r \geq 0$, $n_1 \geq 1, \ldots, n_r \geq 1$ tels que $n = m+n_1+\ldots+n_r$ ($m \neq 1$ si $G=O_{2n}$) . Soit L un sous-groupe de Levi de P . Alors L est de type $T_m + A_{n_1-1}+\ldots+A_{n_r-1}$ si G est de type T_n (T représente ici l'une des lettres B, C ou D). Dans cette notation on tient compte de la longueur des racines, et on distingue les sous-systèmes de type A_1+A_1 ou A_3 des sous-sytèmes de type D_2 ou D_3 (cela est clair d'après (II.7.2)).

La partition λ_P s'obtient alors en arrangeant par ordre décroissant les termes de la suite $(m',m'',n_1,n_1,n_2,n_2,\ldots,n_r,n_r,0,\ldots)$, où $m'=2m$ et $m''=0$ si $G=Sp_{2n}$, $m'=2m+1$ et $m''=0$ si $G=SO_{2n+1}$, $m'=2m-1$ et $m''=1$ si $G=O_{2n}$ et $m \geq 2$, et $m'=m''=0$ si $G=O_{2n}$ et $m=0$.

4.5. LEMME. <u>Supposons que</u> $\lambda \in X$ <u>soit tel que</u> $\lambda_P \leq \lambda \Longrightarrow e(\lambda_P) \leq \lambda$. <u>Alors</u> $\lambda \in \tilde{X}$.

Supposons que $G = Sp_{2n}$ (resp. SO_{2n+1}, O_{2n}). Si $\lambda \notin \tilde{X}$, il existe un entier impair (resp. pair pair) $r \geq 1$ tel que $\lambda_r^* \neq \lambda_{r+1}^*$ et tel que λ_r^* soit impair (resp. pair, impair). Soient $i = \lambda_{r+1}^*$, $i' = \lambda_r^*$, $a = \sum_{j\leq i} \lambda_j$ et $\ell = \left[\frac{a}{i}\right]$. Soit μ l'unique partition de N telle que : $\ell \leq \mu_j \leq \ell+1$ si $j \leq i$, $\mu_j = r$ si $i+1 \leq j \leq i'$, $\mu_j \leq 1$ si $j \geq i'+1$ et $\sum_{j\leq i} \mu_j = a$. On vérifie sans peine que $\mu \leq \lambda$ et $\mu \in X_L$ (en tenant compte du fait que a est pair (resp. pair, impair)), mais on a $e(\mu) \not\leq \lambda$, contrairement à l'hypothèse.

4.6. LEMME. $\rho_P = d(\lambda_P)$.

C'est une conséquence de (II.7.4) (voir aussi (II.7.7)).

4.7. COROLLAIRE. $X_R \subset \tilde{X}$.

4.8. LEMME. <u>Soit</u> $\lambda \in X$ <u>et soit</u> P <u>un sous-groupe parabolique de</u> G. <u>Alors les conditions suivantes sont équivalentes</u> :

a) $\rho_P \geq \lambda$;

b) $\lambda_P \leq d(\lambda)$.

On a en effet les équivalences suivantes :

$$\rho_P \geq \lambda \Longleftrightarrow \inf_X(\lambda_P^*) \geq \lambda \Longleftrightarrow \lambda_P^* \geq \lambda \Longleftrightarrow \lambda_P \leq \lambda^*$$
$$\Longleftrightarrow \lambda_P \leq \inf_X(\lambda^*) \Longleftrightarrow \lambda_P \leq d(\lambda).$$

4.9. COROLLAIRE. <u>Pour tout</u> $\lambda \in X$, $d'(\lambda) = \sup_X\{\mu \in X_L \mid \mu \leq d(\lambda)\}$.

4.10. LEMME. <u>Si</u> $\lambda \in \tilde{X}$, <u>alors</u> $\lambda = \sup_X\{\mu \in X_L \mid \mu \leq \lambda\}$.

Soit i un entier tel que $1 \leq i \leq \lambda_1^*$ et $i = \lambda_{\lambda_i}^*$. D'après (3.4) il suffit de montrer qu'il existe $\nu \in X_L$ tel que $\nu \leq \lambda$ et $\sum_{j \leq i} \nu_j = \sum_{j \leq i} \lambda_j$.

Soit $a = \sum_{j \leq i} \lambda_j$ et soit $\ell = [\frac{a}{i}]$. Il existe une unique partition $\nu \in P(N)$ telle que $\ell \leq \nu_j \leq \ell+1$ pour $1 \leq \ell \leq i$, $\nu_j \leq 1$ pour $\ell \geq i+1$ et $\sum_{j \leq i} \nu_j = a$. On vérifie sans peine que $\nu \in X_L$ (en particulier en remarquant que a est pair si $G = Sp_{2n}$, et que $a - i$ est pair si $G = SO_{2n+1}$ ou O_{2n}). Cela démontre le lemme.

4.11. COROLLAIRE. Si $\lambda \in \tilde{X}$, alors $\lambda = \sup_{\tilde{X}}\{\mu \in X_L \mid \mu \leq \lambda\}$.

4.12. PROPOSITION. On a $d = d'$ et $e = e'$.

Soit $\lambda \in X$. Comme $\lambda \leq e(\lambda) \leq \mu$ pour tout $\mu \in \tilde{X}$ tel que $\lambda \leq \mu$, et que $X_R \subset \tilde{X}$, on a $\lambda \leq e(\lambda) \leq e'(\lambda)$. Transformons ces inégalités de deux manières différentes, en leur appliquant e' d'une part, et en remplaçant λ par $e'(\lambda)$ d'autre part. On trouve :

$$e'(\lambda) \leq (e' \circ e)(\lambda) \leq (e' \circ e')(\lambda) = e'(\lambda) \; ;$$

$$e'(\lambda) \leq (e \circ e')(\lambda) \leq (e' \circ e')(\lambda) = e'(\lambda) \; .$$

On a donc $e' = e \circ e' = e' \circ e$. En particulier $e'(\lambda) \in \tilde{X}$ pour tout $\lambda \in X$, et donc $e'(\lambda) = \inf_{\tilde{X}}\{\rho_P \mid \rho_P \geq \lambda\}$. De plus, pour montrer que $e = e'$, il suffit de montrer que e' est l'identité sur $\tilde{X}$, ou, ce qui revient au même, que $d \circ e' \circ d$ est l'identité sur $\tilde{X}$.

Si $\lambda \in \tilde{X}$, on a, d'après (4.6), (4.8) et (4.11) :

$$(d \circ e' \circ d)(\lambda) = d(\inf_{\tilde{X}}\{\rho_P \mid \rho_P \geq d(\lambda)\}) = \sup_{\tilde{X}}\{d(\rho_P) \mid \rho_P \geq d(\lambda)\}$$

$$= \sup_{\tilde{X}}\{e(\lambda_P) \mid \lambda_P \leq \lambda\} = \sup_{\tilde{X}}\{\lambda_P \mid \lambda_P \leq \lambda\} = \lambda \; .$$

On a donc $e' = e$.

Comme $d' \circ e' = d'$, on a aussi $d' \circ e = d'$, et pour montrer que $d = d'$, il suffit de montrer que d et d' coïncident sur $\tilde{X}$, ce qui est vrai puisque d'après (4.10) et (4.11) on a, si $\lambda \in \tilde{X}$:

$$d'(\lambda) = \sup_X\{\mu \in X_L \mid \mu \leq d(\lambda)\} = d(\lambda) .$$

4.13. REMARQUE. Les résultats obtenus jusqu'ici démontrent (1.5) dans le cas où $p \neq 2$, sauf si G est de type D_n avec n pair. En effet, la proposition (4.12) et les lemmes (3.8) et (4.6) montrent que d satisfait les conditions (1.2) et que d et e sont donnés par les formules désirées. L'unicité résulte maintenant de (2.6) et (4.5).

Pour les groupes de type D_n avec n pair (et $p \neq 2$), nous obtenons un analogue du théorème, avec les classes unipotentes de SO_{2n} remplacées par les classes unipotentes de O_{2n}. Pour démontrer le théorème dans ce cas, nous allons montrer que le passage de O_{2n} à SO_{2n} se fait sans rien perdre des résultats obtenus.

4.14. Supposons que $G = O_{2n}$, avec n pair. Soit $X_2 = \{\lambda \in X \mid \lambda_i$ est pair pour tout $i \geq 1\}$. Si $\lambda \in X$, la classe unipotente C_λ de O_{2n} correspondant à λ est une classe unipotente de SO_{2n} si $\lambda \in X_1 = X - X_2$, et C_λ est la réunion de deux classes unipotentes C_λ^1, C_λ^2 de SO_{2n} si $\lambda \in X_2$.

Si $\lambda \in X_2$, les classes unipotentes C_λ, C_λ^1, C_λ^2 ont été étudiées en (II.7.5) et (II.7.6). En particulier $X_2 \subset X_R \cap X_L \subset \tilde{X}$. Si $\lambda \in X_2$, alors $\lambda^* \in X_2$, et donc $d(\lambda) = \lambda^*$. Si $\nu \in X$ et $\nu < \lambda$ (resp. $\nu > \lambda$), alors $\bar{C}_\nu \subset \bar{C}_\lambda^1 \cap \bar{C}_\lambda^2$ (resp. $\bar{C}_\nu \supset \bar{C}_\lambda^1 \cup \bar{C}_\lambda^2 = \bar{C}_\lambda$). D'autre part, si $\nu \in X$ est un élément maximal de $\{\mu \in X \mid \mu < \lambda\}$, il est facile de vérifier qu'il existe un entier pair $i \leq \lambda_1^*$ $(i \geq 2)$ tel que $\lambda_{\lambda_i}^* = i$, $\nu_i = \nu_{i-1} = \lambda_i - 1$, $\nu_{i+1} = \nu_{i+2} = \lambda_{i+1}+1$ et $\nu_j = \lambda_j$ si $j \leq i-2$ ou $j \geq i+3$. On déduit alors de (3.10) que $\nu \in \tilde{X} \cap X_1$.

Soit X' l'ensemble ordonné des classes unipotentes de SO_{2n} et soit $\pi : X' \to X$ l'application donnée par l'inclusion $SO_{2n} \subsetneq O_{2n}$.

Si P est un sous-groupe parabolique de SO_{2n} (et donc aussi de O_{2n}), soit C'_P la classe de Richardson associée à P dans SO_{2n}. On a donc $C_P = \pi(C'_P)$. De même on définit $\hat{C}'_P \in X'$, et on a $\hat{C}_P = \pi(\hat{C}'_P)$. Soit encore X'_2 le sous-ensemble de X' correspondant à X_2. Les remarques précédentes et les résultats obtenus pour O_{2n} montrent que les applications $\underline{e} : X' \to X'$, $x \mapsto \inf\{C'_P | C'_P \geq x\}$ et $\underline{d} : X' \to X'$, $x \mapsto \sup\{\hat{C}'_P | C'_P \geq x\}$ sont bien définies, que $\underline{d}(\hat{C}'_P) = C'_P$, et qu'on a des diagrammes commutatifs :

$$\begin{array}{ccc} X' & \xrightarrow{\underline{d}} & X' \\ \pi\downarrow & & \downarrow\pi \\ X & \xrightarrow{\underline{d}} & X \end{array} \quad \text{et} \quad \begin{array}{ccc} X' & \xrightarrow{\underline{e}} & X' \\ \pi\downarrow & & \downarrow\pi \\ X & \xrightarrow{\underline{e}} & X \end{array}$$

Pour montrer que $\underline{e} = \underline{d}^2$ et que $\underline{d}^3 = \underline{d}$, il suffit de vérifier que $\underline{e}$ et $\underline{d}^2$ ont la même restriction à $X'_2 \to X'_2$. Cela est clair d'après (II.7.6). Pour démontrer le théorème (1.5) dans le cas de SO_{2n} $(p \neq 2)$ il ne reste qu'à vérifier l'unicité, ce qui se fait en constatant que les remarques précédentes et (4.5) permettent d'utiliser (2.6).

5. Dépendance de X par rapport à p.

5.1. Choisissons un groupe réductif connexe G' défini sur $\mathbb{C}$ de même type que G, et un isomorphisme des systèmes de racines de G et G'. Soient $T \subset B$ et $T' \subset B'$ des tores maximaux et des sous-groupes de Borel de G et G' respectivement. Les sous-groupes paraboliques de G contenant B et ceux de G' contenant B' sont en correspondance bijective.

Soit $\Lambda_{T,B}$ (resp. $\Lambda_{T',B'}$) l'ensemble des sous-groupes $L \supset T$ de G (resp. $L' \supset T'$ de G') qui sont des facteurs de Levi de sous-groupes paraboliques de G (resp. de G'). On a une bijection naturelle $\Lambda_{T,B} \to \Lambda_{T',B'}$. Si $L \in \Lambda_{T,B}$ et $L' \in \Lambda_{T',B'}$ se correspondent, on a un isomorphisme naturel des systèmes de racines de L et L'.

Si H est un sous-groupe de G, les éléments unipotents de H appartiennent aussi à G, et cela donne une application croissante $i_{H,G} : X^H \to X^G$. En particulier, si $L \in \Lambda_{T,B}$ on a $i_{L,G} : X^L \to X^G$, et si $L' \in \Lambda_{T',B'}$, on a $i_{L',G'} : X^{L'} \to X^{G'}$.

5.2. Théorème. <u>Il existe une unique application croissante</u> $\pi_G : X^{G'} \to X^G$ <u>ayant les propriétés suivantes</u> :

1) <u>si</u> $L \in \Lambda_{T,B}$ <u>et</u> $L' \in \Lambda_{T',B'}$ <u>se correspondent, alors</u> $i_{L,G} \circ \pi_L \leq \pi_G \circ i_{L',G'}$;

2) <u>si</u> $C' \in X^{G'}$ <u>et</u> $C = \pi_G(C')$, <u>alors</u> $\operatorname{codim}_{\mathcal{U}(G)} C = \operatorname{codim}_{\mathcal{U}(G')} C'$.

<u>De plus,</u> π_G <u>est un isomorphisme de</u> $X^{G'}$ <u>sur son image</u>.

On démontre cela par récurrence sur le rang semi-simple de G.

Supposons que G soit le produit de deux sous-groupes connexes normaux non commutatifs G_1 et G_2. Alors $L_1 = TG_1$ et $L_2 = TG_2$ sont des éléments de $\Lambda_{T,B}$. On a des isomorphismes canoniques $X^{G_1} \cong X^{L_1}$, $X^{G_2} \cong X^{L_2}$, $X^G \cong X^{L_1} \times X^{L_2}$, et de plus $i_{L_1,G}$ et $i_{L_2,G}$ peuvent être considérés comme des inclusions. Si $L_1' \in \Lambda_{T',B'}$ et $L_2' \in \Lambda_{T',B'}$ correspondent à L_1 et L_2 respectivement, on a aussi $X^{G'} \cong X^{L_1'} \times X^{L_2'}$. On peut supposer que π_{L_1} et π_{L_2} existent et sont uniques. Soit $\pi = \pi_{L_1} \times \pi_{L_2}$. Il est clair que π a les p priétés requises. Soit maintenant π_G une application croissante : $X^{G'} \to X^G$ ayant les propriétés (1) et (2). D'après la condition (1), on trouve $\pi_{L_1} \leq pr_1 \circ (\pi_G|_{X^{L_1'}})$ et $\pi_{L_2} \leq pr_2 \circ (\pi_G|_{X^{L_2'}})$, où pr_1 et pr_2 sont les projections de $X^G = X^{L_1} \times X^{L_2}$ sur chacun des facteurs. On a donc $\pi_G \geq \pi_{L_1} \times \pi_{L_2} = \pi$ puisque π_G est croissante, et d'après (2) cela force $\pi_G = \pi$ puisque π est aussi une solution.

On se ramène ainsi au cas où le graphe de Dynkin de G est connexe.

Si G est de type E_6, E_7, E_8, F_4 ou G_2, le théorème se déduit d'un examen des tables. Le cas où G est de type A_n est élémentaire. Si G est de type B_n, C_n ou D_n et $p \neq 2$, on a une bijection évidente $\pi : X^{G'} \to X^G$. Cette bijection a les propriétés désirées. Pour l'unicité, on commence par constater que si π_G est une solution et $L' \in \Lambda_{T',B'}$, alors $\pi_G|_{X^{L'}} = \pi|_{X^{L'}}$ si $L' \neq G'$ (par récurrence sur n). Il suffit donc de montrer que π_G et π coïncident aussi pour les classes unipotentes distinguées, ce qui se fait facilement en utilisant le fait que π_G est croissante.

Il ne reste donc que le cas où G est de type B_n, C_n ou D_n et $p=2$. Ces cas seront traités aux paragraphes 6, 7 et 8.

5.3, Soient $P \supset B$ et $P' \supset B'$ des sous-groupes paraboliques de G et G' respectivement qui se correspondent. On a des classes de Richardson $C_P \in X^G$ et $C_{P'} \in X^{G'}$. On pose $C_P^o = \pi_G(C_{P'})$. De même, on a $\hat{C}_P \in X^G$ et $\hat{C}_{P'} \in X^{G'}$, et on pose $\hat{C}_P^o = \pi_G(\hat{C}_{P'})$. Si P est un sous-groupe parabolique quelconque de G, on définit C_P^o et $\hat{C}_P^o$ à l'aide de l'unique conjugué de P contenant B. On écrit $X = X^G$ et $X^o = \pi_G(X^{G'})$, et on identifie $X^{G'}$ à X^o par l'intermédiaire de π_G. Le sous-ensemble X^o de X et les classes unipotentes C_P^o et $\hat{C}_P^o$ ne dépendent pas du choix de G' et de l'identification des systèmes de racines de G et G'. Soient encore $X_R^o = \pi_G(X_R^{G'})$, $X_L^o = \pi_G(X_L^{G'})$.

5.4. PROPOSITION.

a) $C_P^o = C_P$;

b) <u>l'application</u> $f : X \to X^o$, $x \mapsto \sup_{X^o}(x)$ <u>est bien définie</u>;

c) $\hat{C}_P^o = f(\hat{C}_P)$.

On peut supposer que le graphe de Dynkin de G est connexe. Si G est de type E_6, E_7, E_8, F_4 ou G_2 il suffit d'examiner les tables et d'utiliser (II, App.). Si G est de type A_n, ou si G est de type B_n, C_n ou D_n et $p \neq 2$, on utilise (II.7) pour démontrer (a), les assertions (b) et (c) étant triviales. Pour les groupes de type B_n, C_n et D_n quand $p = 2$, la démonstration sera donnée aux paragraphes 6, 7 et 8.

5.5. Soit $d' : X^{G'} \to X^{G'}$ une application décroissante satisfaisant les conditions de (1.2). Soit $d_o : X^o \to X^o$ l'application induite par d', et soit $e_o = d_o^2$. Posons $d = d_o \circ f$ et $e = e_o \circ f$, où f est l'application définie en (5.4). On considère d et e comme des applications de X dans X. On a bien sûr $e = d^2$. On pose $\tilde{X}^o = d_o(X^o) = d(X)$.

5.6. LEMME. <u>L'application décroissante</u> d <u>obtenue ainsi a les propriétés de</u> (1.2).

C'est une conséquence de (5.4).

5.7. Supposons maintenant que $p = 2$ et soit G un groupe de type B_n, C_n ou D_n. Pour démontrer le théorème (1.5) pour G, on procédera comme suit. On commencera par montrer que (5.2) et (5.4) sont vrais pour G, ce qui d'après (5.6) donnera une application décroissante d satisfaisant les conditions de (1.2). Pour démontrer que d et $e = d^2$ sont données par les formules de (1.5), et pour l'unicité de d, on utilisera les résultats déjà obtenus dans le cas où $p = 0$, à l'aide des lemmes suivants (pour lesquels on suppose que (5.2) et (5.4) sont déjà démontrés).

5.8. LEMME. <u>Dans la situation de</u> (5.7), <u>on a</u> :

a) $\tilde{X} = e(X) = \tilde{X}^o$.

b) <u>Pour tout</u> $x \in X$, $e(x) = \inf\{C_p \mid C_p \geq x\}$.

L'assertion (a) est triviale, et (b) résulte de (5.4) et de l'assertion correspondante dans le cas où $p = 0$.

5.9 LEMME. Dans la situation de (5.7), les conditions suivantes sont équivalentes pour tout $x \in X^{o}$.

a) $C_p \geqslant x$;

b) $\hat{C}_p \leqslant d_o(x)$;

c) $\hat{C}_p^o \leqslant d_o(x)$.

On a (b)$\Leftrightarrow$(c) parce que $\hat{C}_p^o = f(\hat{C}_p)$, et (a)$\Leftrightarrow$(c) est une conséquence de (4.8) et (5.4).

5.10. Considérons les conditions suivantes pour G (dans la situation de (5.7)) :

A) Pour tout $x \in \tilde{X}^o$, on a $x = \sup_X\{y \in X_L \mid y \leqslant x\}$.

B) Si $x \in X$ est tel que pour tout $y \in X_L$ tel que $y \leqslant x$ on ait $e(y) \leqslant x$, alors $x \in X^o$.

5.11. LEMME. Dans la situation de (5.7), supposons que la condition (A) soit satisfaite. Alors pour tout $x \in X$ on a $d(x) = \sup_X\{\hat{C}_p \mid C_p \geqslant x\}$.

On a $d(x) = d(f(x))$ et $C_p \geqslant x \Longrightarrow C_p \geqslant f(x)$. On peut donc supposer que $x \in X^o$, et par conséquent $d(x) = d_o(x) \in \tilde{X}^o$. D'après (5.9), il suffit de montrer que $d_o(x) = \sup_X\{\hat{C}_p \mid \hat{C}_p \leqslant d_o(x)\}$, ce qui est vrai puisque G vérifie la condition (A).

5.12. LEMME. Dans la situation de (5.7), supposons que les conditions (A) et (B) de (5.10) soient satisfaites. Alors le théorème (1.5) est vrai pour G .

D'après (2.6), il ne reste qu'à vérifier que si un élément $x \in X$

est tel que $\hat{C}_P \leq x \Rightarrow e(\hat{C}_P) \leq x$, alors $x \in \tilde{X}$. D'après (B), on sait que $x \in X^o$. Donc $\hat{C}_P^o \leq x \Rightarrow e_o(\hat{C}_P^o) \leq x$. D'après (4.5) , on a alors $x \in \tilde{X}^o$, donc $x \in \tilde{X}$ puisque $\tilde{X} = \tilde{X}^o$ (si G est de type D_n avec n pair, il faut encore utiliser les remarques de (4.14)).

5.13. <u>Remarque</u> : dans la situation de (5.7), soient $x \in \tilde{X}^o$ et y un majorant de $\{z \in X_L \mid z \leq x\}$. Pour démontrer que la condition (A) est satisfaite, il suffit de vérifier que les conditions suivantes sont équivalentes :

1) $y \geq x$

2) $f(y) \geq x$.

En effet, si $z \in X_L$ et $z \leq x$, alors $f(z) \in X_L^o$, $f(z) \leq x$ et $f(z) \leq f(y)$. On déduit alors de (4.10) et de (5.4) que $x \leq f(y)$.

5.14. <u>Remarque</u> : si H est un groupe réductif connexe, notons $\Lambda(H)$ l'ensemble des sous-groupes de H qui sont des facteurs de Levi de sous-groupes paraboliques de H . Si G et G' sont comme en (5.1), on a donc $\Lambda_{T,B} \subset \Lambda(G)$ et $\Lambda_{T'B'} \subset \Lambda(G')$, et la bijection $\Lambda_{T,B} \to \Lambda_{T',B'}$ induit une bijection $\Lambda(G)/_G \to \Lambda(G')/_{G'}$. Si $L \in \Lambda(G)$ et $L' \in \Lambda(G')$ appartiennent à des orbites qui se correspondent, on peut choisir $g \in G$ et $g' \in G'$ de telle sorte que ${}^gL \in \Lambda_{T,B}$ et ${}^{g'}L' \in \Lambda_{T',B'}$ et que ces sous-groupes se correspondent par la bijection de (5.1). On en déduit une application $\pi_L : X^{L'} \to X^L$ qui dépend du choix de g et de g' . Cependant il est clair que l'application $i_{L,G} \circ \pi_L$ ne dépend pas de ce choix. Dans l'énoncé de (5.2) on aurait donc pu remplacer la condition : "si $L \in \Lambda_{T,B}$ et $L' \in \Lambda_{T',B'}$ se correspondent ..." (par la bijection de (5.1)) par la condition : "si $L \in \Lambda(G)$ et $L' \in \Lambda(G')$ appartiennent à des orbites qui se correspondent ...".

6. Le cas de Sp_{2n} $(p = 2)$.

6.1. On suppose que $G = Sp_{2n}$ et $p = 2$. Soit $P(N)$ l'ensemble des partitions de $N = 2n$, et soit X le sous-ensemble de $P(N)$ correspondant aux classes unipotentes de $Sp_{2n}(\mathbb{C})$. On note Y l'ensemble des couples (λ,ε) représentant des classes unipotentes de G (6). Si P est un sous-groupe parabolique de G correspondant aux entiers $m \geq 0$, $r \geq 0$, $n_1 \geq 1,\ldots,n_r \geq 1$ (II.7.2), le couple (λ,ε) correspondant à $\hat{C}_P$ est le suivant. La partition λ s'obtient en réarrangeant les termes de la suite $(2m, n_1,n_1,n_2,n_2,\ldots,n_r,n_r, 0,\ldots)$, et $\varepsilon_i = 1$ si et seulement si $i = 0$ ou $i = 2m$.

Remarquons que si $(\lambda,\varepsilon) \in Y$, alors $\lambda \in X$. On obtient ainsi une application $F : Y \to X$, $(\lambda,\varepsilon) \mapsto \lambda$. Si $\lambda \in X$, il est clair d'après (II.8.2) que $F^{-1}(\lambda)$ a un plus grand élément, et on peut donc définir $\pi : X \to Y$, $\lambda \mapsto \max(F^{-1}(\lambda))$. Si $\lambda \in X$, alors $\pi(\lambda)$ est l'unique couple $(\lambda,\varepsilon) \in Y$ pour lequel $\varepsilon_i \neq 0$ pour tout i . Soit $Y^o = \pi(X)$. D'après (II.8.2), π est une application croissante, et est un isomorphisme de X sur Y^o . On vérifie facilement que les conditions (1) et (2) de (5.2) sont satisfaites par π (en utilisant (I.2.8)). Par conséquent le théorème (5.2) est vérifié pour G , à part l'unicité de π_G . Les propriétés (a) et (b) de (5.4) se déduisent de (II.7.4) et (II.8.2) respectivement, et (c) se déduit de la description du couple (λ,ε) correspondant à $\hat{C}_P$ donnée ci-dessus. Par conséquent (5.4) est vrai pour G (avec $\pi_G = \pi$) .

Pour démontrer (5.2) pour G il ne reste qu'à vérifier l'unicité de π_G , et pour démontrer (1.5) pour G il suffit de s'assurer que les conditions (A) et (B) de (5.10) sont satisfaites.

6.2. Soit $\pi_G : X \to Y$ une application croissante satisfaisant les conditions de (5.2). Montrons que $\pi_G = \pi$. Soit $E = \{\lambda \in X | \pi_G(\lambda) \neq \pi(\lambda)\}$. Remarquons que si $\pi_G(\lambda) \geq \pi(\lambda)$, alors $\pi_G(\lambda) = \pi(\lambda)$ d'après la condition (2) de (5.2), et donc $\lambda \notin E$.

Soit $\lambda \in X$. On vérifie sans peine à l'aide de la condition (1) de (5.2) que $\pi_G(\lambda) \geq \pi(\lambda)$ (et donc $\lambda \notin E$) si l'une des conditions suivantes est satisfaite :

a) il existe un entier impair i tel que $\lambda_i^* - \lambda_{i+1}^* \neq 0$;

b) il existe un entier pair i tel que $\lambda_i^* - \lambda_{i+1}^* \geq 3$.

D'autre part on a pour la même raison :

c) s'il existe un entier pair i tel que $\lambda_i^* - \lambda_{i+1}^* = 2$ et si $\pi_G(\lambda) = (\underline{\lambda},\underline{\varepsilon})$, alors $\underline{\lambda} \geq \lambda$.

Supposons que E soit non vide. Soit λ un élément minimal de E . Alors λ_i est pair pour tout i . De plus $\lambda_1^* \geq 2$ car π_G et π coïncident pour la classe régulière. Soit λ^r l'unique partition de N telle que $\lambda_i^r = \lambda_i$ pour $i \leq r$ et $\lambda_i^r \leq 1$ pour $i \geq r+1$. Alors $\lambda^r \in X$. Si $r<\lambda_1^*$, on a $\lambda^r < \lambda$, et donc $\lambda^r \notin E$, d'où $\pi(\lambda^r) = \pi_G(\lambda^r) < \pi_G(\lambda)$.

Si $\lambda_1 \neq \lambda_2$, soit μ la partition définie par $\mu_1 = \mu_2 = \frac{1}{2}(\lambda_1+\lambda_2)$, $\mu_i = \lambda_i$ si $i \geq 3$. On a $\mu \in X$ et $\mu < \lambda$, d'où $\pi(\mu) = \pi_G(\mu) \leq \pi_G(\lambda)$. En tenant compte aussi des relations $\pi(\lambda^r) \leq \pi_G(\lambda)$ pour $r < \lambda_1^*$, on trouve que $\pi_G(\lambda) \geq \pi(\lambda)$, d'où $\lambda \notin E$, contrairement à la définition de λ .

On a donc $\lambda_1 = \lambda_2$. Supposons $\lambda_1^* \geq 3$. Soit maintenant μ la partition définie par : $\mu_2 = \mu_3 = \frac{1}{2}(\lambda_2+\lambda_3)$, $\mu_i = \lambda_i$ si $i \neq 2,3$. D'après (b) on a $\lambda_2 \neq \lambda_3$, d'où $\mu < \lambda$, et on en déduit que $\pi_G(\lambda) \geq \pi(\mu)$, ce qui, avec les relations $\pi(\lambda^r) \leq \pi_G(\lambda)$ pour $r < \lambda_1^*$, implique que $\pi_G(\lambda) \geq \pi(\lambda)$, contrairement à la définition de λ .

On a donc $\lambda_1^* = 2$, donc $\lambda = (n,n,0,\ldots)$. Si $\pi_G(\lambda) = (\underline{\lambda},\underline{\varepsilon})$, on a d'après (c) $\underline{\lambda} \geq \lambda$, donc $\underline{\lambda}_2^* \leq 2$. La condition (2) de (5.2) implique alors que $\pi_G(\lambda) = \pi(\lambda)$, contrairement à la définition de λ. Donc $E = \emptyset$, ce qui démontre l'unicité de π_G .

6.3. Démontrons maintenant que la condition (A) de (5.10) est satisfaite. Soit Y_L le sous-ensemble de Y correspondant aux classes unipotentes de G de la forme $\hat{C}_P$. Soit $\lambda \in \tilde{X}$, soit $(\lambda,\varepsilon) = \pi(\lambda)$ et soit $(\mu,\phi) \in Y$ un majorant de $\{(\nu,\psi) \in Y_L \mid (\nu,\psi) \leq (\lambda,\varepsilon)\}$. Il faut montrer que $(\lambda,\varepsilon) \leq (\mu,\phi)$. On a $\lambda \leq \mu$ d'après (5.13). Soit i un entier pair tel que que $\sum_{j\leq i} \lambda_j^* = \sum_{j\leq i} \mu_j^*$. Il faut montrer :

a) si $\varepsilon_i = 1$, alors $\phi_i \neq 0$;

b) si $\phi_i = 0$, alors λ_{i+1}^* et μ_{i+1}^* ont la même parité.

Soient $r = \lambda_i^*$, $s = \lambda_{i+1}^*$. Si $\alpha \in P(N)$ on pose, pour alléger les notations, $a_\ell = \sum_{j\leq \ell} \alpha_j$. De même $n_\ell = \sum_{j\leq \ell} \nu_j$ si $\nu \in P(N)$, etc.

Supposons tout d'abord que $r = s$. Alors $\varepsilon_i = \omega$, et il suffit de prouver (b). Soit ν la partition de N telle que $n_r = \ell_r$, $a \leq \nu_j \leq a+1$ si $j \leq r$ et $\nu_j \leq 1$ si $r \geq r+1$, où $a = [\ell_r/r]$. Alors $\nu \in X_L$. Soit (ν,ψ) l'unique élément de Y_L tel que $f(\nu,\psi) = \pi(\nu)$. On a $(\nu,\psi) \leq (\lambda,\varepsilon)$, donc aussi $(\nu,\psi) \leq (\mu,\phi)$, et cela implique que $\nu_{i+1}^* = r = \lambda_{i+1}^*$ et μ_{i+1}^* ont la même parité si $\phi_i = 0$.

Supposons maintenant $r \neq s$. On a donc $\varepsilon_i = 1$, et il suffit de prouver (a). Si r est impair, soit ν la partition de N telle que $\nu_r = i$, $n_{r-1} = \ell_{r-1}$, $a \leq \nu_j \leq a+1$ si $j < r$ et $\nu_j \leq 1$ si $j > r$, où $a = [\ell_{r-1}/r-1]$. Alors $\nu \in X_L$, il existe $(\nu,\psi) \in Y_L$, $(\nu,\psi) \leq (\lambda,\varepsilon)$ et $\psi_i = 1$. On en déduit que $\phi_i = 1$. On peut donc supposer r pair. Si de plus $r-s \geq 2$, soit ν la partition de N telle que $\nu_{r-1} = i$, $n_{r-2} = \ell_{r-2}$, $a \leq \nu_j \leq a+1$ si $j \leq r-2$ et $\nu_j \leq 1$ si $j \geq r$, où $a = [\ell_{r-2}/r-2]$. Alors $\nu \in X_L$, il existe $(\nu,\psi) \in Y_L$, $(\nu,\psi) \leq (\lambda,\varepsilon)$ et $\psi_i = 1$, d'où $\phi_i = 1$. Il reste le cas où $s = r-1$. Soient ν,ν' les partitions de N telles que $n_r = \ell_r$, $a \leq \nu_j$ a+1 si $j \leq r$, $\nu_j \leq 1$ si $j > r$, $n'_{r-1} = \ell_{r-1}$, $b \leq \nu'_j \leq b+1$ si $j < r$ et $\nu'_j \leq 1$ si $j \geq r$, où $a = [\ell_r/r]$ et $b = [\ell_{r-1}/r-1]$. Soient (ν,ψ) et (ν',ψ') les éléments correspondants de Y_L . On a $(\nu,\psi) \leq (\lambda,\varepsilon)$ et

$(\nu',\psi') \leqslant (\lambda,\varepsilon)$, donc aussi $(\nu,\psi) \leqslant (\mu,\phi)$ et $(\nu',\psi') \leqslant (\mu,\phi)$. Remarquons que $b \geqslant a \geqslant i+1$ parce que r est pair et $s = r-1$. Si l'on avait $\phi_i = 0$, on en déduirait que μ^*_{i+1} a la même parité que r et $r-1$, ce qui est impossible. Donc $\phi_i \neq 0$.

La condition (A) est ainsi vérifiée.

6.4. Pour vérifier la condition (B) de (5.10), considérons un élément (λ,ε) de Y , et supposons que (λ,ε) satisfasse la condition suivante : si $(\mu,\phi) \in Y_L$ est tel que $(\mu,\phi) \leqslant (\lambda,\varepsilon)$, alors $e(\mu,\phi) \leqslant (\lambda,\varepsilon)$. On doit montrer qu'alors $(\lambda,\varepsilon) = \pi(\lambda)$.

Soit i un entier pair. Il faut montrer que $\varepsilon_i \neq 0$. On peut supposer que $\varepsilon_j \neq 0$ pour tout $j > i$. Soient $r = \lambda^*_i$ et $s = \lambda^*_{i+1}$. On peut supposer que r et s ont la même parité, et que $r \neq s$. Soit ν la partition de N telle que $n_s = \ell_s$, $a \leqslant \nu_j \leqslant a+1$ si $j \leqslant s$, $\nu_j = i$ si $s+1 \leqslant j \leqslant r$ et $\nu_j \leqslant 1$ si $j > r$, où $a = [\ell_s/s]$ (les notations sont celles de (6.3)). Alors $\nu \in X_L$. Soit (ν,ψ) l'élément correspondant de Y_L . Il est clair que $(\nu,\psi) \leqslant (\lambda,\varepsilon)$. Donc $(\lambda,\varepsilon) \geqslant e(\nu,\psi) = \pi(\nu)$, ce qui force $\varepsilon_i = 1$. La condition (B) est donc satisfaite dans ce cas, et cela prouve (1.5) pour le groupe G .

7. <u>Le cas de SO_{2n} $(p = 2)$</u> .

7.1. On suppose que $G = SO_{2n}$ et $p = 2$. Soit Y l'ensemble des couples (λ,ε) correspondant aux classes unipotentes de O_{2n} contenues dans G , et soit X l'ensemble des partitions de $N = 2n$ correspondant aux classes unipotentes de $O_{2n}(\mathbb{C})$. En tenant compte des résultats de (II.7.6) et de (4.14), il est facile de passer de O_{2n} à G et de $O_{2n}(\mathbb{C})$ à $SO_{2n}(\mathbb{C})$. Il suffit donc de travailler avec X et Y pour démontrer (5.2) et (5.4) et pour vérifier que les conditions (A) et (B) de (5.10) sont satisfaites.

Si P est un sous-groupe parabolique de G correspondant aux entiers $m \geq 0$, $r \geq 0$, $n_1 \geq 1,\ldots,n_r \geq 1$ comme en (II.7.2) (avec $m \neq 1$), le couple (λ,ε) correspondant à $\hat{C}_P$ est le suivant. La partition λ s'obtient en réarrangeant les termes de la suite $(m',m'',n_1,n_1,n_2,n_2,\ldots,n_r,n_r,0,\ldots)$, où $m'=2m-2$ et $m''=2$ si $m \geq 2$ et $m'=m''=0$ si $m=0$. Si $i \geq 2$, $\varepsilon_i = 1$ si et seulement si $i=m'$ ou $i=m''$.

7.2. Soit $\lambda \in X$. On associe à λ l'unique couple $\pi(\lambda) = (\underline{\lambda},\underline{\varepsilon}) \in Y$ satisfaisant les conditions suivantes :

1) soit $i \geq 2$ un entier pair. Alors $\underline{\varepsilon}_i = 0$ si et seulement si λ^*_i et λ^*_{i+1} sont pairs et $\lambda^*_i \neq \lambda^*_{i+1}$;

2) soit $i \geq 1$ un entier impair et soient $r = \lambda^*_i$, $s = \lambda^*_{i+1}$. Supposons $r \neq s$. Alors $\underline{\lambda}_r = \lambda_r - 1$ si r est impair, et $\underline{\lambda}_{s+1} = \lambda_{s+1}+1$ si s est impair;

3) si $\underline{\lambda}_j$ n'est pas spécifié par (2), alors $\underline{\lambda}_j = \lambda_j$.

La partition $\underline{\lambda}$ peut aussi être obtenue comme suit. Soit X' l'ensemble des partitions de N correspondant aux classes unipotentes de $Sp_{2n}(\mathbb{C})$. Alors $\inf_{X'}(\lambda)$ existe et est égal à $\underline{\lambda}$, d'après (3.6) et sa démonstration.

L'application π est bien définie, et on vérifie facilement qu'elle satisfait la condititon (1) de (5.2). La condition (2) de (5.2) est aussi satisfaite. On peut voir cela en utilisant les formules de (II.6.3) et en comparant les contributions correspondant aux colonnes $2i$ et $2i+1$ des diagrammes représentant les classes de O_{2n} et $O_{2n}(\mathbb{C})$.

Pour montrer que π est croissante, considérons $\lambda, \mu \in X$ avec $\lambda \leq \mu$, et soient $(\underline{\lambda},\underline{\varepsilon}) = \pi(\lambda)$, $(\underline{\mu},\underline{\phi}) = \pi(\mu)$. On a tout d'abord $\underline{\lambda} \leq \underline{\mu}$ puisque $\underline{\lambda} = \inf_{X'}(\lambda) \leq \inf_{X'}(\mu) = \underline{\mu}$.

Pour alléger les notations, adoptons les conventions suivantes : si α est une partition et $i \in \mathbb{N}$, notons $a_i = \sum_{j \leq i} \alpha_i$; de même $\ell_i^* = \sum_{j \leq i} \lambda_j^*$ et $\underline{m}_i^* = \sum_{j \leq i} \underline{\mu}_j^*$, etc.

On vérifie facilement, dans la situation ci-dessus, que $\underline{\ell}_i^* = \ell_i^*$ ou $\ell_i^* + 1$ et $\underline{m}_i^* = m_i^*$ ou $m_i^* + 1$. De plus $\underline{\ell}_i^* = \ell_i^* + 1$ si $\underline{\varepsilon}_i = 1$, ou si i est pair et $\underline{\lambda}_i^*$ impair. On en conclut que si $\underline{\ell}_i^* = \underline{m}_i^*$ et $\underline{\phi}_i = 0$, alors $\underline{\varepsilon}_i \neq 1$ et $\underline{\lambda}_{i+1}^* - \underline{\mu}_{i+1}^*$ est pair. En effet, si $\underline{\phi}_i = 0$, alors $\underline{m}_i^* = m_i$ et $\underline{\mu}_i^*$, $\underline{\mu}_{i+1}^*$ sont pairs. Comme $\lambda \leq \mu$, on a $\ell_i^* \geq m_i^*$, donc $\underline{\ell}_i^* = \ell_i^* = m_i^* = \underline{m}_i^*$. En particulier $\underline{\varepsilon}_i^* \neq 1$ et $\underline{\lambda}_i^*$ est pair. Ces deux conditions entraînent que $\underline{\lambda}_{i+1}^*$ aussi est pair et a donc la même parité que $\underline{\mu}_{i+1}^*$.

Cela montre que π est croissante.

7.3. LEMME. π <u>est injective et son image est le sous-ensemble</u> Y^o <u>de</u> Y <u>formé des couples</u> $(\underline{\lambda},\underline{\varepsilon})$ <u>tels que</u> :

1) $\underline{\varepsilon}_i \neq 0$ si $\underline{\lambda}_i^*$ <u>est impair</u> ;

2) <u>pour tout entier pair</u> $i \geq 2$, $\underline{\lambda}_{i-1}^* = \underline{\lambda}_i^*$ <u>si</u> $\underline{\lambda}_i^*$ <u>est impair</u>.

Il est clair que $\pi(X) \subset Y^o$. Si $(\underline{\lambda},\underline{\varepsilon}) \in Y^o$, soit $\lambda = \theta(\underline{\lambda},\underline{\varepsilon})$ la partition définie comme suit :

1) $\lambda_i^* = \underline{\lambda}_i^* + 1$ si les conditions suivantes sont réalisées :
   i est impair, $\underline{\lambda}_i^*$ est pair et $\underline{\varepsilon}_{i-1} = 1$;

2) $\lambda_i^* = \underline{\lambda}_i^* - 1$ si les conditions suivantes sont réalisées :
   i est pair, $\underline{\lambda}_i^*$ est pair et $\underline{\varepsilon}_i = 1$;

3) dans tous les autres cas, $\lambda_i = \underline{\lambda}_i$.

Alors $\lambda \in X$. Pour montrer cela, on se ramène facilement au cas où $\underline{\lambda}$ n'a pas de parties impaires et $\underline{\varepsilon}_i \neq 0$ pour tout i. De plus, si $j \geq 2$ est un entier pair tel que $\underline{\lambda}_j = \underline{\lambda}_{j+1}$, il est clair qu'on peut ôter de $\underline{\lambda}$ les parties $\underline{\lambda}_j$ et $\underline{\lambda}_{j+1}$, puis les rajouter à la partition obtenue en appliquant les règles ci-dessus, sans changer le résultat. Finalement il ne reste que le cas où toutes les parties de $\underline{\lambda}$ sont paires, $\underline{\varepsilon}_i \neq 0$ pour tout $i \geqslant 1$, et $\underline{\lambda}_j \neq \underline{\lambda}_{j+1}$ pour tout entier pair $j \geqslant 2$. Dans ce cas, on a $\lambda_i = \underline{\lambda}_i - (-1)^i$, et il est clair que $\lambda \in X$. On a défini ainsi une application $\theta : Y^o \to X$. On montre de la même manière que $\pi \circ \theta : Y^o \to Y^o$ est l'identité. On montre aussi que $\theta \circ \pi : X \to X$ est l'identité en se ramenant au cas des partitions $\lambda \in X$ dont toutes les parties sont impaires et telles que $\lambda_j \neq \lambda_{j+1}$ pour tout entier impair $j \geqslant 1$.

Par conséquent π est une bijection de X sur Y^o et θ est son inverse.

7.4. LEMME. $\pi : X \to Y^o$ <u>est un isomorphisme d'ensembles ordonnés.</u>

On a montré que $\pi : X \to Y^o$ est bijective et croissante. Il reste à montrer que si $\lambda, \mu \in X$ sont telles que $\pi(\lambda) \leqslant \pi(\mu)$, alors $\lambda \leqslant \mu$.

Soient $(\underline{\lambda}, \underline{\varepsilon}) = \pi(\lambda)$ et $(\underline{\mu}, \underline{\phi}) = \pi(\mu)$. Utilisons les notations introduites en (7.2) (par exemple $\ell_i = \sum_{j \leq i} \lambda_i$) . Alors $\ell_i = \underline{\ell}_i$ ou $\underline{\ell}_i + 1$ et $m_i = \underline{m}_i$ ou $\underline{m}_i + 1$. D'après (3.4) il suffit de vérifier que $\ell_i \leqslant m_i$ pour tout i tel que $\lambda_i \neq \lambda_{i+1}$. Comme $\underline{\ell}_i \leqslant \underline{m}_i$, il suffit de montrer que les conditions suivantes sont contradictoires : $\lambda_i \neq \lambda_{i+1}$, $\underline{\ell}_i = \underline{m}_i = m_i$, $\ell_i = \underline{\ell}_i + 1$ et $(\underline{\lambda}, \underline{\varepsilon}) \leqslant (\underline{\mu}, \underline{\phi})$.

Supposons ces conditions satisfaites.

Si $\nu \in X$, il est facile de vérifier que si $(\sum_{j \leqslant i} \nu_j) - i$ est impair, alors ν_i est pair et $\nu_i = \nu_{i+1}$. Comme $\lambda_i \neq \lambda_{i+1}$, $\ell_i - i$ est donc pair, et $m_i - i = \ell_i - i - 1$ est impair.

Donc μ_i est pair et $\mu_i = \mu_{i+1}$. Par conséquent $\underline{\mu}_i = \underline{\mu}_{i+1} = \mu_i$.

Soit $r = \mu_i$. Comme μ_i est pair et $\underline{m}_i = m_i$, μ_r^* doit être pair (cela se déduit de la définition de π). Donc $\underline{\phi}_r = 0$. On en déduit aussi que μ_{r+1}^* est pair et que $\underline{\mu}_{r+1}^* = \mu_{r+1}^*$.

Comme $\underline{\lambda} \leq \underline{\mu}$ et $\underline{\ell}_i = \underline{m}_i$, on a $\underline{\lambda}_{i+1} \leq \underline{\mu}_{i+1} \leq \underline{\mu}_i \leq \underline{\lambda}_i$. En représentant les partitions par des diagrammes, on vérifie alors facilement que $\underline{\ell}_r^* = \underline{m}_r^*$. Puisque $\underline{\phi}_r = 0$ et $(\underline{\lambda},\underline{\varepsilon}) \leq (\underline{\mu},\underline{\phi})$, cela implique que $\underline{\varepsilon}_r \neq 1$ et que $\underline{\lambda}_{r+1}^* - \underline{\mu}_{r+1}^*$ est pair. Donc $\underline{\lambda}_{r+1}^*$ est pair.

Comme $\underline{\lambda}_{i+1} \leq r \leq \underline{\lambda}_i$, on a donc $\underline{\varepsilon}_r = 0$ si $r = \underline{\lambda}_{i+1}$ ou $\underline{\lambda}_i$, et $\underline{\varepsilon}_r = \omega$ si $\underline{\lambda}_{i+1} < r < \underline{\lambda}_i$. D'après la définition de π, il est alors facile de voir que si $\underline{\varepsilon}_r = 0$ on a $\underline{\ell}_i = \ell_i$, contrairement à l'hypothèse. Donc $\underline{\varepsilon}_r = \omega$ et $\underline{\lambda}_{i+1} < r < \underline{\lambda}_i$. Mais alors $i = \lambda_r^* = \underline{\lambda}_{r+1}^*$ est pair. On trouve aussi une contradiction dans ce cas en remarquant que si i est pair et $\lambda_i \neq \lambda_{i+1}$, alors $\ell_i = \underline{\ell}_i$, contrairement à l'hypothèse.

7.5. Pour démontrer (5.2) pour le groupe G, il ne reste plus qu'à vérifier que π est la seule application de X dans Y satisfaisant les conditions de (5.2). On procède comme au paragraphe 6. Soit $\pi_G : X \to Y$ une application croissante satisfaisant les conditions de (5.2) et soit $E = \{\lambda \in X \mid \pi_G(\lambda) \neq \pi(\lambda)\}$. Comme en (6.2), $\lambda \notin E$ si $\pi_G(\lambda) \geq \pi(\lambda)$. On montre facilement que $\lambda \notin E$ si l'une des conditions suivantes est satisfaite :

a) il existe i tel que $\lambda_i^* - \lambda_{i+1}^* \geq 3$;

b) il existe i tel que $\lambda_i^* - \lambda_{i+1}^* = 2$ et λ_i^* est pair.

De plus, si $\pi_G(\lambda) = (\underline{\underline{\lambda}},\underline{\underline{\varepsilon}})$ et $\pi(\lambda) = (\underline{\lambda},\underline{\varepsilon})$, on a :

c) $\underline{\underline{\lambda}} \geq \underline{\lambda}$ s'il existe i pair tel que $\lambda_i^* - \lambda_{i+1}^* = 2$.

Si $E \neq \emptyset$, soit λ un élément minimal de E. D'après (a) et (b) on a $\lambda_1 \neq \lambda_2$.

Si $\lambda_2 \neq \lambda_3 \neq 0$, alors $\lambda_3 \neq \lambda_4$ par (a) et (b), $\lambda_4 \neq 0$ puisque $\lambda \in X$, et λ_2 est impair. Considérons les partitions $\mu, \nu \in X$ telles que

$$\mu_i = \begin{cases} (\lambda_1+\lambda_2)/2 & \text{si } i \le 2 \\ \lambda_i & \text{si } i \ge 3 \end{cases} \qquad \nu_i = \begin{cases} \lambda_i & \text{si } i \le 2 \\ \le 1 & \text{si } i \ge 3 \end{cases}$$

Alors $\pi_G(\mu) = \pi(\mu)$, $\pi_G(\nu) = \pi(\nu)$, $\pi_G(\lambda) \geq \pi_G(\mu)$ et $\pi_G(\lambda) \geq \pi_G(\nu)$. On en déduit que $\pi_G(\lambda) > \pi(\lambda)$, donc que $\lambda \notin E$, contrairement à l'hypothèse.

Si $\lambda_3 = 0$, alors $\lambda \geq \mu$, où μ est la partition telle que $\mu_1 = \mu_2 = (\lambda_1+\lambda_2)/2$ et $\mu_i = 0$ pour $i \geq 3$. On en déduit que $\pi_G(\lambda) \geq \pi_G(\mu) = \pi(\mu)$, donc que $\underline{\underline{\lambda}}_1^* \leq 2$. En utilisant la propriété (2) de (5.2) , on trouve alors $\pi_G(\lambda) = \pi(\lambda)$, contrairement à l'hypothèse.

Supposons donc que $\lambda_2 = \lambda_3$. Si $\lambda_2 = \lambda_1 - 1$ on utilise la propriété (1) de (5.2). Si λ_2 est pair et $\lambda_2 \leq \lambda_1 - 3$, on définit μ par :

$$\mu_i = \begin{cases} \lambda_1 - 2 & \text{si } i = 1 \\ \lambda_2 + 1 & \text{si } 2 \leq i \leq 3 \\ \lambda_i & \text{si } i \geq 4 . \end{cases}$$

Si $\lambda_4 \neq 1$, considérons aussi la partition ν :

$$\nu_i = \begin{cases} \lambda_i & \text{si } i \leq 3 \\ \leq 1 & \text{si } i \geq 4 \end{cases}$$

On a alors $\pi_G(\lambda) \geq \pi_G(\mu) = \pi(\mu)$ et $\pi_G(\lambda) \geq \pi_G(\nu) = \pi(\nu)$, et on en déduit que $\pi_G(\lambda) \geq \pi(\lambda)$, contrairement à l'hypothèse. Si $\lambda_4 = 1$, on trouve aussi que $\pi_G(\lambda) \geq \pi(\lambda)$ en utilisant (c) et la propriété (2) de (5.2).

Il reste le cas où $\lambda_2 = \lambda_3$ sont impairs. Considérons les partitions μ et ν définies par :

$$\mu_i = \begin{cases} (\lambda_1+\lambda_2)/2 & \text{si } i \leq 2 \\ \lambda_i & \text{si } i \geq 3 \end{cases} \qquad \nu_i = \begin{cases} \lambda_i & \text{si } i \leq 3 \\ \leq 1 & \text{si } i \geq 4 \end{cases}$$

Alors, $\pi_G(\lambda) \geq \pi_G(\mu) = \pi(\mu)$, et si $\lambda_4 \neq 1$, on a $\pi_G(\lambda) \geq \pi_G(\nu) = \pi(\nu)$. Si $\lambda_4 \neq 1$, on en déduit que $\pi_G(\lambda) \geq \pi(\lambda)$, contrairement aux hypothèses. Si $\lambda_4 = 1$, on trouve aussi $\pi_G(\lambda) \geq \pi(\lambda)$ en utilisant (c) et la propriéte (2) de (5.2).

L'ensemble E est donc vide, et la démonstration de (5.2) dans ce cas est complète.

7.6. LEMME. <u>Pour tout couple</u> $(\lambda,\varepsilon) \in Y$, $\sup_Y o((\lambda,\varepsilon))$ <u>existe</u>.

Soit $i \geq 1$ un entier tel que λ_i^* soit impair et $\varepsilon_i = 0$. Soit (λ',ε') l'élément de Y tel que $\lambda' = \lambda$, $\varepsilon_i' = 1$, $\varepsilon_j' = \varepsilon_j$ si $j \neq i$. Alors $(\lambda,\varepsilon) \leq (\lambda',\varepsilon')$. Soit $(\mu,\phi) \in Y^0$. Montrons que $(\mu,\phi) \geq (\lambda,\varepsilon)$ $\Longrightarrow (\mu,\phi) \geq (\lambda',\varepsilon')$. Cela est clair si $\sum_{j\leq i} \mu_j^* \neq \sum_{j\leq i} \lambda_j^*$ ou si $\phi_i \neq 0$. Supposons donc que $\sum_{j\leq i} \mu_j^* = \sum_{j\leq i} \lambda_j^*$ et $\phi_i = 0$. Alors μ_i^* est pair puisque $(\mu,\phi) \in Y^0$, et donc μ_{i+1}^* aussi puisque $\phi_i = 0$. Mais alors $\lambda_{i+1}^* - \mu_{i+1}^*$ est impair, ce qui est contraire à l'hypothèse $(\lambda,\varepsilon) \leq (\mu,\phi)$.

Il suffit donc de montrer que $\sup_Y o((\lambda,\varepsilon))$ existe dans le cas où $\varepsilon_i \neq 0$ chaque fois que λ_i^* est impair.

Soit maintenant $i \geq 2$ un entier pair tel que λ_i^* soit impair et $\lambda_{i-1}^* \neq \lambda_i^*$. Soit (λ',ε') l'élément de Y tel que $\lambda'^*_{i-1} = \lambda^*_{i-1}-1$, $\lambda'^*_i = \lambda^*_i+1$, $\lambda'^*_j = \lambda^*_j$ si $j \leq i-2$ ou $j \geq i+1$, $\varepsilon_i' = \varepsilon_{i-2}' = 1$, $\varepsilon_j' = \varepsilon_j$ si $j \neq i$ et $j \neq i-2$ (remarquons que $i \geq 4$ puisque λ_1^* est pair). Alors $(\lambda,\varepsilon) \leq (\lambda',\varepsilon')$. Soit $(\mu,\phi) \in Y^0$. Montrons que $(\mu,\phi) \geq (\lambda,\varepsilon) \Longrightarrow (\mu,\phi) \geq (\lambda',\varepsilon')$.

Il est clair que ℓ_{i-1}^* est impair. Si $\ell_{i-1}^* = m_{i-1}^*$, m_{i-1}^* est donc impair , et μ_{i-1}^* aussi est impair. Comme $(\mu,\phi) \in Y^0$, on a donc $\mu_i^* = \mu_{i-1}^*$. De plus $\mu_i^* \leq \lambda_i^* \leq \lambda_{i+1}^* \leq \mu_{i+1}^*$. Donc $\lambda_i^* = \lambda_{i-1}^*$, contrairement à l'hypothèse.

On en déduit que $\lambda' \leq \mu$.

Soit maintenant j l'un des entiers $i, i-2$. Supposons que

$\ell_j^* = m_j^*$ et $\phi_j = 0$. Alors $\varepsilon_j \neq 1$. Donc λ_j^* et λ_{j+1}^* ont la même parité et sont en fait impairs puisque $\{j,j+1\} \cap \{i,i-1\} \neq \emptyset$. Mais μ_j^* est pair puisque $(\mu,\phi) \in Y^0$ et $\phi_j = 0$. Donc μ_{j+1}^* aussi est pair, et $\lambda_{\ell+1}^* - \mu_{\ell+1}^*$ est impair, ce qui contredit l'hypothèse $(\lambda,\varepsilon) \leqslant (\mu,\phi)$. On en déduit facilement que $(\mu,\phi) \geqslant (\lambda,\varepsilon) \Longrightarrow (\mu,\phi) \geqslant (\lambda',\varepsilon')$, ce qui démontre le lemme.

7.7. Remarque : la démonstration du lemme donne une méthode explicite pour calculer $\sup_Y o((\lambda,\varepsilon))$.

7.8. Il est facile maintenant de vérifier que la proposition (5.4) est vraie pour G . En effet, l'assertion (a) de (5.4) se déduit de (II.7.4) et de la définition de π , (b) a été démontré en (7.6) et (c) se déduit de (7.1) et de la démonstration de (7.6).

7.9. Montrons que la condition (A) de (5.10) est satisfaite.

Soit Y_L le sous-ensemble de Y correspondant aux classes de la forme $\hat{C}_p$. Soit $\lambda' \in \tilde{X}$, soit $(\lambda,\varepsilon) = \pi(\lambda')$ et soit $(\mu,\phi) \in Y$ un majorant de $\{(\nu,\psi) \in Y_L \mid (\nu,\psi) \leqslant (\lambda,\varepsilon)\}$. Il faut montrer que $(\lambda,\varepsilon) \leqslant (\mu,\phi)$.

Pour cela, on utilise des éléments convenables $(\nu,\psi) \in Y_L$. Dans chaque cas on ne décrit que la partition ν, et on obtient $\psi : \mathbb{N} \to \{\omega,0,1\}$ en exigeant que $(\nu,\psi) \in Y$ et en prenant $\psi_j = 0$ chaque fois que cela est possible.

Soit $(\underline{\mu},\underline{\phi}) = f(\mu,\phi)$. D'après (5.13), $(\lambda,\varepsilon) \leqslant (\underline{\mu},\underline{\phi})$.

Montrons tout d'abord que $\mu \geqslant \lambda$. On a $m_i^* = \underline{m}_i^*$, sauf si i et μ_i^* sont impairs et $\mu_i^* \neq \mu_{i+1}^*$, auquel cas $m_i^* = \underline{m}_i^*+1$. Supposons que $m_i^* = \underline{m}_i^*+1$ et $\underline{m}_i^* = \ell_i^*$. Soient $r = \lambda_i^*$ et $a = [\ell_r/r]$. Si r est pair , soit ν la partition de N telle que $a \leqslant \nu_j \leqslant a+1$ si $j \leqslant r$, $\nu_j \leqslant 1$ si $j \geqslant r+1$ et

$n_r = \ell_r$. Alors $(\nu,\psi) \in Y_L$, $(\nu,\psi) \leq (\lambda,\varepsilon)$, et $(\nu,\psi) \nleq (\mu,\phi)$, contrairement à l'hypothèse. On traite de même le cas où r est impair. On en déduit que $\mu^* \leq \lambda^*$ puisque $\underline{\mu}^* \leq \lambda^*$, et donc $\mu \geq \lambda$.

Soit maintenant $i \geq 2$ un entier pair tel que $\ell_i^* = m_i^*$ et $\phi_i = 0$. Il faut vérifier que $\varepsilon_i \neq 1$ et que $\lambda_{i+1}^* - \mu_{i+1}^*$ est pair.
Soient $r = \lambda_i^*$, $s = \lambda_{i+1}^*$.

Si r est impair et $\varepsilon_i = 1$, soit $a = [\ell_{r-1}/r-1]$ et soit ν l'unique partition de N telle que $a \leq \nu_j \leq a+1$ si $j \leq r-1$, $\nu_r = \lambda_r$, $\nu_{r+1} = 2$, $\nu_j \leq 1$ si $j \geq r+2$ et $n_r = \ell_r$. Alors $(\nu,\psi) \in Y_L$, $(\nu,\psi) \leq (\lambda,\varepsilon)$, $\psi_i = 1$ et $n_i^* = \ell_i^*$, mais $(\nu,\psi) \nleq (\mu,\phi)$, contrairement à l'hypothèse.

Si $\varepsilon_i = 1$, r est donc pair. Si s est pair , soit $a = [\ell_s/s]$ et soit ν l'unique partition de N telle que $a \leq \nu_j \leq a+1$ si $j \leq s$, $\nu_{s+1} = \lambda_r$, $\nu_{s+2} = 2$, $\nu_j \leq 1$ si $j \geq s+3$ et $n_s = \ell_s$. Alors $(\nu,\psi) \leq (\lambda,\varepsilon)$, $n_i^* = \ell_i^*$ et $\psi_i = 1$, ce qui montre que $(\nu,\psi) \nleq (\mu,\phi)$. Si s est impair, on obtient une contradiction en utilisant les couples $(\nu,\psi) \in Y_L$ et $(\nu',\psi') \in Y_L$ suivants. On obtient (ν',ψ') en remplaçant r par s dans la construction qui a servi pour r impair. Soit $a = [\ell_r/r]$. Alors ν est l'unique partition de N telle que $a \leq \nu_j \leq a+1$ si $j \leq r$, $\nu_j \leq 1$ si $j \geq r+1$ et $n_r = \ell_r$. Alors $(\nu,\psi) \leq (\lambda,\varepsilon)$, $(\nu',\psi') \leq (\lambda,\varepsilon)$, donc $(\nu,\psi) \leq (\mu,\phi)$, $(\nu',\psi') \leq (\mu,\phi)$, et on en déduit d'une part que μ_{i+1}^* doit être pair, et d'autre part impair.

Donc $\varepsilon_i \neq 1$. Soit $a = [\ell_r/r]$. Si r est pair, soit ν l'unique partition de N telle que $a \leq \nu_j \leq a+1$ si $j \leq r$, $\nu_j \leq 1$ si $j \geq r+1$ et $n_r = \ell_r$. Dans tous les cas on a $(\nu,\psi) \leq (\lambda,\varepsilon)$, donc $(\nu,\psi) \leq (\mu,\phi)$, d'où l'on tire que μ_{i+1}^* , r et s ont la même parité.

On traite de même le cas où r est impair.

La propriété (A) est ainsi vérifiée.

7.10. Il reste à montrer que la condition (B) est satisfaite. Soit (λ,ε) un élément de Y tel que pour tout $(\mu,\phi) \in Y_L$ on ait $(\mu,\phi) \leqslant (\lambda,\varepsilon) \Longrightarrow e(\mu,\phi) \leqslant (\lambda,\varepsilon)$. Il faut montrer que $(\lambda,\varepsilon) \in Y^0$.

Soit i un entier tel que λ_i^* soit impair, $\lambda_i^* \neq \lambda_{i+1}^*$ et $\varepsilon_i \neq 1$. Soient $r = \lambda_i^*$, $h = \max\{j > i \mid \varepsilon_i = 1\}$, $s = \lambda_h^* - 1$ et ν la partition de N telle que $a \leqslant \nu_j \leqslant a+1$ si $j \leqslant s$, $\nu_j = \lambda_j$ si $s+1 \leqslant j \leqslant r$, $\nu_{r+1} = 2$, $\nu_j \leqslant 1$ si $j \geqslant r+2$ et $n_s = \ell_s$. Choisissons ψ comme en (7.9). Alors $(\nu,\psi) \in Y_L$, $(\nu,\psi) \leqslant (\lambda,\varepsilon)$, donc $f(\nu,\psi) \leqslant e(\nu,\psi) \leqslant (\lambda,\varepsilon)$. Mais en considérant séparément les cas où i est pair ou impair, on trouve (en utilisant (7.8)) que $f(\nu,\psi) \not\leqslant (\lambda,\varepsilon)$, une contradiction. On en déduit que $(\lambda,\varepsilon) \in Y^0$.

8. <u>Le cas de SO_{2n+1} $(p = 2)$</u>.

8.1. Quand $p = 2$, il existe une isogénie de SO_{2n+1} dans Sp_{2n}. On en déduit d'une part que (1.5) est vrai pour SO_{2n+1}, et d'autre part que les classes unipotentes de SO_{2n+1} peuvent être paramétrées par les couples (λ,ε) correspondant aux classes de Sp_{2n}. Soit Y l'ensemble de ces couples.

Pour démontrer (5.2) et (5.4), on est donc ramené à montrer qu'il existe une unique application croissante $\pi : X \to Y$ satisfaisant les conditions de (5.2), où X est l'ensemble des partitions de $2n+1$ correspondant aux classes unipotentes de $SO_{2n+1}(\mathbb{C})$, et à vérifier que cette application satisfait aux conditions de (5.4). Seule la description de π sera donnée ici. Les vérifications se font en utilisant les méthodes du paragraphe 7.

8.2 Soit $\mu \in X$. Alors $\pi(\mu) = (\lambda,\varepsilon)$ où (λ,ε) est l'élément de Y satisfaisant les conditions suivantes :

1) $\varepsilon_i = 0$ si et seulement si les conditions suivantes sont satisfaites: i est pair, μ_i^* est pair et $\mu_i^* \neq \mu_{i+1}^*$.

2) Soit $i \geq 1$ un entier impair et soient $r = \lambda_i^*$, $s = \lambda_{i+1}^*$. Supposons $r \neq s$. Alors $\lambda_r = \mu_r - 1$ si r est impair, et $\lambda_{s+1} = \mu_{s+1}+1$ si s est impair.

3) Si λ_j n'est pas spécifié par (2), alors $\lambda_j = \mu_j$.

On peut aussi décrire π de la manière suivante.

Soit $m > 2n+1$ un entier impair. Soit $n' = m+n+1$. Soit X' l'ensemble des partitions de $2n'$ correspondant à des classes unipotentes de $O_{2n'}(\mathbb{C})$ et soit Y' l'ensemble des couples (λ',ε') correspondant à des classes unipotentes de $SO_{2n'}$. Si $\mu \in X$, soit $\mu' \in X'$ la partition telle que $\mu'^*_1 = m+1$, $\mu'^*_2 = m$, $\mu'^*_j = \mu^*_{j-2}$ si $j \geq 3$. L'application $\mu \mapsto \mu'$ définit une application croissante de X dans X' , et X est isomorphe à son image qui est $\{\mu' \in X' \mid \mu'^*_1 = m+1 , \mu'^*_2 = m\}$. De même si $(\lambda,\varepsilon) \in Y$, définissons $(\lambda',\varepsilon') \in Y'$ en posant $\lambda'^*_1 = \lambda'^*_2 = m+1$, $\lambda'^*_j = \lambda^*_{j-2}$ si $j \geq 3$, $\varepsilon'_1 = \omega$, $\varepsilon'_2 = 1$, $\varepsilon'_j = \varepsilon_{j-2}$ si $j \geq 3$. L'application $(\lambda,\varepsilon) \mapsto (\lambda',\varepsilon')$ définit une application croissante de Y dans Y' , et Y est isomorphe à son image qui est $\{(\lambda',\varepsilon') \in Y' \mid \varepsilon'_2 = 1 , \lambda'^*_1 = \lambda'^*_2 = m+1\}$. D'après le paragraphe 7 on a une application croissante $\pi' : X' \to Y'$, et π est l'unique application de X dans Y telle que le diagramme suivant soit commutatif :

$$\begin{array}{ccc} X & \xrightarrow{\pi} & Y \\ \downarrow & & \downarrow \\ X' & \xrightarrow{\pi'} & Y' \end{array}$$

Il en résulte immédiatement que π est croissante et donne un isomorphisme d'ensembles ordonnés entre X et son image. Il est clair aussi que la condition (2) de (5.2) est alors satisfaite.

9. Le cas des groupes exceptionnels.

9.1. On vérifie sans peine à l'aide des tables que (1.4), (5.2) et (5.4) sont vrais pour les groupes exceptionnels. Si G est de type E_7 l'application d est unique. Si G est de type E_6, F_4 ou G_2 il y a deux solutions d_o et d_1. Si G est de type E_8 il y a 8 solutions d_{ij}, $0 \leq i \leq 1$, $0 \leq j \leq 3$. Ces solutions sont caractérisées par :

E_6 : $d_o(D_4(a_1)) = D_4(a_1)$

$d_1(D_4(a_1)) = A_3 + A_1$

F_4 : $d_o(D_4(a_1)) = D_4(a_1)$

$d_1(D_4(a_1)) = B_2 + A_1$

G_2 : $d_o(A_2) = A_2$

$d_1(A_2) = \tilde{A}_1$

E_8 : $d_{oj}(D_4(a_1)) = E_7(a_2) + A_1$

$d_{1j}(D_4(a_1)) = E_7(a_2)$

$d_{io}(2A_4) = 2A_4$

$d_{i1}(2A_4) = A_5 + A_2$

$d_{i2}(2A_4) = A_5 + 2A_1$

$d_{i2}(A_5+A_2) = A_5 + 2A_1$

$d_{i3}(2A_4) = A_5 + 2A_1$

$d_{i3}(A_5+A_2) = A_5 + A_2$

Les notations sont celles de (I.2.13).

Si G est de type E_7, on pose $d_o = d$, et si G est de type E_8 on pose $d_o = d_{oo}$.

9.2. Dans chaque cas on remarque que toutes les solutions pour d et s s'obtiennent par la méthode de (5.5) à partir des solutions pour le cas des groupes complexes. Dans ce sens d et $\tilde{X}$ ne dépendent pas de la caractéristique.

9.3. Pour la même raison on voit qu'une fois choisie une application d pour un groupe de chacun des types exceptionnels, on a un moyen naturel de choisir une telle application pour tous les groupes réductifs connexes (définis sur des corps algébriquement clos quelconques).

9.4. Il est facile de vérifier dans chaque cas que d est entièrement déterminé par $d(X)$, et que $d_o(X) \subset d(X)$. On peut aussi faire un choix en exigeant que $d(X)$ (ou $|d(X)|$) soit minimal. Ce choix se justifie par analogie avec les résultats de [21]. Nous verrons aussi plus loin que certaines propriétés de d dans le cas des groupes classiques restent vraies pour les groupes exceptionnels si l'on prend $d = d_o$, mais peuvent être fausses pour d'autres choix de d.

10. Dépendance de d et $\tilde{X}$ par rapport à W.

10.1. Etant donné un tore S, notons $X(S)$ le groupe des caractères de S et $Y(S)$ le groupe des sous-groupes à 1 paramètre de S : $X(S) = \mathrm{Hom}(S,\mathbb{G}_m)$, $Y(S) = \mathrm{Hom}(\mathbb{G}_m,S)$. Ce sont des $\mathbb{Z}$-modules libres de rang dim S, et l'application bilinéaire canonique $Y(S) \times X(S) \to \mathrm{Hom}(\mathbb{G}_m,\mathbb{G}_m) \cong \mathbb{Z}$ permet d'identifier $Y(S)$ au dual $X(S)^*$ de $X(S)$.

Considérons maintenant le tore maximal T du groupe réductif connexe G. Le système de racines $\Phi_G \subset X(T) \subset X(T) \otimes_{\mathbb{Z}} \mathbb{R}$ a un système inverse $\Phi_G^\vee \subset (X(T) \otimes_{\mathbb{Z}} \mathbb{R})^* \cong X(T)^* \otimes_{\mathbb{Z}} \mathbb{R}$ [5, p. 144]. En fait $\Phi_G^\vee \subset X(T)^* \cong Y(T)$, et on considère $\Phi_G^\vee$ comme étant un sous-ensemble de $Y(T)$.

Soit G^* un second groupe réductif connexe muni d'un tore maximal T^*. Supposons donnés des isomorphismes $X(T^*) \cong Y(T)$, $Y(T^*) \cong X(T)$, compatibles avec les applications canoniques $Y(T) \times X(T) \to \mathbb{Z}$ et $Y(T^*) \times X(T^*) \to \mathbb{Z}$ et tels que Φ_{G^*}, $\Phi_{G^*}^\vee$ correspondent à $\Phi_G^\vee$, Φ_G respectivement. On dit alors que G^* est un groupe dual de G [7]. La définition montre tout de suite que G est un groupe dual de G^*. Tout groupe réductif connexe a un groupe dual qui est unique dans le sens suivant : si G^* et G_1^* sont des groupes duaux de G, alors G^* et G_1^* sont isomorphes, et l'isomorphisme peut être choisi de manière unique à composition avec un automorphisme intérieur près.

Cette propriété d'unicité est suffisante pour l'étude des classes de conjugaison.

10.2. Soit Φ un système de racines. De manière imagée on obtient $\Phi^\vee$ en remplaçant les racines longues de Φ par des racines courtes et vice-versa. Pour les systèmes irréductibles réduits la correspondance est la suivante :

Φ	A_ℓ	B_ℓ	C_ℓ	D_ℓ	E_ℓ	F_4	G_2
$\Phi^\vee$	A_ℓ	C_ℓ	B_ℓ	D_ℓ	E_ℓ	F_4	G_2

Voici quelques exemples de groupes duaux :

G	GL_n	SL_n	Sp_{2n}	SO_{2n+1}	SO_{2n}
G^*	GL_n	PGL_n	SO_{2n+1}	Sp_{2n}	SO_{2n}

Soient G un groupe réductif connexe et G^* un dual de G. Alors W_G et W_{G^*} sont canoniquement isomorphes comme groupes de Coxeter (voir (0.9)).

Si G est de type F_4 ou G_2, $G \cong G^*$. Cependant l'isomorphisme $W_G \cong W_{G^*}$ donné par la dualité ne provient pas de cet isomorphisme $G \cong G^*$. En effet, si s est un des générateurs de W_G correspondant à une racine longue, l'élément $s^\vee$ correspondant de W_{G^*} est attaché à une racine courte, et vice-versa.

Soit $\mathcal{P}$ une classe de conjugaison de sous-groupes paraboliques de G. Il lui correspond une classe de conjugaison $\mathcal{P}^*$ de sous-groupes paraboliques de G^*, déterminée par la condition suivante : si $P \in \mathcal{P}$ et $P' \in \mathcal{P}^*$, alors $W_P \subset W_G$ et $W_{P'} \subset W_{G^*}$ se correspondent par l'isomorphisme $W_G \cong W_{G^*}$. On peut donc associer au sous-groupe parabolique P de G les classes unipotentes C_P^*, $\tilde{C}_P^*$ de G^* définies par : $C_P^* = C_{P'}$, $\tilde{C}_P^* = \tilde{C}_{P'}$.

Choisissons maintenant une application d pour un groupe réductif connexe de chacun des types G_2, F_4, E_6, E_7, E_8. Comme on l'a vu (9.3), cela nous donne une application d bien définie pour chaque groupe réductif connexe.

Soient $X = X^G$, $X^* = X^{G^*}$, $d : X \to X$ et $d^* : X^* \to X^*$ les applications choisies ci-dessus, et $\tilde{X} = d(X)$, $\tilde{X}^* = d^*(X^*)$.

10.3. PROPOSITION. <u>Soit</u> G^* <u>un groupe dual de</u> G. <u>Il existe alors un unique isomorphisme d'ensembles ordonnés</u> $\tilde{i}_G : \tilde{X} \to \tilde{X}^*$ <u>tel que</u> $\tilde{i}_G(C_P) = C_P^*$ <u>pour tout sous-groupe parabolique</u> P <u>de</u> G. <u>De plus</u> $d^* \circ \tilde{i}_G = \tilde{i}_G \circ (d|\tilde{X})$, <u>et si</u> $C \in \tilde{X}$ <u>et</u> $C' = \tilde{i}_G(C)$, <u>alors</u> $\dim C = \dim C'$.

Il suffit de vérifier la proposition pour les groupes simples. Pour les types exceptionnels on utilise les tables. Si G est un groupe classique on doit avoir $\tilde{i}_G(x) = \inf_{\tilde{X}^*}\{C_P^* \mid C_P \geq x\}$ ce qui démontre l'unicité de $\tilde{i}_G$. Si $G = GL_{n+1}$ ou SO_{2n}, on peut prendre $G^* = G$ et pour $\tilde{i}_G$ l'identité, ce qui montre que $\tilde{i}_G$ existe pour les groupes de type A_n et D_n. Pour les types B_n et C_n, on remarque que si la caractéristique est 2 on a un homomorphisme $SO_{2n+1} \to Sp_{2n}$ qui induit la bijection désirée. On obtient alors le cas général à l'aide des résultats du paragraphe 5.

10.4. COROLLAIRE. <u>Comme ensemble ordonné muni d'une involution décroissante,</u> $(\tilde{X}, d)$ <u>ne dépend que du groupe de Weyl considéré comme groupe de Coxeter.</u>

Pour les groupes simples, c'est une conséquence de (9.2) et (10.3). Le cas général en découle.

10.5. Remarque. 1) L'isomorphisme $\tilde{i}_G$ ne dépend pas de la caractéristique. En effet, avec les notations du paragraphe 5, on peut prendre $(G')^* = (G^*)'$, et on a alors $\pi_{G^*} \circ \tilde{i}_{G'} = \tilde{i}_G \circ \left(\pi_G \middle| \tilde{X}'\right)$.

2) Pour les groupes de type F_4 ou G_2 l'existence de $\tilde{i}_G$ correspond à la symétrie par rapport à l'axe vertical des diagrammes représentant $\tilde{X}$ dans les tables du chapitre IV.

10.6. Soient $G = Sp_{2n}$, $H = SO_{2n+1}$ et supposons $p \neq 2$. Soient X^G, X^H, $\tilde{X}^G$, $\tilde{X}^H$ les ensembles de partitions correspondant à X^G, X^H, $\tilde{X}^G$, $\tilde{X}^H$ respectivement. D'après (10.3) on a des bijections $\tilde{\iota}_G : \tilde{X}^G \to \tilde{X}^H$ et $\tilde{\iota}_H : \tilde{X}^H \to \tilde{X}^G$ qui sont inverses l'une de l'autre. Décrivons-les en termes de partitions.

Si λ est une partition de 2n, soient λ^+ et λ_+ les partitions de $2n+1$ définies par :

$$(\lambda^+)_i = \begin{cases} \lambda_1 + 1 & \text{si } i = 1 \\ \lambda_i & \text{sinon,} \end{cases}$$

$$(\lambda_+)_i = \begin{cases} 1 & \text{si } i = \lambda_1^* + 1 \\ \lambda_i & \text{sinon.} \end{cases}$$

(On a donc $\lambda_+ = ((\lambda^*)^+)^*$). Soit $X_+^G = \{\lambda_+ \mid \lambda \in X^G\}$. Si $\mu \in X_+^G$, on pose $\mu_- = \lambda$ si $\mu = \lambda_+$. On a alors :

a) si $\lambda \in \tilde{X}^G$, alors $\tilde{\iota}_G(\lambda) = \inf_{X^H}(\lambda^+)$;

b) si $\mu \in \tilde{X}^H$, alors $\tilde{\iota}_H(\mu) = \left(\inf_{X_+^G}(\mu)\right)_-$.

Ces formules sont des conséquences des résultats obtenus aux paragraphes 6 et 8.

On peut vérifier que les formules ci-dessus permettent en fait de définir des applications

$i_G : X^G \to X^H \ , \ \lambda \mapsto \inf_{X^H}(\lambda^+)$

$i_H : X^H \to X^G \ , \ \mu \mapsto \left[\inf_{X^G_+}(\mu)\right]_-$

et qu'on a $i_G = \tilde{i}_G \circ e_G$ et $i_H = \tilde{i}_H \circ e_H$, où $e_G : X^G \to \tilde{X}^G$ et $e_H : X^H \to \tilde{X}^H$ sont les applications données par (1.3) et (1.4).

10.7. On peut utiliser l'application $\tilde{i}_G : \tilde{X} \to \tilde{X}^*$ pour obtenir un algorithme qui permet de déterminer dans le cas des groupes classiques si une classe unipotente est une classe de Richardson.

Remarquons que d'après (5.4) on peut supposer $p \neq 2$ puisque les applications π_G de (5.2) ont été déterminées explicitement.

Soit $G = Sp_{2n}$, et avec les notations de (10.5), soit $\lambda \in X^G$. Pour que $C_\lambda \in X_R$, il faut tout d'abord que $\lambda \in \tilde{X}^G$, c'est-à-dire que $\lambda^* \in X^G$. Supposons cette condition satisfaite et soit $\mu = \tilde{i}_G(\lambda)$. Soient

$\ell_1 = \sup_{\mathbb{N}}\{\lambda_i^* \mid i \text{ est impair et } \lambda_i^* \neq \lambda_{i+1}^*\}$

$\ell_2 = \min\{\mu_i^* \mid i \text{ est impair et } \mu_i^* \neq \mu_{i-1}^* \text{ si } i \geq 3\}$.

Il est clair que ℓ_1 est pair et ℓ_2 impair. Si $C_\lambda = C_P$ où P est un sous-groupe parabolique de G correspondant à $m, s, n_1, \ldots, n_s$, on déduit de (II.7.4) que $\ell_1 \leq 2m \leq \ell_2$. On vérifie réciproquement que $C_\lambda \in X_R$ si $\ell_1 \leq \ell_2$, et que chaque m tel que $\ell_1 \leq 2m \leq \ell_2$ fournit une classe de sous-groupes paraboliques associés ayant C_λ comme classe de Richardson.

Soit maintenant $G = O_{2n}$, soient $X, \tilde{X}$ les ensembles de partitions correspondant à $X^G, \tilde{X}^G$ respectivement et soit $\lambda \in X$. Alors $C_\lambda \in X_R$ si et seulement si $\lambda \in \tilde{X}$ et $\ell_1 \leq \ell_2$, où ℓ_1 et ℓ_2 sont définis par

$\ell_1 = \sup_{\mathbb{N}}\{\mu_i^* \mid i \text{ est impair et } \mu_i^* \neq \mu_{i+1}^*\}$

$\ell_2 = \min\{\lambda_i^* \mid i \text{ est impair et } \lambda_i^* \neq \lambda_{i-1}^* \text{ si } i \geq 3\}$.

avec $\mu = d(\lambda)^*$, et de plus il y a une classe de sous-groupes paraboliques associés de G ayant C_λ comme classe de Richardson pour chaque entier $m \neq 1$ tel que $\ell_1 \leq 2m \leq \ell_2$.

11. Quelques relations supplémentaires.

On établit dans ce paragraphe certaines relations entre les diverses applications d, e, π, i et l'induction.

Pour les groupes exceptionnels on prend dans ce paragraphe $d = d_o$ (9.1). On a alors une application d bien définie pour chaque groupe réductif connexe.

Soit $L \in \Lambda(G)$. Comme au paragraphe 5, on peut choisir des groupes réductifs connexes G' et $L' \in \Lambda(G')$ correspondant à G et L, et on a des applications $\pi_G : X^{G'} \to X^G$, $\pi_L : X^{L'} \to X^L$, $i_{L,G} : X^L \to X^G$ et $i_{L',G'} : X^{L'} \to X^{G'}$. Soient encore $j_{L,G} : X^L \to X^G$ et $j_{L',G'} : X^{L'} \to X^{G'}$ les applications données par l'induction pour les classes unipotentes de L à G et de L' à G' respectivement. Enfin, pour chacun des groupes G, L, G', L' on a des applications d et $e = d^2$ qu'on indice chaque fois par le groupe concerné pour éviter toute confusion.

11.1. PROPOSITION. Pout tout $L \in \Lambda(G)$, $e_G \circ i_{L,G} = e_G \circ i_{L,G} \circ e_L$.

S'il existe $M \in \Lambda(G)$ tel que $L \in \Lambda(M)$ et tel que $e_G \circ i_{M,G} = e_G \circ i_{M,G} \circ e_M$ et $e_M \circ i_{L,M} = e_M \circ i_{L,M} \circ e_L$, on trouve :
$e_G \circ i_{L,G} = e_G \circ i_{M,G} \circ i_{L,M} = e_G \circ i_{M,G} \circ e_M \circ i_{L,M} = e_G \circ i_{M,G} \circ e_M \circ i_{L,G} \circ e_L = e_G \circ i_{M,G} \circ i_{L,G} \circ e_L = e_G \circ i_{L,G} \circ e_L$.

Par récurrence sur dim G on se ramène donc au cas où L est maximal dans $\Lambda(G) - \{G\}$. Une vérification directe est alors facile. Par exemple, si G est de type C_n, $p \neq 2$, et L est de type $C_\ell + A_{m-1}$ (avec $n = \ell + m$), un élément x de X^L est caractérisé par un couple (λ, μ) où λ représente une classe unipotente de $Sp_{2\ell}$ et μ une classe unipotente de GL_m, et la partition correspondant à $i_{L,G}(x)$ est $\lambda \oplus \mu \oplus \mu$. La description de l'application e donnée en (3.10) permet de conclure. On fait de même pour les autres groupes classiques. On utilise les tables pour les groupes exceptionnels.

11.2. COROLLAIRE. Si $x \in X^L - \tilde{X}^L$, alors $i_{L,G}(x) \in X^G - \tilde{X}^G$.

Il faut montrer que $i_{L,G}(x) < e_G \circ i_{L,G}(x)$. Or $x < e_L(x)$, d'où $i_{L,G}(x) < i_{L,G} \circ e_L(x)$, en particulier parce que $L \in \Lambda(G)$. On conclut en remarquant que $i_{L,G} \circ e_L(x) \leq e_G \circ i_{L,G} \circ e_L(x) = e_G \circ i_{L,G}(x)$.

11.3. Remarque. (11.1) et (11.2) sont faux si l'on prend $d = d_1$ pour les groupes de type E_6 ou $d = d_{1j}$ $(0 \leq j \leq 3)$ pour les groupes de type E_8 (9.1).

11.4. PROPOSITION. Soit $f : X^G \to X^G$ l'application définie en (5.4). On a alors $\pi_G \circ i_{L',G'} = f \circ i_{L,G} \circ \pi_L$ pour tout $L \in \Lambda(G)$.

On peut supposer que la caractéristique est mauvaise et il suffit de considérer les éléments $x \in X^{L'}$ tels que $\pi_G \circ i_{L',G'}(x) \neq i_{L,G} \circ \pi_L(x)$. Pour les groupes exceptionnels il ne reste qu'un petit nombre de vérifications qu'on fait à l'aide des tables. Il reste le cas des groupes de type B_n, C_n, D_n en caractéristique 2. S'il existe $M \in \Lambda(G)$ tel que $L \in \Lambda(M)$, $i_{M,G} \circ \pi_L = \pi_M \circ i_{L',M'}$ et $\pi_G \circ i_{M',G'} = f \circ i_{M,G} \circ \pi_M$, on a aussi $\pi_G \circ i_{L',G'} = f \circ i_{L,G} \circ \pi_L$. On en déduit qu'on peut supposer L maximal dans $\Lambda(G) - \{G\}$. Dans ce cas une vérification directe est possible à l'aide des formules pour f et π données aux paragraphes 6, 7 et 8.

11.5. Remarque. La propriété (1) de (5.2) est : $\pi_G \circ i_{L',G'} \geq i_{L,G} \circ \pi_L$. Comme $f(x) \geq x$ pour tout $x \in X^G$, (11.5) est une formulation plus précise de cette propriété.

11.6. PROPOSITION. Pour tout $L \in \Lambda(G)$, on a $\pi_G \circ j_{L',G'} = j_{L,G} \circ \pi_L$.

On peut supposer que la caractéristique est mauvaise. On utilise une récurrence sur $rg(G)$.

On constate d'après les tables que si G est un groupe exceptionnel et si $x \in X^{L'}$ est rigide, alors $\pi_G \circ j_{L',G'}(x) = j_{L,G} \circ \pi_L(x)$. D'autre part dans le cas où G est un groupe classique, si L est maximal dans $\Lambda(G)-\{G\}$ et si avec les notations de (II.7.3) $x \in X^{L'}$ correspond à (C_0, C_1) avec $C_1 = \{1\}$, on déduit de (II.7.3) et de la description de π_G donnée aux paragraphes 6, 7 et 8 que $\pi_G \circ j_{L',G'}(x) = j_{L,G} \circ \pi_L(x)$.

On se ramène à ces cas particuliers à l'aide des remarques suivantes, où $M \in \Lambda(G)$ est tel que $L \in \Lambda(M)$:

a) si $\pi_G \circ j_{M',G'} = j_{M,G} \circ \pi_M$ et $\pi_M \circ j_{L',M'} = j_{L,M} \circ \pi_L$, alors $\pi_G \circ j_{L',G'} = j_{L,G} \circ \pi_L$;

b) si $x \in X^{L'}$ et $y = j_{L',M'}(x)$ sont tels que $\pi_G \circ j_{L',G'}(x) = j_{L,G} \circ \pi_L(x)$, alors $\pi_G \circ j_{M',G'}(y) = j_{M,G} \circ \pi_M(y)$ (on utilise ici l'hypothèse de récurrence).

11.7. PROPOSITION. <u>Pour tout</u> $L \in \Lambda(G)$, <u>on a</u> $j_{L,G} \circ d_L = d_G \circ i_{L,G}$.

On a $j_{L,G} \circ d_L = j_{L,G} \circ d_L \circ e_L$, et d'après (11.1) on a aussi $d_G \circ i_{L,G} = d_G \circ e_G \circ i_{L,G} = d_G \circ e_G \circ i_{L,G} \circ e_L = d_G \circ i_{L,G} \circ e_L$.

Il suffit donc de vérifier que $j_{L,G} \circ d_L \circ \pi_L = d_G \circ i_{L,G} \circ \pi_L$.

Mais $j_{L,G} \circ d_L \circ \pi_L = j_{L,G} \circ \pi_L \circ d_{L'} = \pi_G \circ j_{L',G'} \circ d_{L'}$ d'après (11.6), et $d_G \circ i_{L,G} \circ \pi_L = d_G \circ f \circ i_{L,G} \circ \pi_L = d_G \circ \pi_G \circ i_{L',G'} = \pi_G \circ d_{G'} \circ i_{L',G'}$ d'après (11.4). On peut donc supposer que la caractéristique est nulle.

Soient $M \in \Lambda(L)$, $x \in X^M$ et $y = i_{M,L}(x)$. Par récurrence sur rg(G), on peut supposer que $j_{M,L} \circ d_M = d_L \circ i_{M,L}$. Supposons de plus que $j_{M,G} \circ d_M(x) = d_G \circ i_{M,G}(x)$. Alors $j_{L,G} \circ d_L(y) = d_G \circ i_{L,G}(y)$.

Il suffit donc de vérifier que $j_{L,G} \circ d_L(x) = d_G \circ i_{L,G}(x)$ quand x est distingué. Si G est un groupe exceptionnel, il ne reste qu'un petit nombre de vérifications à faire à l'aide des tables. Pour les groupes classiques la vérification est aisée à partir des formules de (II.7.3) (voir aussi les formules du paragraphe 12).

11.8. COROLLAIRE. Pour tout $L \in \Lambda(G)$, $j_{L,G}(\tilde{X}^L) \subset \tilde{X}^G$.

11.9. PROPOSITION. Soit G^* un goupe dual de G , soit $L \in \Lambda(G)$ et soit $L^* \subset \Lambda(G^*)$ un groupe dual de L [20, 7.3]. Alors $j_{L^*,G^*} \circ \tilde{i}_L = \tilde{i}_G \circ (j_{L,G}|\tilde{X}^L)$.

Si G est simple de type B_n, C_n ou F_4 , on se ramène au cas où la caractéristique est 2 et il suffit alors d'utiliser une isogénie de G sur G^* .

12. Généralisation de l'induction.

Les conventions sont les mêmes qu'au paragraphe 11.

12.1. On dit qu'une application $f : \Phi_G \to \mathbb{Q}$ est linéaire si pour toute relation linéaire $\sum_{1 \leq i \leq m} n_i \lambda_i = 0$ $(n_i \in \mathbb{Z}$, $\lambda_i \in \Phi_G)$, on a $\sum_{1 \leq i \leq m} n_i f(\lambda_i) = 0$.

Soit $H \subset G$ un sous-groupe réductif connexe. Si $rg(H) = rg(G)$, H contient un tore maximal de G et cela donne une inclusion $\Phi_H \subset \Phi_G$ définie à l'action de W près.

On pose

$\Sigma(G) = \{H \subset G | H$ est un sous-groupe réductif connexe, $rg(H) = rg(G)$ et il existe $f : \Phi_G \to \mathbb{Q}$ linéaire telle que $\Phi_H = \{\lambda \in \Phi_G | f(\lambda) \in \mathbb{Z}\}\}$.

Si G est simple, soit $\overline{\Pi} = \Pi \cup \{\lambda\}$, où $-\lambda = \sum_{\alpha \in \Pi} n_\alpha \alpha$ est la plus haute racine [5, p.165]. Soit I un sous-ensemble propre de $\overline{\Pi}$, soit Φ_I le sous-système de Φ_G engendré par I et soit H l'unique sous-groupe réductif connexe de G contenant T tel que $\Phi_H = \Phi_I$. Alors $H \in \Sigma(G)$, et à conjugaison près tous les éléments de $\Sigma(G)$ s'obtiennent de cette manière. Pour tout $n \in \mathbb{N}$, soit $\Sigma_n(G)$ le plus petit sous-ensemble de $\Sigma(G)$ stable par conjugaison et tel que $H \in \Sigma_n(G)$ si n_α est une puissance de n pour tout $\alpha \in \Pi - I$.

On a toujours $\Lambda(G) \subset \Sigma(G)$ et $G \in \Sigma_n(G)$. On a $\Sigma_p(G) \subset \Lambda(G)$ si et seulement si la caractéristique est bonne.

Les propriétés suivantes sont faciles à établir :

1) si $H \in \Lambda(G)$ et $K \in \Lambda(H)$, alors $K \in \Lambda(G)$;

2) si $H \in \Sigma(G)$ et $K \in \Lambda(H)$, alors $K \in \Sigma(G)$;

3) si $H \in \Lambda(G)$ et $K \in \Sigma(H)$, alors $K \in \Sigma(G)$;

4) si $H, K \in \Sigma(G)$ et $K \subset H$, alors $K \in \Sigma(H)$;

5) si $H \in \Sigma(G)$, $K \in \Lambda(G)$ et $K \subset H$, lors $K \in \Lambda(H)$.

Si $H^* \in \Sigma(G^*)$, on note H un dual de H^*. Rappelons que si $H^* \in \Lambda(G^*)$, on peut prendre $H \in \Lambda(G)$. Mais si H^* est un élément quelconque de $\Sigma(G^*)$, on ne peut pas considérer en général H comme un sous-groupe de G.

12.2. On se propose de construire pour tout groupe réductif connexe G et tout $H^* \in \Sigma(G^*)$ une application $j_{H,G} : \tilde{X}^H \to X^G$ se comportant formellement comme l'induction.

On dit qu'une telle construction est naturelle si chaque $j_{H,G}$ ne dépend que des systèmes de racines Φ_G et $\Phi_{H^*} \subset \Phi_{G^*}$ (l'indépendance par rapport à la caractéristique se formule à l'aide de (5.2)).

12.3. Etant donné un système naturel d'applications $(j_{H,G})$ $(H^* \in \Sigma(G^*))$, on s'intéresse aux propriétés suivantes qu'il est susceptible d'avoir :

I) $j_{G,G}$ est l'inclusion $\tilde{X}^G \subset X^G$.

II) Si $H^* \in \Lambda(G^*)$ et $K^* \in \Sigma(H^*)$, alors $j_{K,G} = j_{H,G} \circ j_{K,H}$.

III) Si $H^*, K^* \in \Sigma(G^*)$, $x, z \in \tilde{X}^H$ et $y \in \tilde{X}^K$ sont tels que $K^* \subset H^*$ et $x \leq j_{K,H}(y) \leq z$, alors $j_{H,G}(x) \leq j_{K,G}(y) \leq j_{H,G}(z)$.

IV) Si $C \in \tilde{X}^H$ et $C' = j_{H,G}(C)$, alors $\operatorname{codim}_G C' = \operatorname{codim}_H C$.

V) $\bigcup_{H^* \in \Sigma(G^*)} j_{H,G}(\tilde{X}^H) = X^o \subset X^G$, où X^o est défini comme en (5.3).

12.4. <u>Remarques</u>. 1) Si les conditions (I) et (II) sont satisfaites et $H^* \in \Lambda(G^*)$, alors $j_{H,G} = j_{H,G}|\tilde{X}^H$.

2) En prenant $H^* = K^*$ dans la condition (III), on voit que $j_{H,G}$ est croissante si cette condition est satisfaite.

3) Si la condition (III) est satisfaite et $K^* \in \Lambda(H^*)$, on a $j_{K,G} = j_{H,G} \circ (j_{K,H}|\tilde{X}^H)$. En particulier les applications $j_{H,G}$ sont entièrement définies une fois qu'on connaît $j_{H,G}(x)$ pour les éléments $x \in \tilde{X}^H$ qui ne sont pas de la forme $j_{K,H}(y)$ avec $K^* \in \Lambda(H^*) - \{H^*\}$ et $y \in \tilde{X}^K$.

4) Pour tout $K^* \in \Sigma(G^*)$ il existe un unique $H^* \in \Lambda(G^*)$ contenant K^* et de même rang semi-simple. Si la condition (II) est satisfaite on a alors $j_{K,G} = j_{H,G} \circ j_{K,H}$. Il suffit donc de définir $j_{H,G}$ dans le cas où H et G ont le même rang semi-simple. Réciproquement, si $j_{H,G}$ est défini lorsque H et G ont le même rang semi-simple, on peut définir dans le cas général $j_{K,G}$ par la formule $j_{K,G} = j_{H,G} \circ j_{K,H}$, le groupe H étant défini comme ci-dessus. La condition (II) est alors automatiquement satisfaite.

Si la condition (III) est aussi satisfaite, il suffit même de définir $j_{H,G}(x)$ quand de plus x n'est pas de la forme $j_{K,H}(y)$ avec $K^* \in \Lambda(H^*) - \{H^*\}$ et $y \in \tilde{X}^K$.

12.5. THEOREME. <u>Pour tout groupe réductif connexe</u> G , <u>il existe un unique système naturel d'applications croissantes</u> $j_{H,G}$ $(H^* \in \Sigma(G^*))$ <u>vérifiant les conditions</u> (I) à (V) <u>de</u> (12.3).

On peut supposer que la caractéristique est nulle. Une démonstration pour les groupes classiques sera donnée plus loin. Pour les groupes exceptionnels, on vérifie à l'aide des tables l'existence de $j_{H,G}$. On trouve les résultats suivants, où $C \in \tilde{X}^H$ et $C' = j_{H,G}(C)$:

G	H*	C	C'
G_2	$A_1+\tilde{A}_1$	$\{1\}$	$\tilde{A}_1$
	A_2	$\{1\}$	A_1
F_4	B_4	$\{1\}$	A_1
	C_3+A_1	$\{1\}$	$A_1+\tilde{A}_1$
	$A_2+\tilde{A}_2$	$\{1\}$	$\tilde{A}_2+A_1$
	$A_3+\tilde{A}_1$	$\{1\}$	$A_2+\tilde{A}_1$
E_6	$3A_2$	$\{1\}$	$2A_2+A_1$
	A_5+A_1	$\{1\}$	$3A_1$
E_7	D_6+A_1	$\{1\}$	$(3A_1)'$
	D_6+A_1	$2^2\oplus1^8;1^2$	A_2+2A_1
	D_6+A_1	$2^4\oplus1^4;1^2$	$(A_3+A_1)'$
	A_7	$\{1\}$	$4A_1$
	A_5+A_2	$\{1\}$	$2A_2+A_1$
	$2A_3+A_1$	$\{1\}$	$A_3+A_2+A_1$

G	H*	C	C'
E_8	D_8	$\{1\}$	$4A_1$
	D_8	$2^2\oplus1^{12}$	A_2+3A_1
	D_8	$2^4\oplus1^8$	A_3+2A_1
	D_8	$2^6\oplus1^8$	$A_3+A_2+A_1$
	E_7+A_1	$\{1\}$	$3A_1$
	E_7+A_1	$A_1;1^2$	A_2+2A_1
	E_7+A_1	$2A_1;1^2$	A_3+A_1
	E_7+A_1	$A_2+2A_1;1^2$	A_4+A_2
	E_6+A_2	$\{1\}$	$2A_2+A_1$
	E_6+A_2	$A_1;1^3$	$D_4(a_1)+A_2$
	A_8	$\{1\}$	$2A_2+2A_1$
	A_4+A_4	$\{1\}$	A_4+A_3
	A_7+A_1	$\{1\}$	$A_3+A_2+A_1$
	$A_5+A_2+A_1$	$\{1\}$	$(A_5+A_1)'$
	D_5+A_3	$\{1\}$	$2A_3$
	D_5+A_3	$2^2\oplus1^6;1^4$	$D_5(a_1)+A_2$

D'après (12.4.4) cette table définit entièrement les applications $j_{H,G}$ pour les groupes exceptionnels. Dans la plupart des cas la condition (IV) détermine entièrement $j_{H,G}(C)$, dans quelques-uns des cas restants il suffit d'utiliser de plus le fait que $j_{H,G}$ doit être croissante et de calculer à l'aide de (I), (II) et (III) $j_{H,G}(x')$ pour un élément $x' \in \tilde{X}^H$ convenable. Lorsque G est de type E_8 et H de type $A_5 + A_2 + A_1$, on utilise (III) et l'inclusion $A_5 + A_2 + A_1 \subset E_7 + A_1$. Il reste alors le cas où G est de type E_8 et H de type $D_5 + A_3$. Dans ce cas on utilise (V). Les applications $j_{H,G}$ étant ainsi entièrement définies, on peut vérifier que les conditions (I) à (V) sont satisfaites.

12.6. Pour les groupes classiques, on montre qu'il existe un unique système naturel d'applications $j_{H,G}$ vérifiant les conditions (I), (II) et la condition suivante qui est une conséquence de (III) :

(III') Si $H^* \in \Sigma(G^*)$ et $K^* \in \Lambda(H^*)$, alors $j_{K,G} = j_{H,G} \circ j_{K^*,H^*}$.

On vérifie alors que les conditions (III), (IV) et (V) sont aussi satisfaites.

On définit tout d'abord des applications entre ensembles de partitions, ce qui est suffisant même pour les groupes de type D_{2n} comme nous le verrons plus loin.

12.7. Pour tout $n \in \mathbb{N}$ notons $B(n)$, $C(n)$, $D(n)$, $P(n)$ l'ensemble des partitions correspondant à des classes unipotentes de $SO_{2n+1}(\mathbb{C})$, $Sp_{2n}(\mathbb{C})$, $O_{2n}(\mathbb{C})$, $GL_n(\mathbb{C})$ respectivement. Soient $P^+ = \bigcup_{n\geq 0} P(2n)$, $P^- = \bigcup_{n\geq 0} P(2n+1)$, $B = \bigcup_{n\geq 0} B(n)$, $C = \bigcup_{n\geq 0} C(n)$, $D = \bigcup_{n\geq 0} D(n)$. On munit chacun de ces ensembles de l'ordre somme des ordres déjà définis sur chaque terme.

Si $\lambda \in P^+$, $\inf_C(\lambda)$ et $\inf_D(\lambda)$ existent. Si $\lambda \in P^-$, $\inf_B(\lambda)$ existe. Un procédé explicite permettant de déterminer la borne inférieure est donné en (3.6). Ce procédé est facile à décrire à l'aide de diagrammes. Pour cette raison nous identifierons les partitions et les diagrammes correspondants, avec les mêmes conventions qu'en (I.2.3).

On note T l'un des ensembles B, C, D. De même on pose $T(n) = B(n)$ si $T = B$, etc. On a sur P une involution décroissante $\lambda \mapsto \lambda^*$ et sur T une application décroissante d_T définie par $d_T(\lambda) = \inf_T(\lambda^*)$. On pose $\tilde{T} = d_T(T)$.

Si $\lambda, \mu \in P$, on note $\lambda + \mu$ la partition telle que $(\lambda + \mu)_i = \lambda_i + \mu_i$, et si $m, n \in \mathbb{N}$ on note m^n la partition telle que $(m^n)_i = m$ pour $i \leq n$ et $(m^n)_i = 0$ pour $i > n$. Si $\lambda \in P(n)$, on pose $|\lambda| = n$.

Les deux lemmes suivants sont des conséquences immédiates de l'algorithme permettant de calculer $\inf_T(\mu)$, où $\mu \in P^+$ si $T = C$ ou $T = D$

et $\mu \in P^-$ si $T = B$.

12.8. LEMME. Si $T = C$ ou $T = D$, soit $\lambda \in P^+$. Si $T = B$, soit $\lambda \in P^-$. Soit $n \in \mathbb{N}$. Alors $\inf_T(\lambda+2^n) = \inf_T(\inf_T(\lambda)+2^n)$.

12.9. LEMME. L'application $T \to T$, $\lambda \mapsto \inf_T(\lambda+2^n)$ est injective pour tout $n \in \mathbb{N}$.

12.10. Soit $\tilde{D}^* = \{\lambda^* \mid \lambda \in \tilde{D}\} = \{\lambda \in P^+ \mid$ pour tout $i \geq 1$, λ^*_{2i-1} et λ^*_{2i} sont égaux ou impairs$\} \subset C$. On a un isomorphisme d'ensembles ordonnés $\tilde{D} \to \tilde{D}^*$, $\lambda \mapsto d_D(\lambda)^*$ dont l'inverse est $\tilde{D}^* \to \tilde{D}$, $\mu \mapsto \inf_D(\mu)$. Si $\lambda \in \tilde{D}$, $\mu = d_D(\lambda)^*$ et $n \in \mathbb{N}$, alors $\inf_C(\mu+2^n) \in \tilde{D}^*$, ce qui montre que $\inf_{\tilde{D}^*}(\mu+2^n)$ existe. De plus $\inf_{\tilde{D}^*}(\mu+2^n) = d_D(\inf_D(\lambda+2^n))^*$. On en déduit que pour tout $\nu \in P$, $\inf_{\tilde{D}^*}(\mu+\nu+\nu) = d_D(\inf_D(\lambda+\nu+\nu))^*$ et que $\inf_{\tilde{D}^*}(\mu+\nu+\nu+2^n) = \inf_{\tilde{D}^*}(\inf_{\tilde{D}^*}(\mu+\nu+\nu)+2^n)$.

12.11. LEMME. Soit $\tilde{X}$ l'un des ensembles $\tilde{B}$, $\tilde{C}$, $\tilde{D}$, $\tilde{D}^*$. Soient $\lambda \in \tilde{X}$ et $n \geq 2$. Supposons qu'il existe i tel que $0 < \lambda^*_i < n$, avec de plus $\lambda^*_i = \lambda^*_{i+1}$ si $\lambda^*_i = 1$ et $\tilde{X} = \tilde{B}$ ou $\tilde{X} = \tilde{D}^*$. Il existe alors $r, s \in \{0,1,\dots,n-1\}$ et $\lambda' \in \tilde{X}$ tels que $r < s$ et $\inf_{\tilde{X}}(\lambda+2^r) = \inf_{\tilde{X}}(\lambda'+2^s)$.

S'il existe i tel que $0 < \lambda^*_i = \lambda^*_{i+1} < n$, on prend $r = 0$, $s = \lambda^*_i$, et λ' est l'unique partition telle que $\lambda = \lambda'+2^s$. On a bien sûr $\lambda' \in \tilde{X}$. On peut donc supposer que les λ^*_i tels que $0 < \lambda^*_i < n$ sont tous distincts. Supposons alors que $\tilde{X} = \tilde{C}$ ou $\tilde{X} = \tilde{D}^*$ (resp. $\tilde{X} = \tilde{B}$ ou $\tilde{X} = \tilde{D}$). Si la condition du lemme est satisfaite avec i impair (resp. pair), on prend $r = \lambda^*_i - 1$, $s = \lambda^*_i$, et

$$\lambda'^*_j = \begin{cases} \lambda^*_i - 2 & \text{si } j = i \\ \lambda^*_j & \text{sinon.} \end{cases}$$

Si la condition du lemme est satisfaite avec i pair (resp. impair), on prend $r = \lambda_i^* - 2$, $s = \lambda_i^* - 1$, et on définit λ' comme ci-dessus. Dans chaque cas les conditions requises sont vérifiées.

12.12. LEMME. Soit $\tilde{X}$ l'un des ensembles $\tilde{B}, \tilde{C}, \tilde{D}, \tilde{D}^*$ et soit $\lambda \in \tilde{X}$ avec $|\lambda| \geq 2$.

a) Soient $\ell = \lambda_1$ et $n = \lambda_\ell^*$. Supposons ℓ pair si $\tilde{X} = \tilde{C}$ ou $\tilde{X} = \tilde{D}^*$, impair sinon , $\lambda_{\ell-1}^* \neq \lambda_\ell^*$ si $\ell \geq 2$, et $\lambda_\ell^* \neq 1$. Alors il existe $\lambda' \in \tilde{X}$ tel que $\inf_{\tilde{X}}(\lambda + 2^{n-2}) = \inf_{\tilde{X}}(\lambda' + 2^{n-1})$.

b) Si $\tilde{X} = \tilde{C}$ (resp. si $\tilde{X} = \tilde{D}$) , posons $\ell = \lambda_1$ et supposons ℓ impair (resp. pair) . Si $\tilde{X} = \tilde{B}$ ou $\tilde{X} = \tilde{D}^*$, posons $\ell = \lambda_1 - 1$ et supposons que $\lambda_{\ell+1}^* = 1$. Soit $n = \lambda_\ell^*$. Alors il existe $\lambda' \in \tilde{X}$ tel que $\inf_{\tilde{X}}(\lambda + 2^{n-1}) = \lambda' + 2^n$.

La démonstration est similaire à celle de (12.11).

12.13. LEMME. Soit $\lambda \in T$. Il existe alors $\mu, \nu \in P$ tels que $\inf_T(\lambda + \mu + \mu) = \inf_T(\alpha + \nu + \nu)$ où $\alpha = (0,0,\ldots)$ si $T = C$ ou $T = D$ et $\alpha = (1,0,\ldots)$ si $T = B$.

La démonstration est similaire à celle de (12.11).

12.14. Si $\lambda \in T$, on pose $\dim_T(\lambda) = \dim C_G(u)$ où $G = SO_{2n+1}(\mathbb{C})$ si $T = B$, $G = Sp_{2n}(\mathbb{C})$ si $T = C$, $G = SO_{2n}(\mathbb{C})$ si $T = D$, et $u \in C_\lambda$. Si $\lambda \in \tilde{T}$, on pose $\dim_{\tilde{T}}(\lambda) = \dim_T(\lambda)$. Si $\lambda \in \tilde{D}^*$, on pose $\dim_{\tilde{D}^*}(\lambda) = \dim_D(\inf_D(\lambda))$.

12.15. Si $T = B$, soient $\tilde{R} = \tilde{B}$ et $\tilde{S} = \tilde{C}$. Si $T = C$, soient $\tilde{R} = \tilde{C}$ et $\tilde{S} = \tilde{D}^*$. Si $T = D$, soient $\tilde{R} = \tilde{D}$ et $\tilde{S} = \tilde{D}^*$. Soit $j_T : \tilde{R} \times \tilde{S} \to T$, $(\lambda, \mu) \mapsto \inf_T(\lambda + \mu)$.

12.16. PROPOSITION. Si $(\lambda, \mu) \in \tilde{R} \times \tilde{S}$ et $n \in \mathbb{N}$, alors $j_T(\inf_{\tilde{R}}(\lambda + 2^n), \mu) = j_T(\lambda, \inf_{\tilde{S}}(\mu + 2^n)) = \inf_T(j_T(\lambda, \mu) + 2^n)$.

On utilise une double récurrence, d'abord sur n , puis sur $|\lambda+\mu|$. On vérifie facilement à l'aide de (12.9) et des hypothèses de récurrence qu'on a les égalités désirées si l'une des conditions suivantes est satisfaite :

a) il existe $r, s \in \{0,\dots,n-1\}$ et $\lambda' \in \tilde{R}$ tels que $r < s$ et $\inf_{\tilde{R}}(\lambda+2^r) = \inf_{\tilde{R}}(\lambda'+2^s)$;

a') il existe $r, s \in \{0,\dots,n-1\}$ et $\mu' \in \tilde{S}$ tels que $r < s$ et $\inf_{\tilde{S}}(\mu+2^r) = \inf_{\tilde{S}}(\mu'+2^s)$;

b) il existe $\lambda' \in \tilde{R}$ tel que $\lambda = \lambda'+2^n$;

b') il existe $\mu' \in \tilde{S}$ tel que $\mu = \mu'+2^n$;

c) il existe $\lambda' \in \tilde{R}$ tel que $\inf_{\tilde{R}}(\lambda+2^{n-1}) = \lambda'+2^n$;

c') il existe $\mu' \in \tilde{S}$ tel que $\inf_{\tilde{S}}(\mu+2^{n-1}) = \mu'+2^n$.

D'après (12.11) et (12.12) il ne reste qu'un petit nombre de cas. Par exemple si $T = B$, soient $\ell = \lambda_1$ et $m = \mu_1$. Si $\ell = 1$, on a $\lambda_1^* = 1$ ou $\lambda_1^* \geq n+1$. Si $\ell \geq 2$, on a $\lambda_\ell^* \geq n+1$ ou $\lambda_\ell^* = 1$ et $\lambda_{\ell-1}^* \geq n+1$. Si $m \geq 1$, on a $\mu_m^* \geq n+1$. Chacun de ces cas est facile à traiter. On procède de manière similaire si $T = C$ ou $T = D$.

12.17. COROLLAIRE. <u>Si</u> $(\lambda,\mu) \in \tilde{R} \times \tilde{S}$ <u>et</u> $\nu = j_T(\lambda,\mu)$, <u>alors</u> $\dim_T(\nu) = \dim_{\tilde{R}}(\lambda) + \dim_{\tilde{S}}(\mu)$.

C'est une conséquence de (12.13) et (12.16)

12.18. COROLLAIRE. <u>Si</u> $(\lambda,\mu) \in \tilde{R} \times \tilde{S}$ <u>et</u> $\alpha, \beta \in P$, <u>alors</u> $j_T(\inf_{\tilde{R}}(\lambda+\alpha+\alpha), \inf_{\tilde{S}}(\mu+\beta+\beta)) = \inf_T(j_T(\lambda,\mu)+\alpha+\alpha+\beta+\beta)$, <u>et</u> j_T <u>est la seule application de</u> $\tilde{R} \times \tilde{S}$ <u>dans</u> T <u>ayant cette propriété et telle que</u> $|j_T(\lambda,\mu)| = |\lambda+\mu|$.

C'est une conséquence de (12.8), (12.9), (12.13) et (12.16).

12.19. COROLLAIRE. a) <u>Si</u> $\lambda, \mu \in \tilde{D}$, <u>alors</u> $j_D(\lambda, d_D(\mu)^*) = j_D(\mu, d_D(\lambda)^*)$.

b) Si $\lambda \in \tilde{\mathcal{B}}$ et $\mu \in \tilde{\mathcal{C}}$, alors $j_B(\lambda,\mu) = j_B(\tilde{i}_C(\mu),\tilde{i}_B(\lambda))$, où $\tilde{i}_B$, $\tilde{i}_C$ sont les applications décrites en (10.6).

C'est une conséquence de (12.18).

12.20. LEMME. L'application j_T est surjective.

Soit $\nu \in \mathcal{T}$. On trouve facilement $\lambda \in \tilde{\mathcal{R}}$, $\mu \in \tilde{\mathcal{S}}$ tels que $\nu = \lambda + \mu$. Par exemple si $T = C$, soient $I = \{i \geq 1 \mid \nu_i^*$ est pair$\}$, $J = \{i \geq 1 \mid \nu_i^*$ est impair$\}$. On prend $\lambda = \sum_{i \in I} 1^{\nu_i^*}$, $\mu = \sum_{j \in J} 1^{\nu_j^*}$.

12.21. En tenant compte de (12.4.4), on voit que les applications j_B, j_C, j_D fournissent un système naturel d'applications $j_{H,G}$ pour les groupes classiques, sauf pour les groupes de type D_n (n pair) où deux classes unipotentes peuvent correspondre à une même partition. Si G est de type D_n, H de type $D_m + D_{n-m}$ $(2 \leq m \leq n-2)$ et si $\lambda \in \tilde{\mathcal{D}}(m)$, $\mu \in \tilde{\mathcal{D}}^*(n-m)$ et $\nu = j_D(\lambda,\mu) \in \tilde{\mathcal{D}}(n)$ sont tels que ν_i soit pair pour tout $i \geq 1$, alors m et n sont pairs, de même que tous les λ_i, μ_i. En particulier λ, μ correspondent à des classes de Richardson. Soit $x \in \tilde{X}^H$ une classe correspondant au couple (λ,μ) et soit $L \in \Lambda(H)$ tel que $x = j_{L,H}(\{1\})$. Dans ce cas particulier L peut être considéré comme un élément de $\Lambda(G)$, et on pose $j_{H,G}(x) = j_{L,G}(\{1\})$. On vérifie aisément que la classe ainsi définie correspond à ν. Cela définit entièrement les applications $j_{H,G}$.

Les conditions (I), (II), (IV) et (V) sont vérifiées. Il reste la condition (III). Il suffit de vérifier cette dernière condition lorsque H est de même rang semi-simple que G (avec les notations de (12.3)). On peut supposer de plus qu'il n'existe pas de $M^* \in \Sigma(G^*)$ tel que $K^* \subset M^* \subset H^*$, $K^* \in \Lambda(M^*)$ et $M^* \neq K^*$. Il ne reste alors qu'un petit nombre de cas qu'on traite directement. Si G est de type B_n ou D_n on peut utiliser (12.19) pour avoir des formules plus agréables.

12.22. Supposons que G soit un groupe simple. Pour $n \in \mathbb{N}$, soit X_n^o la réunion des $j_{H,G}(\tilde{X}^H)$ pour $H^* \in \Sigma_n(G)$ (12.1). On a toujours $\tilde{X}^G \subset \tilde{X}_n^G \subset X^o$, où X^o est défini comme en (5.3), et $X^o = \bigcup_{n \in \mathbb{N}} \tilde{X}_n^G$.

D'après [3], on a

a) $X^o = \tilde{X}^G$ si G est de type A_n ;

b) $X^o = \tilde{X}_2^G$ si G est de type B_n, C_n ou D_n ;

c) $X^o = \tilde{X}_2^G \cup \tilde{X}_3^G$ si G est de type E_6, E_7, F_4 ou G_2 ;

d) $X^o = \tilde{X}_2^G \cup \tilde{X}_3^G \cup \tilde{X}_5^G \cup \tilde{X}_6^G$ si G est de type E_8.

Un examen des tables montre que si $m, n \geq 1$ sont distincts, alors $\tilde{X}_m^G \cap \tilde{X}_n^G = \tilde{X}^G$. On peut ainsi attacher l'un des nombres $2, 3, 5, 6$ à tout $x \in X^o - \tilde{X}^G$. Les éléments de $X^o - \tilde{X}_2^G$ sont les suivants :

a)
$$\tilde{X}_3^G - \tilde{X}^G = \begin{cases} \{2A_2+A_1\} & \text{pour } E_6 \\ \{2A_2+A_1,\ (A_5+A_1)'\} & \text{pour } E_7 \\ \{2A_2+A_1,\ 2A_2+2A_1,\ A_5+2A_1,\ E_6+A_1\} & \text{pour } E_8 \\ \{\tilde{A}_2+A_1\} & \text{pour } F_4 \\ \{A_1\} & \text{pour } G_2 \end{cases}$$

b) $\tilde{X}_5^G - \tilde{X}^G = \{A_4+A_3\}$ pour E_8.

c) $\tilde{X}_6^G - \tilde{X}^G = \{(A_5+A_1)'\}$ pour E_8.

Si $x \in \tilde{X}^G$ est tel que $e^{-1}(x) \cap X^o \not\subset \tilde{X}_2^G$, alors $e^{-1}(x) \cap X^o$ est formé de trois éléments $x'' < x' < x$ avec $x'' \in \tilde{X}_3^G$ et $x' \in X_2^o$, avec les deux exceptions suivantes :

i) pour E_8 on a aussi :

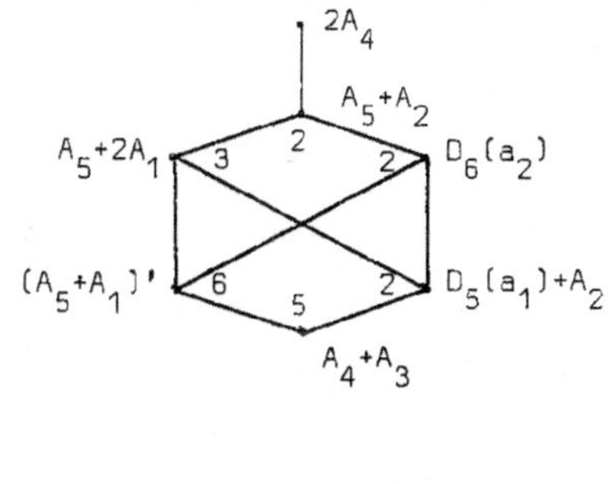

ii) pour F_4 on a aussi :

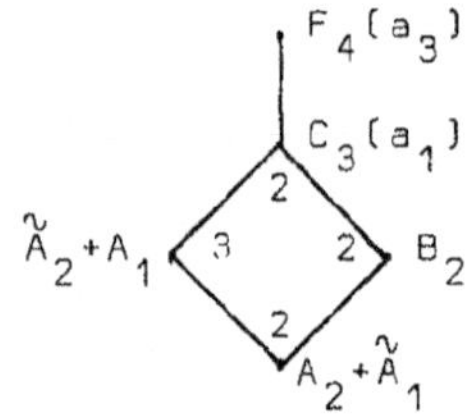

Ces deux cas particuliers correspondent aux éléments unipotents dont les centralisateurs ont des groupes de composantes isomorphes à $\mathfrak{S}_5$ et $\mathfrak{S}_4$ respectivement.

D'autre part, si G est exceptionnel et si $x \in \tilde{X}^G$ est tel que $e^{-1}(x) \cap X^o \subset X_2^G$ et $e^{-1}(x) \cap X^o \neq \{x\}$, alors $e^{-1}(x) \cap X^o = \{x,x'\}$ avec $x' \in \tilde{X}_2^G - \tilde{X}^G$.

12.23. Si G est un groupe réductif connexe, et si $G_1,\dots,G_r$ sont les sous-groupes normaux fermés connexes minimaux de G, on a une bijection naturelle $f : \prod_{1\leq i\leq r} X^{G_i} \to X^G$. On pose $\tilde{X}_n^G = f\left(\prod_{1\leq i\leq r} \tilde{X}_n^{G_i}\right)$.

12.24. <u>Remarque</u>. L'énoncé de (12.5) est inspiré d'une conjecture de Lusztig [21].

13. <u>Généralisation de l'induction</u> (suite).

13.1. Pour $n \geq 0$, soit $X(n)$ (resp. $Y(n)$) l'ensemble des couples (λ,ϵ) correspondant à des classes unipotentes dans Sp_{2n} (resp. SO_{2n}) en caractéristique 2. Soient $X = \bigcup_{n\geq 0} X(n)$, $Y = \bigcup_{n\geq 0} Y(n)$. On a $Y \subset X$, et $Y(n) \subset X(n)$ pour tout $n \geq 0$.

Pour $Z = X$ ou $Z = Y$, on a une application $\mathrm{ind}_Z : Z \times \mathbb{N} \to Z$ donnée par l'induction pour les classes unipotentes des groupes symplectiques ou orthogonaux. Cette application est décrite explicitement en (II.7.3). Elle correspond à l'application $j_T : (\lambda,n) \mapsto \inf_T(\lambda+2^n)$ qui décrit l'induction dans les groupes symplectiques ou orthogonaux en caractéristique impaire (T comme en (12.7)). On étend ind_Z à $Z \times \mathbb{N}^r \to Z$ ($r \geq 0$) en posant $\mathrm{ind}_Z(z,n_1,\ldots,n_r) = \mathrm{ind}_Z(\mathrm{ind}_Z(z,n_1,\ldots,n_{r-1}),n_r)$ si $r \geq 2$ et $\mathrm{ind}_Z(z) = z$ si $r = 0$.

On vérifie facilement que si $z, z' \in Z$ et $n \in \mathbb{N}$ sont tels que $\mathrm{ind}_Z(z,n) = \mathrm{ind}_Z(z',n)$, alors $Z = z'$, et que pour tout $z \in Z$ il existe $n_1,\ldots,n_r,m_1,\ldots,m_s \in \mathbb{N}$ tels que $\mathrm{ind}(z,n_1,\ldots,n_r) = \mathrm{ind}_Z(0,m_1,\ldots,m_s)$, où $0 \in Z$ représente l'unique classe unipotente de Sp_o ou SO_o.

Si $z \in Z$, on pose $\dim_Z(z) = \dim C_G(u)$, où $G = Sp_{2n}$ si $Z = X$ et $z \in X(n)$, $G = SO_{2n}$ si $Z = Y$ et $z \in Y(n)$, et où u est un élément de la classe unipotente de G correspondant à z.

13.2. Soit T l'un des ensembles B, C ou D (12.7). Si $T = B$, soient $R = S = C$ $Z = X$. Si $T = C$, soient $R = B$, $S = D$, $Z = X$. Si $T = D$, soient $R = S = D$, $Z = Y$. On définit dans chaque cas une application $j_T : R \times S \to Z$.

Soient $\lambda \in R$ et $\mu \in S$. Alors $(\nu,\varepsilon) = \overline{j}_T(\lambda,\mu)$ est l'élément suivant de Z.

Si $T = B$ (resp. D), $\nu = \inf_C(\lambda+\mu)$, et on a $\varepsilon_i = 0$ si et seulement si les conditions suivantes sont satisfaites :

a) pour tout $j \geq 1$, $\nu_j = i$ si et seulement si $\lambda_j + \mu_j = i$, et dans ce cas λ_j et μ_j sont impairs (resp. pairs) ;

b) $\nu_i^* - \nu_{i+1}^*$ est pair et non nul ;

c) $\sum_{j>i} \nu_j^* = \sum_{j>i} (\lambda_j^* + \mu_j^*)$.

Si $T = C$, $\nu = (\inf_{C_+}(\lambda+\mu))_-$ (les notations sont les mêmes qu'en (10.6), et $\varepsilon_i = 0$ si et seulement si les conditions suivantes sont remplies :

a) pour tout $j \geq 1$, $\nu_j = i$ si et seulement si $\lambda_j + \mu_j = i$, et dans ce cas λ_j et μ_j sont pairs.

b) $\nu^*_i - \nu^*_{i+1}$ est pair et non nul;

c) $\sum_{j>i} \nu^*_j = \sum_{j>i} (\lambda^*_j + \mu^*_j) + 1$.

13.3. LEMME. <u>Si</u> $\lambda \in R$, $\mu \in S$ <u>et</u> $n \in \mathbb{N}$, alors $\mathrm{ind}_Z(\bar{\jmath}_T(\lambda,\mu),n) = \bar{\jmath}_T(\inf (\lambda+2^n),\mu) = \bar{\jmath}_T(\lambda,\inf_S(\mu+2^n))$.

La démonstration est similaire à celle de (11.7). Les détails sont omis.

13.4. COROLLAIRE. <u>Si</u> $\lambda \in R$ <u>et</u> $\mu \in S$, <u>alors</u> $\dim_Z(\bar{\jmath}_T(\lambda,\mu)) = \dim_R(\lambda) + \dim_S(\mu)$.

13.5. LEMME. <u>L'application</u> $\bar{\jmath}_T$ <u>est surjective</u>.

Si $T = C$ et $(\nu,\varepsilon) \in X$, soient $I = \{1\} \cup \{i \geq 2 \mid \varepsilon_i = 0 \text{ ou } \varepsilon_{i-1} = 0\}$, $J = \{i \geq 1 \mid i \notin I\}$, $\alpha = \sum_{i \in I} 1^{\nu^*_i}$ et $\beta = \sum_{j \in J} 1^{\nu^*_j}$. Si ν^*_1 est pair, on pose $\lambda = \alpha_+$, $\mu = \beta$. Si ν^*_1 est impair, on pose $\lambda = \alpha$, $\mu = \beta_+$. On a $\lambda \in B$, $\mu \in D$ et $\bar{\jmath}_C(\lambda,\mu) = (\nu,\varepsilon)$. On procède de manière similaire si $T = B$ ou $T = D$.

13.6. Supposons que G soit simple. Si $H^* \in \Sigma(G^*)$, soit $j_{H^*,G} = j_{H,G} \circ \tilde{\imath}_{H^*} : \tilde{X}^{H^*} \to X^G$.

Les résultats précédents montrent que si G est de type B_n , C_n ou D_n et $p = 2$, les applications $j_{H^*,G}$ s'étendent en des applications $\bar{j}_{H^*,G} : X^{H^*} \to X^G$ lorsque H^* est de même rang semi-simple que G^* . D'après (12.4.4) on en déduit une application $\bar{j}_{H^*,G} : X^{H^*} \to X^G$ pour tout $H^* \in \Sigma(G^*) = \Sigma_2(G^*)$.

On a le résultat général suivant :

13.7. THEOREME. <u>Si</u> G <u>est simple, il existe un système naturel d'applications croissantes</u> $\bar{j}_{H^*,G} : \tilde{X}^H \to X^G$ $(H^* \in \Sigma(G))$ <u>ayant les propriétés</u>

suivantes :

a) pour tout $H^* \in \Sigma_p(G^*)$, $\bar{j}_{H^*,G}|\tilde{X}^{H^*} = \bar{j}_{H^*,G}$;

b) si $H^* \in \Sigma_p(G^*)$ et $K^* \in \Lambda(G^*)$ sont tels que $H^* \subset K^*$, alors $\bar{j}_{H^*,G} = j_{K,G} \circ \bar{j}_{H^*,K}$;

c) si $H^*, K^* \in \Sigma_p(G^*)$ sont tels que $H^* \in \Lambda(K^*)$, alors $\bar{j}_{H^*,G} = \bar{j}_{K^*,G} \circ \left(j_{H^*,K^*}|X_p^{H^*}\right)$;

d) si $H^* \in \Sigma_p(G^*)$, $C \in \tilde{X}_p^{H^*}$ et $C' = \bar{j}_{H^*,G}(C)$, alors $\operatorname{codim}_{H^*} C = \operatorname{codim}_G C'$;

e) $X^G = \left(\bigcup_{H^* \in \Sigma_p(G^*)} \bar{j}_{H^*,G}(\tilde{X}_p^{H^*})\right) \cup X^o$, où X^o est défini comme en (5.3).

Pour les groupes classiques, c'est une conséquence des résultats précédents. Dans ce cas, les applications $\bar{j}_{H^*,G}$ sont même uniques. Pour les groupes exceptionnels, on montre l'existence de $\bar{j}_{H^*,G}$ à l'aide des tables. On a l'unicité sauf pour les groupes de type E_8 .

13.8. Remarque. Si G est un groupe simple, soit $X_p^G = \bigcup_{H^* \in \Sigma p(G^*)} \bar{j}_{H^*,G}(\tilde{X}_p^{H^*})$, et pour $n \neq p$ soit $X_n^G = \tilde{X}_n^G$. On a $X_n^G \cap X_m^G = \tilde{X}^G$ si $m \neq n$. Pour $p \neq 2$, on a $X_p^G = \tilde{X}_p^G$ sauf si $p = 3$ et G est de type E_8 ou G_2 (on a alors respectivement $X_p^G = \tilde{X}_p^G \cup \{(A_7)_3\}$ et $X_p^G = \tilde{X}_p^G \cup \{(\tilde{A}_1)_3\})$.

Soit $C = cl_G(u) \in \tilde{X}^G$. On constate d'après les tables que si $e^{-1}(C)$ rencontre $X_n^G - \tilde{X}^G$ ou si $d^{-1}(C)$ rencontre $\tilde{X}_n^G - \tilde{X}^G$, alors $A(u)$ a des éléments d'ordre n .

CHAPITRE IV

TABLES

1. Composantes irréductibles de $\mathcal{B}_u^G$ pour les groupes classiques.

Ces tables décrivent $S(u)$ et l'action de $A(u)$ sur $S(u)$ quand $rg_u(G) \leq 5$ pour les groupes classiques considérés au paragraphe 6 du chapitre II. Soit $u \in C_{\lambda,\varepsilon}$. Les indications suivantes sont fournies :

$X \quad = \mathcal{CU}(uG^o)$

$d(u) \quad = \dim \mathcal{B}_u^G$

$s(u) \quad = |S(u)|$

$s_a(u) \quad = |S(u)/A_o(u)|$

$s'_a(u) \quad = |S(u)/A(u)|$

$B(u) \quad = \{a \in A(u) \mid a\sigma = \sigma \text{ pour tout } \sigma \in S(u)\}$

$q(u) \quad = |Q(u)| = |(S(u) \times S(u))/A_o(u)|$.

Si $|A(u)/B(u)| > 2$, des indications supplémentaires sur l'action de $A(u)$ sur $S(u)$ sont fournies à la fin de ces tables. Dans le diagramme donnant la structure d'ordre de X on a mis en évidence le sous-ensemble $\mathcal{X}$ défini au chapitre III (un tel sous-ensemble existe lorsque $u \notin G^o$) . Les classes unipotentes sont notées comme au chapitre I, les signes $\oplus$ étant toutefois omis pour alléger. On note $G(n)$ le groupe $G(V)$ lorsque V est l'espace vectoriel k^n .

Sp_4, $p \neq 2$ $\quad \tilde{X} \subset X$

(λ,ε)	d(u)	s(u)	$s_a(u)$	B(u)	q(u)
4	0	1	1	A(u)	1
2^2	1	3	2	{1}	5
$2\ 1^2$	2	1	1	A(u)	1
1^4	4	1	1	A(u)	1
Total		6	5		8

Sp_4, $p = 2$ $\quad \tilde{X} \subset X$

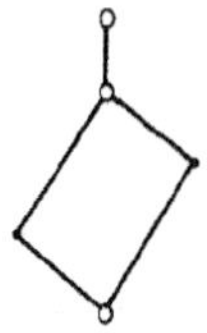

(λ,ε)	d(u)	s(u)	$s_a(u)$	B(u)	q(u)
4	0	1	1	A(u)	1
2^2	1	2	2	A(u)	4
2^2_0	2	1	1	A(u)	1
$2\ 1^2$	2	1	1	A(u)	1
1^4	4	1	1	A(u)	1
Total		6	6		8

$G(4)$, $p = 2$ $\quad \tilde{X} \subset X$
$u \notin G^0$

(λ,ε)	d(u)	s(u)	$s_a(u)$	B(u)	q(u)
$3\ 1$	0	1	1	A(u)	1
2^2	1	3	2	$\langle a_0 \rangle$	5
1^4	2	1	1	A(u)	1
1^4_0	4	1	1	A(u)	1
Total		6	5		8

$G = O_5$, $p \neq 2$ $\quad \tilde{X} \subset X$

(λ,ε)	d(u)	s(u)	$s_a(u)$	B(u)	q(u)
5	0	1	1	A(u)	1
$3\ 1^2$	1	3	2	$\langle a_1 \rangle$	5
$2^2\ 1$	2	1	1	A(u)	1
1^5	4	1	1	A(u)	1
Total		6	5		8

$G = G(5)$, $p = 2$ $\quad \tilde{X} \subset X$
$u \notin G^0$

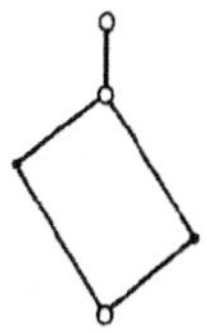

(λ,ε)	d(u)	s(u)	$s'_a(u)$	B(u)	q(u)
5	0	1	1	A(u)	1
$3\ 1^2$	1	2	2	A(u)	4
$3\ 1^2_0$	2	1	1	A(u)	1
2^2	2	1	1	A(u)	1
1^4	4	1	1	A(u)	1
Total		6	6		8

$G = O_6$, $p=2$
$u \notin SO_6$

$\tilde{X} \subset X$

(λ,ε)	$d(u)$	$s(u)$	$s_a(u)$	$B(u)$	$q(u)$
6	0	1	1	$A(u)$	1
$4\ \ 1^2$	1	3	2	$\langle a_1 \rangle$	5
2^3	2	1	1	$A(u)$	1
$2\ \ 1^4$	4	1	1	$A(u)$	1
Total		6	5		8

$G = O_4$
$u \in SO_4$

$\tilde{X} \subset X$

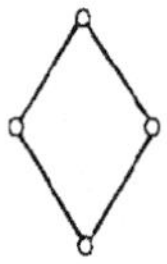

(λ,ε) $(p\neq 2)$	(λ,ε) $(p=2)$	$d(u)$	$s(u)$	$s'_a(u)$	$s_a(u)$	$B(u)$	$q(u)$
$3\ \ 1$	2^2	0	1	1	1	$A(u)$	1
$\{2^2$	$\{2^2_0$	1	1	1	1	$A(u)$	1
2^2	2^2_0	1	1	1	1	$A(u)$	1
1^4	1^4	2	1	1	1	$A(u)$	1
Total			4		4		4

$G = Sp_6$, $p\neq 2$

$\tilde{X} \subset X$

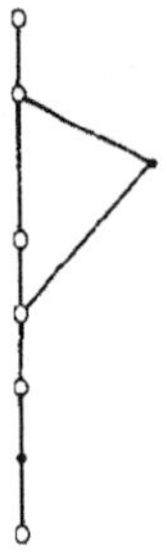

(λ,ε)	$d(u)$	$s(u)$	$s_a(u)$	$B(u)$	$q(u)$
6	0	1	1	$A(u)$	1
$4\ \ 2$	1	4	3	$\langle a_1 a_2 \rangle$	10
$4\ \ 1^2$	2	2	2	$A(u)$	4
3^2	2	3	3	$A(u)$	9
2^3	3	3	3	$A(u)$	9
$2^2\ \ 1^2$	4	5	3	$\langle a_1 a_2 \rangle$	13
$2\ \ 1^4$	6	1	1	$A(u)$	1
1^6	9	1	1	$A(u)$	1
Total		20	17		48

$G = Sp_6$, $p=2$

$\tilde{X} \subset X$

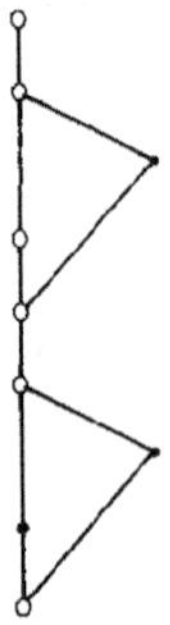

(λ,ε)	$d(u)$	$s(u)$	$s_a(u)$	$B(u)$	$q(u)$
6	0	1	1	$A(u)$	1
$4\ \ 2$	1	3	3	$A(u)$	9
$4\ \ 1^2$	2	2	2	$A(u)$	4
3^2	2	4	3	$\{1\}$	10
2^3	3	3	3	$A(u)$	9
$2^2\ \ 1^2$	4	3	3	$A(u)$	9
$2^2_0\ \ 1^2$	5	2	2	$A(u)$	4
$2\ \ 1^4$	6	1	1	$A(u)$	1
1^6	9	1	1	$A(u)$	1
Total		20	19		48

$G(6)$, $p=2$, $u \notin G^0$ $\tilde{X} \subset X$

(λ,ε)	$d(u)$	$s(u)$	$s_a(u)$	$B(u)$	$q(u)$
$5\ \ 1$	0	1	1	$A(u)$	1
3^2	1	4	3	$\langle a_0 \rangle$	10
$3\ \ 1^3$	2	2	2	$A(u)$	4
3^2_0	2	3	3	$A(u)$	9
$2^2\ \ 1^2$	3	3	3	$A(u)$	9
$2^2\ \ 1^2_0$	4	5	3	$\langle a_0 \rangle$	13
1^6	6	1	1	$A(u)$	1
1^6_0	9	1	1	$A(u)$	1
Total		20	17		48

$G = O_7$, $p \neq 2$ $\tilde{X} \subset X$

(λ,ε)	$d(u)$	$s(u)$	$s_a(u)$	$B(u)$	$q(u)$
7	0	1	1	$A(u)$	1
$5\ \ 1^2$	1	5	3	$\langle a_1 \rangle$	13
$3^2\ \ 1$	2	4	3	$\langle a_3 \rangle$	10
$3\ \ 2^2$	3	3	3	$A(u)$	9
$3\ \ 1^4$	4	4	3	$\langle a_1 \rangle$	10
$2^2\ \ 1^3$	5	2	2	$A(u)$	4
1^7	9	1	1	$A(u)$	1
Total		20	16		48

$G = G(7)$, $p=2$, $u \notin G^0$ $\tilde{X} \subset X$

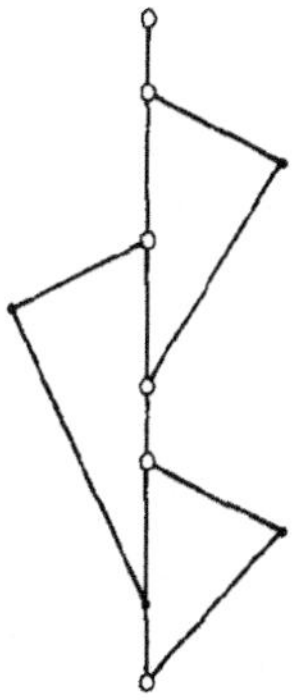

(λ,ε)	$d(u)$	$s(u)$	$s_a(u)$	$B(u)$	$q(u)$
7	0	1	1	$A(u)$	1
$5\ \ 1^2$	1	3	3	$A(u)$	9
$5\ \ 1^2_0$	2	2	2	$A(u)$	4
$3^2\ \ 1$	2	3	3	$A(u)$	9
$3^2_0\ \ 1$	3	1	1	$A(u)$	1
$3\ \ 2^2$	3	3	3	$A(u)$	9
$3\ \ 1^4$	4	3	3	$A(u)$	9
$3\ \ 1^4_0$	6	1	1	$A(u)$	1
$2^2\ \ 1^3$	5	2	2	$A(u)$	4
1^7	9	1	1	$A(u)$	1
Total		20	20		48

$G = O_8$, $p=2$ $\tilde{X} \subset X$
$u \in SO_8$

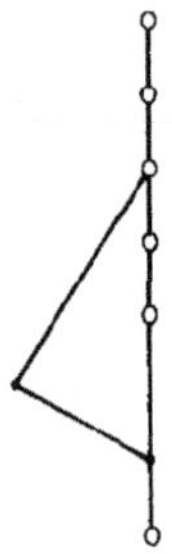

(λ,ε)	$d(u)$	$s(u)$	$s_a(u)$	$B(u)$	$q(u)$
8	0	1	1	$A(u)$	1
$6\ 1^2$	1	5	3	$\langle a_1\rangle$	13
$4\ 2^2$	2	3	3	$A(u)$	9
$4\ 2_0^2$	3	3	3	$A(u)$	9
$4\ 1^4$	4	4	3	$\langle a_1\rangle$	10
$3^2\ 2$	3	1	1	$A(u)$	1
$2^3\ 1^2$	5	2	2	$A(u)$	4
$2\ 1^6$	9	1	1	$A(u)$	1
Total		20	17		48

$G = O_6$ $\tilde{X} \subset X$
$u \in SO_6$

(λ,ε) $p\neq 2$	(λ,ε) $p=2$	$d(u)$	$s(u)$	$s'_a(u)$	$s_a(u)$	$B(u)$	$q(u)$
$5\ 1$	$4\ 2$	0	1	1	1	$A(u)$	1
3^2	3^2	1	3	2	3	$\{1\}$	9
$3\ 1^3$	$2^2\ 1^2$	2	2	2	2	$A(u)$	4
$2^2\ 1^2$	$2_0^2\ 1^2$	3	3	2	3	$\{1\}$	9
1^6	1^6	6	1	1	1	$A(u)$	1
Total			10		10		24

$G = Sp_8$, $p\neq 2$ $\tilde{X} \subset X$

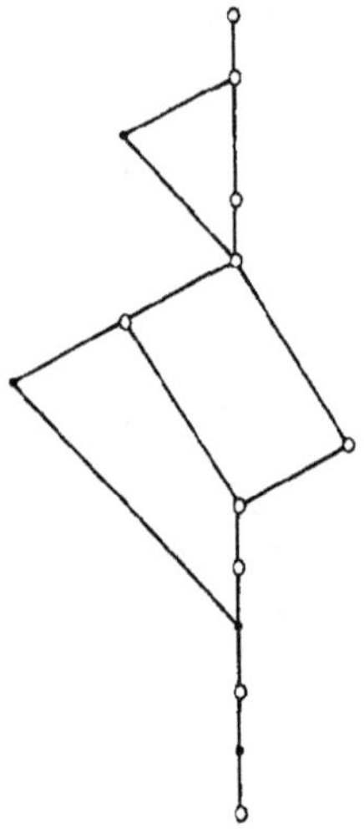

(λ,ε)	$d(u)$	$s(u)$	$s_a(u)$	$B(u)$	$q(u)$
8	0	1	1	$A(u)$	1
$6\ 2$	1	5	4	$\langle a_1 a_2\rangle$	17
$6\ 1^2$	2	3	3	$A(u)$	9
4^2	2	10	6	$\{1\}$	52
$4\ 2^2$	3	10	8	$\langle a_1\rangle$	68
$4\ 2\ 1^2$	4	9	6	$\langle a_1 a_2\rangle$	45
$4\ 1^4$	6	3	3	$A(u)$	9
$3^2\ 2$	4	6	6	$A(u)$	36
$3^2\ 1^2$	5	8	8	$A(u)$	64
2^4	6	8	6	$\{1\}$	40
$2^3\ 1^2$	7	4	4	$A(u)$	16
$2^2\ 1^4$	9	7	4	$\{1\}$	25
$2\ 1^6$	12	1	1	$A(u)$	1
1^8	16	1	1	$A(u)$	1
Total		76	61		384

$G = Sp_8$, $p=2$ $\tilde{X} \subset X$

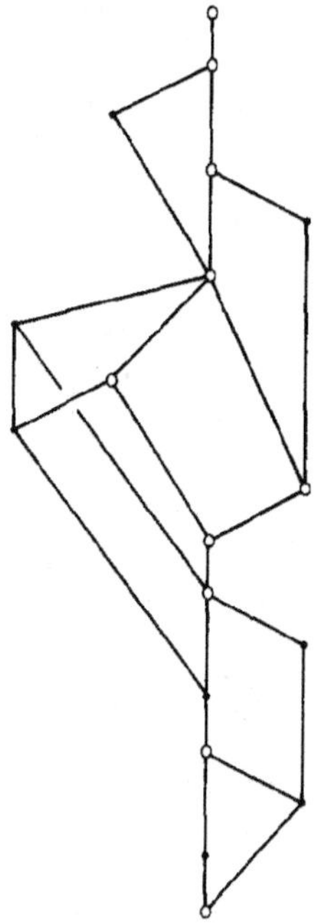

(λ,ε)	d(u)	s(u)	$s_a(u)$	B(u)	q(u)
8	0	1	1	A(u)	1
6 2	1	4	4	A(u)	16
6 1^2	2	3	3	A(u)	9
4^2	2	7	6	{1}	37
4^2_0	3	4	4	A(u)	16
4 2^2	3	8	8	A(u)	64
4 2^2_0	4	2	2	A(u)	4
4 2 1^2	4	6	6	A(u)	36
4 1^4	6	3	3	A(u)	9
3^2 2	4	6	6	A(u)	36
3^2 1^2	5	11	8	{1}	73
2^4	6	6	6	A(u)	36
2^4_0	8	2	2	A(u)	4
2^3 1^2	7	4	4	A(u)	16
2^2 1^4	9	4	4	A(u)	16
2^2_0 1^4	10	3	3	A(u)	9
2 1^6	12	1	1	A(u)	1
1^8	16	1	1	A(u)	1
Total		76	72		384

$G = G(8)$, $p=2$ $\tilde{X} \subset X$
$u \notin G^0$

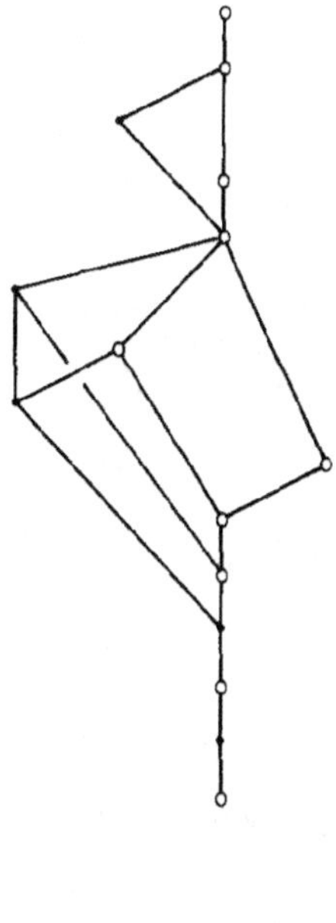

(λ,ε)	d(u)	s(u)	$s_a(u)$	A(u)	q(u)
7 1	0	1	1	A(u)	1
5 3	1	5	4	$\langle a_1 a_2 \rangle$	17
5 1^3	2	3	3	A(u)	9
4^2	2	10	6	{1}	52
3^2 1^2	3	8	8	A(u)	64
3 2^2 1	4	2	2	A(u)	4
3^2 1^2_0	4	9	6	{1}	45
3 1^5	6	3	3	A(u)	9
3^2_0 1^2	4	6	6	A(u)	36
3^2_0 1^2_0	5	8	8	A(u)	64
2^4	6	8	6	{1}	40
2^2 1^4	7	4	4	A(u)	16
2^2 1^4_0	9	7	4	{1}	25
1^8	12	1	1	A(u)	1
1^8_0	16	1	1	A(u)	1
Total		76	63		384

$G = O_9$, $p \neq 2$ $\tilde{X} \subset X$

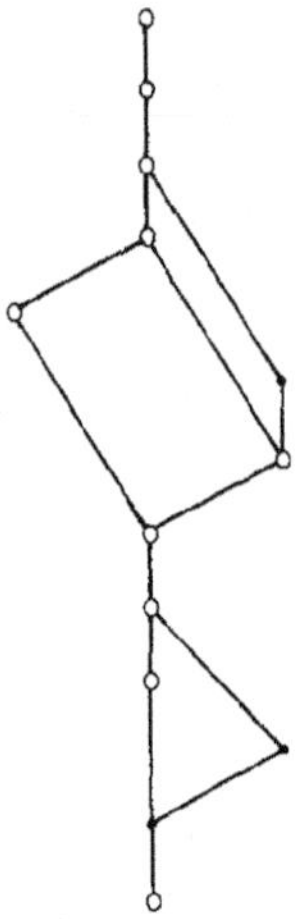

(λ,ε)	$d(u)$	$s(u)$	$s_a(u)$	$B(u)$	$q(u)$
9	0	1	1	$A(u)$	1
$7\ 1^2$	1	7	4	$<a_1>$	25
$5\ 3\ 1$	2	9	6	(*)	41
$5\ 2^2$	3	8	8	$A(u)$	64
$5\ 1^4$	4	9	6	$<a_1>$	45
$4^2\ 1$	3	4	4	$A(u)$	16
3^3	4	6	6	$A(u)$	36
$3^2\ 1^3$	5	11	8	$<a_3>$	73
$3\ 2^2\ 1^2$	6	10	6	$<a_1>$	52
$3\ 1^6$	9	5	4	$<a_1>$	17
$2^4\ 1$	8	2	2	$A(u)$	4
$2^2\ 1^5$	10	3	3	$A(u)$	9
1^9	16	1	1	$A(u)$	1
Total		76	59		384

$G = G(9)$, $p=2$ $\tilde{X} \subset X$
$u \notin G^0$

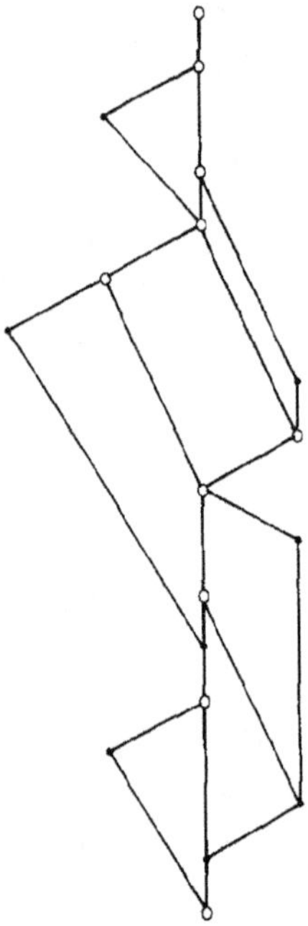

(λ,ε)	$d(u)$	$s(u)$	$s_a(u)$	$B(u)$	$q(u)$
9	0	1	1	$A(u)$	1
$7\ 1^2$	1	4	4	$A(u)$	16
$7\ 1^2_0$	2	3	3	$A(u)$	9
$5\ 3\ 1$	2	6	6	$A(u)$	36
$5\ 2^2$	3	10	8	$<a_1>$	68
$5\ 1^4$	4	6	6	$A(u)$	36
$5\ 1^4_0$	6	3	3	$A(u)$	9
$4^2\ 1$	3	5	4	$\{1\}$	17
3^3	4	6	6	$A(u)$	36
$3^2\ 1^3$	5	8	8	$A(u)$	64
$3^2_0\ 1^3$	6	3	3	$A(u)$	9
$3\ 2^2\ 1^2$	6	6	6	$A(u)$	36
$3\ 2^2\ 1^2_0$	7	4	4	$A(u)$	16
$3\ 1^6$	9	4	4	$A(u)$	16
$3\ 1^6_0$	12	1	1	$A(u)$	1
$2^4\ 1$	8	2	2	$A(u)$	4
$2^2\ 1^5$	10	3	3	$A(u)$	9
1^9	16	1	1	$A(u)$	1
Total		76	73		384

(*) $<a_1a_2, a_3>$ stabilise 2 composantes, $<a_1, a_2a_3>$ en stabilise 4 et $A(u)$ en stabilise 3.

$G = O(10)$, $p=2$ $\quad \tilde{X} \subset X$
$u \notin G^{o}$

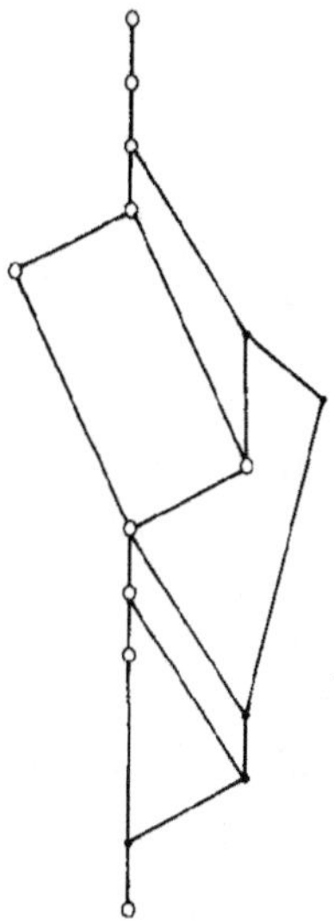

(λ,ε)	$d(u)$	$s(u)$	$s_a(u)$	$B(u)$	$q(u)$
10	0	1	1	$A(u)$	1
$8\ 1^2$	1	7	4	a_1	25
$6\ 2^2$	2	8	6	a_1	40
$6\ 2_0^2$	3	8	8	$A(u)$	64
$6\ 1^4$	4	9	6	a_1	45
$4^2\ 2$	3	4	4	$A(u)$	16
$4_0^2\ 2$	4	1	1	$A(u)$	1
$4\ 3^2$	4	6	6	$A(u)$	36
$4\ 2^2\ 1^2$	5	8	8	$A(u)$	64
$4\ 2_0^2\ 1^2$	6	10	6	a_1	52
$4\ 1^6$	9	5	4	a_1	17
$3^2\ 2\ 1^2$	6	3	3	$A(u)$	9
2^5	8	2	2	$A(u)$	4
$2^3\ 1^4$	10	3	3	$A(u)$	9
$2\ 1^8$	16	1	1	$A(u)$	1
Total		76	63		384

$G = O_8$, $u \in SO_8$
$\tilde{X} \subset X$

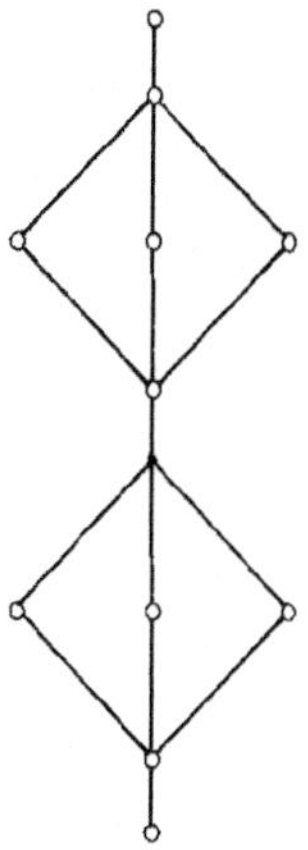

(λ,ε) $p \neq 2$	(λ,ε) $p=2$	$d(u)$	$s(u)$	$s'_a(u)$	$s_a(u)$	$B(u)$	$q(u)$
$7\ 1$	$6\ 2$	0	1	1	1	$A(u)$	1
$5\ 3$	4^2	1	4	3	4	$a_1 a_2$	16
$\{5\ 1^3$	$\{4\ 2\ 1^2$	2	3	3	3	$A(u)$	9
4^2	4_0^2	2	3	3	3	$A(u)$	9
4^2	4_0^2	2	3	3	3	$A(u)$	9
$3^2\ 1^2$	$3^2\ 1^2$	3	14	6	8	(*)	100
$3\ 2^2\ 1$	2^4	4	2	2	2	$A(u)$	4
$\{3\ 1^5$	$\{2^2\ 1^4$	6	3	3	3	$A(u)$	9
2^4	2_0^4	6	3	3	3	$A(u)$	9
2^4	2_0^4	6	3	3	3	$A(u)$	9
$2^2\ 1^4$	$2_0^2\ 1^4$	7	4	3	4	1	16
1^8	1^8	12	1	1	1	$A(u)$	1
Total			44		38		192

(*) {1} stabilise 8 composantes, $\langle a_1 \rangle$ en stabilise 2, $\langle a_3 \rangle$ en stabilise 2 et $A(u)$ également 2.

$G = Sp_{10}$, $p \neq 2$ $\tilde{X} \subset X$

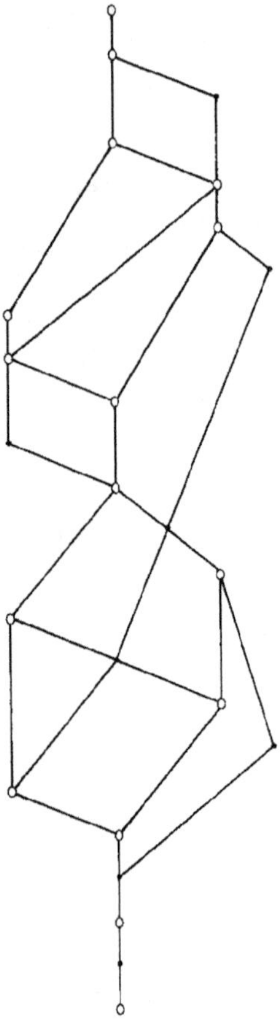

(λ,ε)	$d(u)$	$s(u)$	$s_a(u)$	$B(u)$	$q(u)$
10	0	1	1	A(u)	1
8 2	1	6	5	$\langle a_1a_2\rangle$	26
8 1^2	2	4	4	A(u)	16
6 4	2	15	10	$\langle a_1a_2\rangle$	125
6 2^2	3	20	15	$\langle a_1\rangle$	250
6 2 1^2	4	14	10	$\langle a_1a_2\rangle$	116
6 1^4	6	6	6	A(u)	36
5^2	3	10	10	A(u)	100
4^2 2	4	30	20	$\langle a_3\rangle$	500
4^2 1^2	5	35	20	{1}	625
4 3^2	5	10	10	A(u)	100
4 2^3	6	25	20	$\langle a_1a_2\rangle$	425
4 2^2 1^2	7	20	15	$\langle a_1\rangle$	250
4 2 1^4	9	16	10	$\langle a_1a_2\rangle$	136
3^2 2^2	7	30	20	{1}	500
3^2 2 1^2	8	10	10	A(u)	100
3^2 1^4	10	15	15	A(u)	225
4 1^6	12	4	4	A(u)	16
2^5	10	10	10	A(u)	100
2^4 1^2	11	15	10	{1}	125
2^3 1^4	13	5	5	A(u)	25
2^2 1^6	16	9	5	{1}	41
2 1^8	20	1	1	A(u)	1
1^{10}	25	1	1	A(u)	1
Total		312	237		3840

$G = Sp_{10}$, $p=2$

$\tilde{X} \subset X$

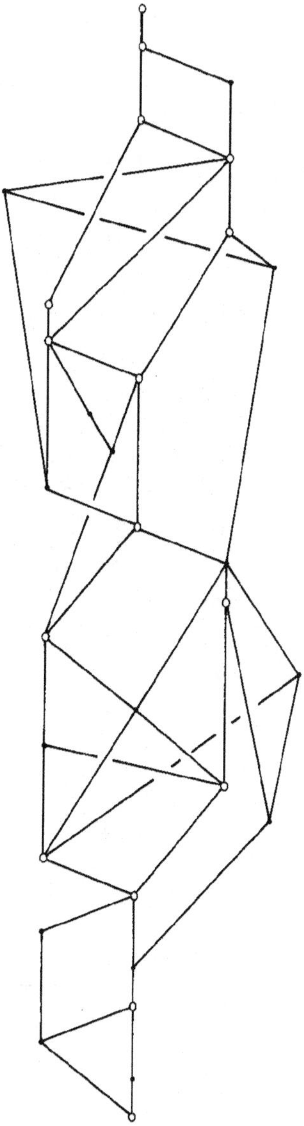

(λ,ε)	$d(u)$	$s(u)$	$s_a(u)$	$B(u)$	$q(u)$
10	0	1	1	$A(u)$	1
$8\ 2$	1	5	5	$A(u)$	25
$8\ 1^2$	2	4	4	$A(u)$	16
$6\ 4$	2	11	10	$\{1\}$	101
$6\ 2^2$	3	15	15	$A(u)$	225
$6\ 2_0^2$	4	5	5	$A(u)$	25
$6\ 2\ 1^2$	4	10	10	$A(u)$	100
$6\ 1^4$	6	6	6	$A(u)$	36
5^2	3	15	10	$\{1\}$	125
$4^2\ 2$	4	20	20	$A(u)$	400
$4^2\ 1^2$	5	24	20	$\{1\}$	416
$4_0^2\ 2$	5	10	10	$A(u)$	100
$4_0^2\ 1^2$	6	15	15	$A(u)$	225
$4\ 3^2$	5	10	10	$A(u)$	100
$4\ 2^3$	6	20	20	$A(u)$	400
$4\ 2^2\ 1^2$	7	15	15	$A(u)$	225
$4\ 2\ 1^4$	9	10	10	$A(u)$	100
$3^2\ 2^2$	7	20	20	$A(u)$	400
$4\ 2_0^2\ 1^2$	8	5	5	$A(u)$	25
$3^2\ 2\ 1^2$	8	10	10	$A(u)$	100
$3^2\ 2_0^2$	8	15	10	$\{1\}$	125
$3^2\ 1^4$	10	21	15	$\{1\}$	261
$4\ 1^6$	12	4	4	$A(u)$	16
2^5	10	10	10	$A(u)$	100
$2^4\ 1^2$	11	10	10	$A(u)$	100
$2_0^4\ 1^2$	13	5	5	$A(u)$	25
$2^3\ 1^4$	13	5	5	$A(u)$	25
$2^2\ 1^6$	16	5	5	$A(u)$	25
$2_0^2\ 1^6$	17	4	4	$A(u)$	16
$2\ 1^8$	20	1	1	$A(u)$	1
1^{10}	25	1	1	$A(u)$	1
Total		312	291		3840

$G = G(10)$, $p=2$

$u \notin G^0$ $\qquad \tilde{X} \subset X$

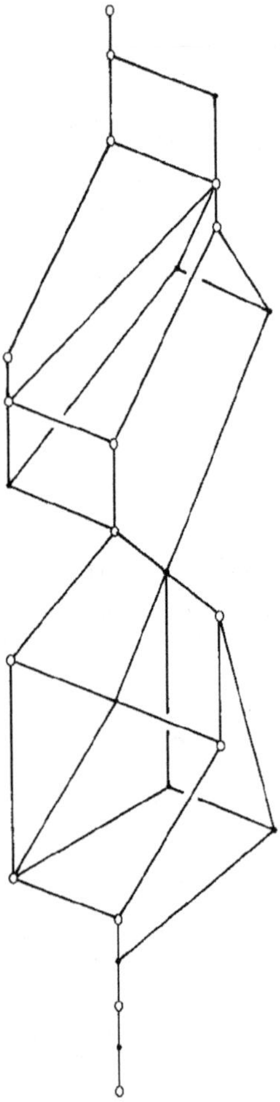

(λ,ε)	$d(u)$	$s(u)$	$s_a(u)$	$B(u)$	$q(u)$
$9\ 1$	0	1	1	$A(u)$	1
$7\ 3$	1	6	5	$\langle a_0 \rangle$	26
$7\ 1^3$	2	4	4	$A(u)$	16
5^2	2	15	10	$\langle a_0 \rangle$	125
$5\ 3\ 1^2$	3	15	15	$A(u)$	225
$5\ 3\ 1_0^2$	4	14	10	$\langle a_0 \rangle$	116
$5.\ 2^2\ 1$	4	5	5	$A(u)$	25
$5\ 1^5$	6	6	6	$A(u)$	36
5_0^2	3	10	10	$A(u)$	100
$4^2\ 1^2$	4	30	20	$\langle a_0 \rangle$	500
$4^2\ 1_0^2$	5	35	20	$\langle a_0 \rangle$	625
$3^3\ 1$	5	10	10	$A(u)$	100
$3^2\ 2^2$	6	25	20	$\langle a_0 \rangle$	425
$3^2\ 1^4$	7	15	15	$A(u)$	225
$3^2\ 1_0^4$	9	16	10	$\langle a_0 \rangle$	136
$3_0^2\ 2^2$	7	30	20	$\langle a_0 \rangle$	500
$3_0^2\ 1^4$	8	10	10	$A(u)$	100
$3_0^2\ 1_0^4$	10	15	15	$A(u)$	225
$3\ 2^2\ 1^3$	8	5	5	$A(u)$	25
$3\ 1^7$	12	4	4	$A(u)$	16
$2^4\ 1^2$	10	10	10	$A(u)$	100
$2^4\ 1_0^2$	11	15	10	$\langle a_u \rangle$	125
$2^2\ 1^6$	13	5	5	$A(u)$	25
$2^2\ 1_0^6$	16	9	5	$\langle a_0 \rangle$	41
1^{10}	20	1	1	$A(u)$	1
1_0^{10}	25	1	1	$A(u)$	1
Total		312	247		3840

$G = O_{11}$, $p \neq 2$

$\tilde{X} \subset X$

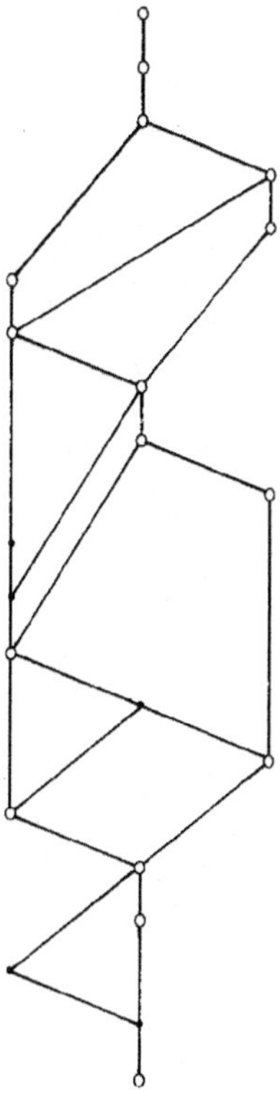

(λ,ε)	$d(u)$	$s(u)$	$s_a(u)$	$B(u)$	$q(u)$
11	0	1	1	$A(u)$	1
$9\ 1^2$	1	9	5	$\langle a_1\rangle$	41
$7\ 3\ 1$	2	16	10	(*)	126
$7\ 2^2$	3	15	15	$A(u)$	225
$7\ 1^4$	4	16	10	$\langle a_1\rangle$	136
$5^2\ 1$	3	15	10	$\langle a_3\rangle$	125
$5\ 3^2$	4	30	20	$\langle a_1\rangle$	500
$5\ 3\ 1^3$	5	29	20	(**)	441
$5\ 2^2\ 1^2$	6	35	20	$\langle a_1\rangle$	625
$5\ 1^6$	9	14	10	$\langle a_1\rangle$	116
$4^2\ 3$	5	10	10	$A(u)$	100
$4^2\ 1^3$	6	15	15	$A(u)$	225
$3^3\ 1^2$	7	30	20	$\langle a_1\rangle$	500
$3^2\ 2^2\ 1$	8	15	10	$\langle a_5\rangle$	125
$3^2\ 1^5$	10	21	15	$\langle a_3\rangle$	261
$3\ 2^4$	10	10	10	$A(u)$	100
$3\ 2^2\ 1^4$	11	15	10	$\langle a_1\rangle$	125
$3\ 1^8$	16	6	5	$\langle a_1\rangle$	26
$2^4\ 1^3$	13	5	5	$A(u)$	25
$2^2\ 1^7$	17	4	4	$A(u)$	16
1^{11}	25	1	1	$A(u)$	1
Total		312	226		3840

(*) $\langle a_1a_2,a_3\rangle$ stabilise 2 composantes, $\langle a_1,a_2a_3\rangle$ en stabilise 10 et $A(u)$ 4.

(**) $\langle a_1a_2,a_3\rangle$ stabilise 8 composantes, $\langle a_1,a_2a_3\rangle$ en stabilise 10 et $A(u)$ 11.

$G = G(11)$, $p=2$
$u \notin G^0$

$\tilde{X} \subset X$

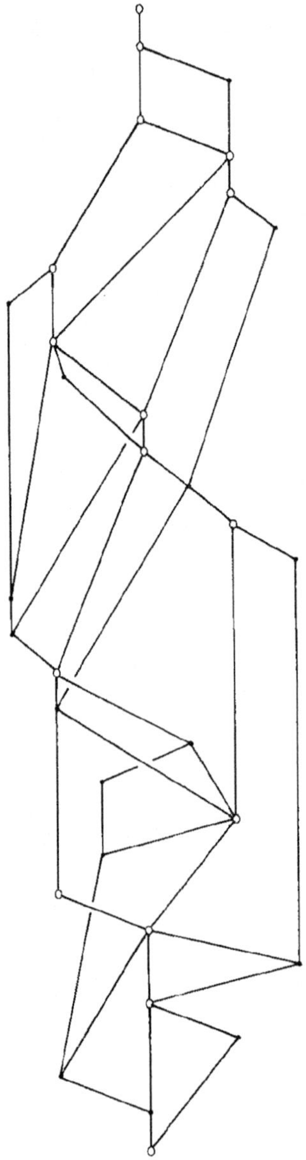

(λ,ε)	$d(u)$	$s(u)$	$s_a(u)$	$B(u)$	$q(u)$
11	0	1	1	$A(u)$	1
$9\ \ 1^2$	1	5	5	$A(u)$	25
$9\ \ 1_0^2$	2	4	4	$A(u)$	16
$7\ \ 3\ \ 1$	2	10	10	$A(u)$	100
$7\ \ 2^2$	3	20	15	$\langle a_0 \rangle$	250
$7\ \ 1^4$	4	10	10	$A(u)$	100
$7\ \ 1_0^4$	6	6	6	$A(u)$	36
$5^2\ \ 1$	3	11	10	$\langle a_0 \rangle$	101
$5_0^2\ \ 1$	4	5	5	$A(u)$	25
$5\ \ 3^2$	4	20	20	$A(u)$	400
$5\ \ 3_0^2$	5	10	10	$A(u)$	100
$5\ \ 3\ \ 1^3$	5	20	20	$A(u)$	400
$5\ \ 2^2\ \ 1^2$	6	20	20	$A(u)$	400
$5\ \ 2^2\ \ 1_0^2$	7	20	15	$\langle a_0 \rangle$	250
$5\ \ 1^6$	9	10	10	$A(u)$	100
$5\ \ 1_0^6$	12	4	4	$A(u)$	16
$4^2\ \ 3$	5	10	10	$A(u)$	100
$4^2\ \ 1^3$	6	19	15	$\langle a_0 \rangle$	241
$3^3\ \ 1^2$	7	20	20	$A(u)$	400
$3^3\ \ 1_0^2$	8	10	10	$A(u)$	100
$3^2\ \ 2^2\ \ 1$	8	10	10	$A(u)$	100
$3_0^2\ \ 2^2\ \ 1$	9	5	5	$A(u)$	25
$3^2\ \ 1^5$	10	15	15	$A(u)$	225
$3_0^2\ \ 1^5$	11	6	6	$A(u)$	36
$3\ \ 2^4$	10	10	10	$A(u)$	100
$3\ \ 2^2\ \ 1^4$	11	10	10	$A(u)$	100
$3\ \ 2^2\ \ 1_0^4$	13	5	5	$A(u)$	25
$3\ \ 1^8$	16	5	5	$A(u)$	25
$3\ \ 1_0^8$	20	1	1	$A(u)$	1
$2^4\ \ 1^3$	13	5	5	$A(u)$	25
$2^2\ \ 1^7$	17	4	4	$A(u)$	16
1^{11}	25	1	1	$A(u)$	1
Total		312	297		3840

$G = O_{12}$, $p=2$

$u \notin G^0$ $\qquad \tilde{X} \subset X$

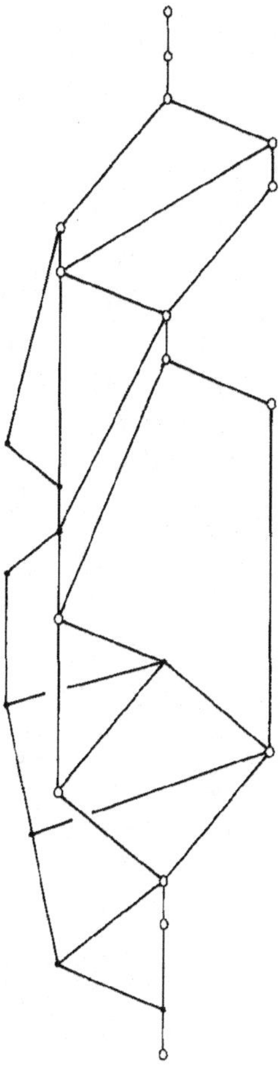

(λ,ε)	$d(u)$	$s(u)$	$s_a(u)$	$B(u)$	$q(u)$
12	0	1	1	$A(u)$	1
$10\ 1^2$	1	9	5	$\langle a_1\rangle$	41
$8\ 2^2$	2	15	10	$\langle a_1\rangle$	125
$8\ 2^2_0$	3	15	15	$A(u)$	225
$6\ 1^4$	4	16	10	$\langle a_1\rangle$	136
$6\ 4\ 2$	3	10	10	$A(u)$	100
$6\ 3^2$	4	30	20	$\langle a_1\rangle$	500
$6\ 2^2\ 1^2$	5	25	20	$\langle a_1\rangle$	425
$6\ 2^2_0\ 1^2$	6	35	20	$\langle a_1\rangle$	625
$6\ 1^6$	9	14	10	$\langle a_1\rangle$	116
$5^2\ 2$	4	6	5	$\langle a_3\rangle$	26
4^3	5	10	10	$A(u)$	100
$4^2\ 2\ 1^2$	6	15	15	$A(u)$	225
$4^2_0\ 2\ 1^2$	7	4	4	$A(u)$	16
$4\ 3^2\ 1^2$	7	30	20	$\langle a_1\rangle$	500
$4\ 2^4$	8	10	10	$A(u)$	100
$3^2\ 2^3$	9	5	5	$A(u)$	25
$4\ 2^2\ 1^4$	10	15	15	$A(u)$	225
$4\ 2^4_0$	10	10	10	$A(u)$	100
$3^2\ 2\ 1^4$	11	6	6	$A(u)$	36
$4\ 2^2_0\ 1^4$	11	15	10	$\langle a_1\rangle$	125
$4\ 1^8$	16	6	5	$\langle a_1\rangle$	26
$2^5\ 1^2$	13	5	5	$A(u)$	25
$2^3\ 1^6$	17	4	4	$A(u)$	16
$2\ 1^{10}$	25	1	1	$A(u)$	1
Total		312	246		3840

$G = O_{10}$

$u \in G^o$

$\tilde{X} \subset X$

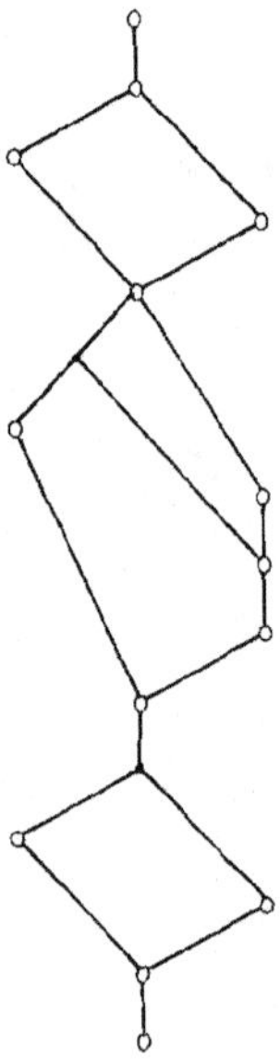

(λ,ε) $p \neq 2$	(λ,ε) $p=2$	d(u)	s(u)	$s'_a(u)$	$s_a(u)$	B(u)	q(u)
$9\ 1$	$8\ 2$	0	1	1	1	A(u)	1
$7\ 3$	$6\ 4$	1	5	4	5	$\langle a_1a_2 \rangle$	25
$7\ 1^3$	$6\ 2\ 1^2$	2	4	4	4	A(u)	16
5^2	5^2	2	10	6	10	{1}	100
$5\ 3\ 1^2$	$4^2\ 1^2$	3	25	12	15	(*)	325
$5\ 2^2\ 1$	$4\ 2^3$	4	5	5	5	A(u)	25
$5\ 1^5$	$4\ 2\ 1^4$	6	6	6	6	A(u)	36
$4^2\ 1^2$	$4^2_0\ 1^2$	4	20	12	20	{1}	400
$3^3\ 1$	$3^2\ 2^2$	5	10	8	10	{1}	100
$3^2\ 2^2$	$3^2\ 2^2_0$	6	20	12	20	{1}	400
$3^2\ 1^4$	$3^2\ 1^4$	7	25	12	15	(**)	325
$3\ 2^2\ 1^3$	$2^4\ 1^2$	8	5	5	5	A(u)	25
$3\ 1^7$	$2^2\ 1^6$	12	4	4	4	A(u)	16
$2^4\ 1^2$	$2^4_0\ 1^2$	10	10	6	10	{1}	100
$2^2\ 1^6$	$2^2_0\ 1^6$	13	5	4	5	{1}	25
1^{10}	1^{10}	20	1	1	1	A(u)	1
Total			156		136		1920

(*) $\langle a_1a_2 \rangle$ stabilise 12 composantes, $\langle a_1a_2,a_3 \rangle$ en stabilise 2, $\langle a_1,a_2 \rangle$ en stabilise 6 et A(u) 5 .

(**) {1} stabilise 12 composantes, $\langle a_1 \rangle$ en stabilise 2, $\langle a_3 \rangle$ en stabilise 6 et A(u) 5 .

2. Classes unipotentes des groupes exceptionnels.

On donne ici la structure d'ordre de $X = \mathcal{CU}(uG^o)$ pour les groupes simples de type E_6, E_7, E_8 et F_4 et pour les classes unipotentes provenant de la symétrie d'ordre 2 du graphe E_6 lorsque p=2. Les notations sont celles de (I.2.13) et (II.10.13).

La structure d'ordre de X pour les groupes connexes de type E_6, E_7 et E_8 (ainsi que X lui-même lorsque la caractéristique n'est pas assez grande) a été déterminée par Mizuno [24]. Pour F_4 elle était connue de Shoji (p≠2) et Shinoda (p=2) mais n'avait pas été diffusée même comme preprint.

Pour E_6, E_7 et E_8 on a mis en évidence le sous-ensemble $\tilde{X}$ de X défini en (III.1), l'application d étant choisie de telle sorte que $|d(X)|$ soit minimal (III.9.4). Dans chaque cas la figure représentant $\tilde{X}$ a une symétrie par rapport à un axe horizontal. Cette symétrie donne la restriction de d à $\tilde{X}$, donc aussi d puisque $d = d \circ e$ et que e se lit immédiatement sur le diagramme.

Pour F_4 on a séparé les ensembles X et $\tilde{X}$ et on a mis en évidence le sous-ensemble X^o défini en (III.5.3). On obtient d comme ci-dessus. Lorsque p=2, X possède une involution croissante qui n'est malheureusement pas lisible sur la figure (X^o n'est pas stable). Pour une description explicite, voir [30].

Le cas de G_2 a été vu en (II.10.4).

Les ensembles ordonnés X et $\tilde{X}$ pour les groupes de type E_6

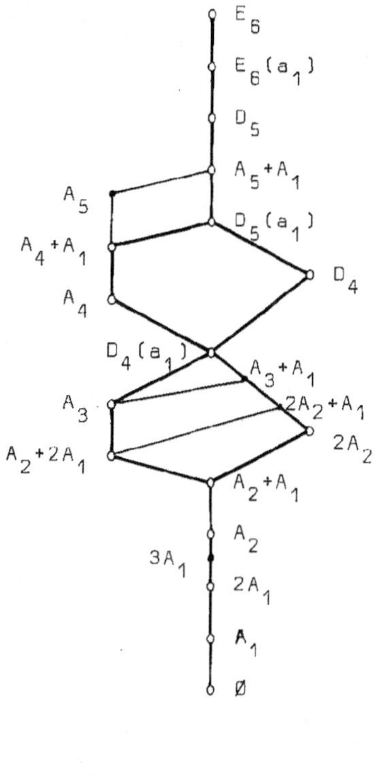

Les ensembles ordonnés X et $\tilde{X}$ pour les groupes de type E_7 .

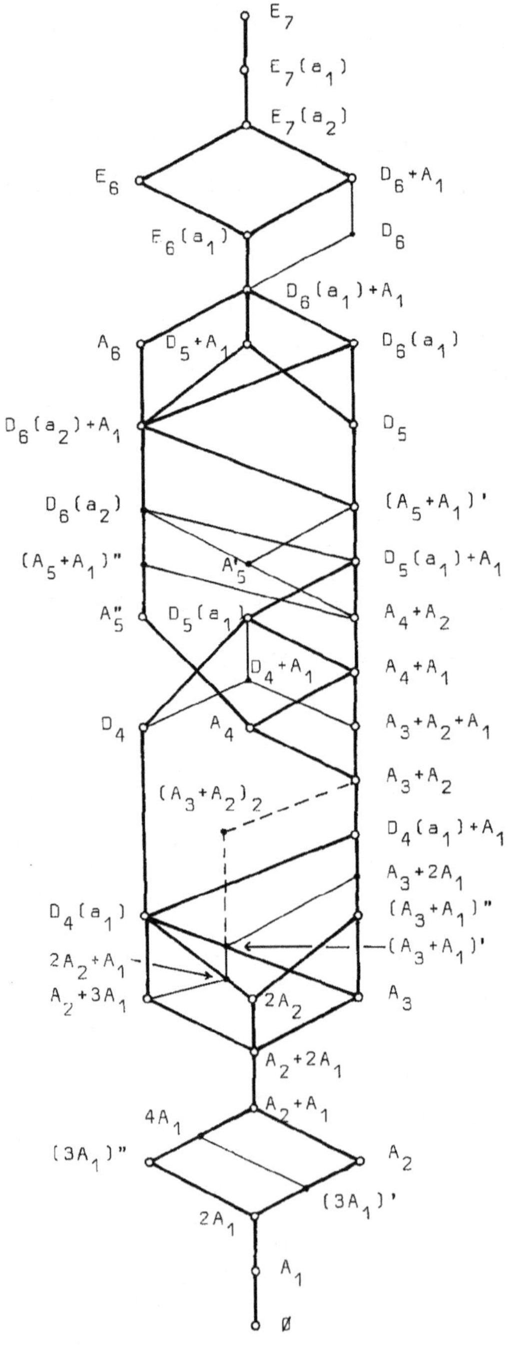

Les ensembles ordonnés X et $\widetilde{X}$

pour les groupes de type E_8

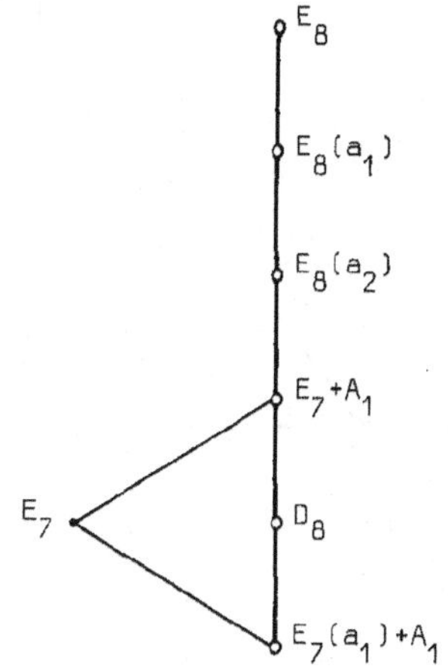

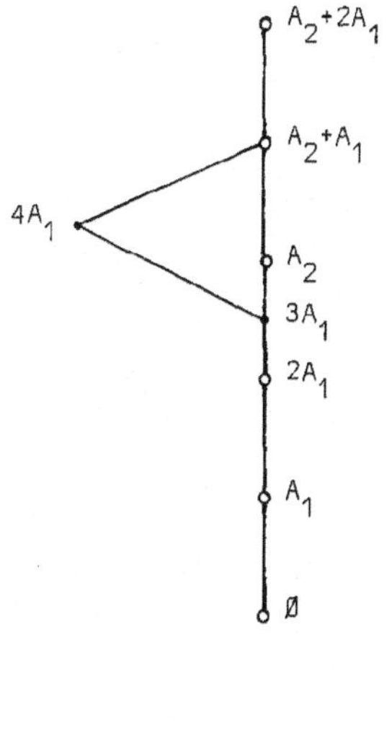

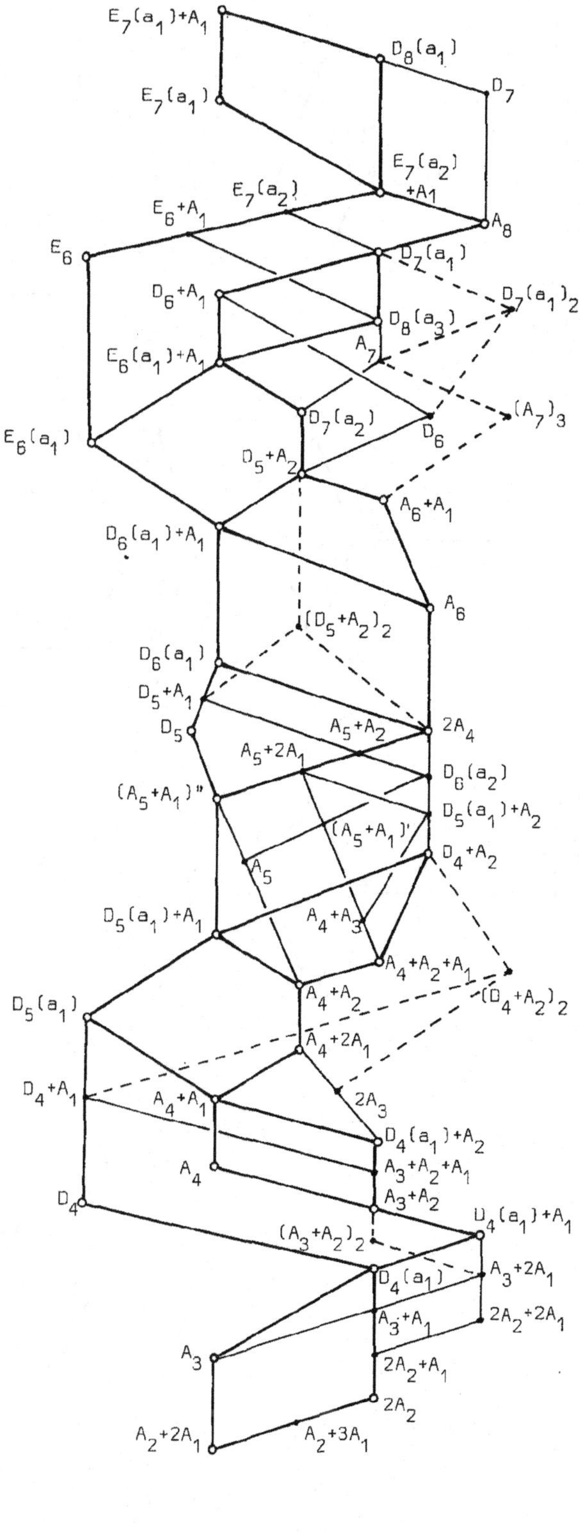

Les ensembles ordonnés $\tilde{X}$ et X pour les groupes de type F_4

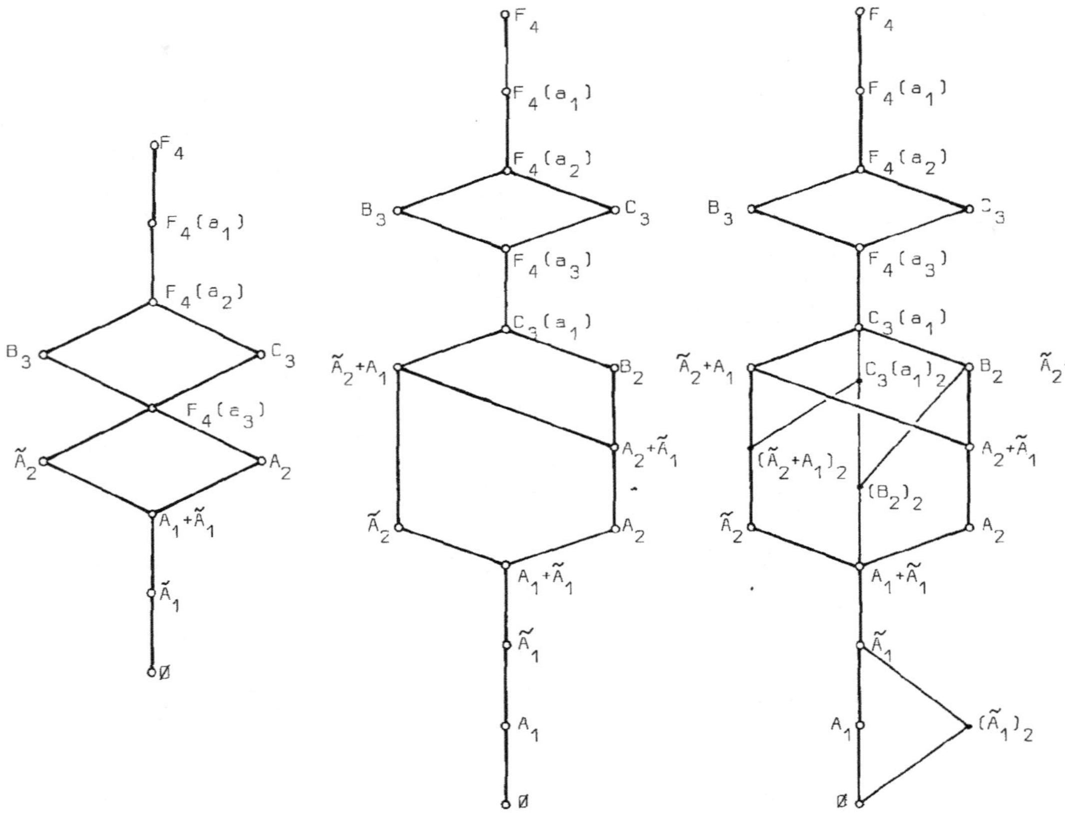

$\tilde{X}$ $\qquad$ X^G $(p \neq 2)$ $\qquad$ X^G $(p = 2)$

Automorphismes extérieurs unipotents des groupes de type E_6

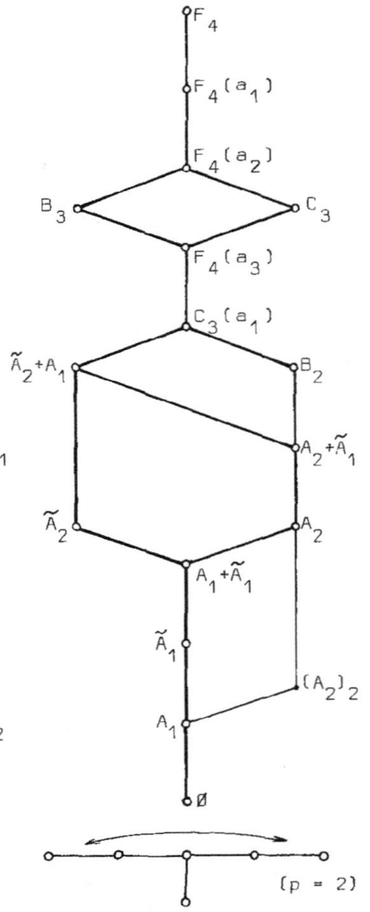

REFERENCES

1. P. Bala, R.W. Carter : Classes of unipotent elements in simple algebraic groups. Math. Proc. Camb. Phil. Soc. 79 (1976), 401-425 et 80 (1976), 1-18.

2. A. Borel : Linear algebraic groups. New York : Benjamin 1969.

3. A. Borel, J. de Siebenthal : Les sous-groupes fermés de rang maximum des groupes de Lie clos. Comment. Math. Helv. 23 (1949), 200-221.

4. W. Borho : Zum Induzieren unipotenter Klassen. Abhdl. Math. Sem. Univ. Hamburg 51 (1981).

5. N. Bourbaki : Groupes et algèbres de Lie, chap. IV, V, VI. Paris : Hermann 1968.

6. B. Chang : The conjugate classes of Chevalley groups of type (G_2). J. Algebra 9 (1968), 190-211.

7. P. Deligne, G. Lusztig : Representations of reductive groups over finite fields. Annals of Math. 103 (1976), 103-161.

8. A.G. Elashvili, A.N. Panov : On polarizations in the semisimple Lie algebras. Bull. Acad. Sci. of the Georgian SSR 87 (1977) (en russe).

9. H. Enomoto : The conjugacy classes of Chevalley groups of type (G_2) over finite fields of characteristic 2 or 3. J. Fac. Sci. Univ. Tokyo, Sec. I 16 (1970), 497-512.

10. M. Gerstenhaber : Dominance over the classical groups. Annals of Math. 74 (1961), 532-569.

11. J.A. Green : The characters of the finite general linear groups. Trans. Amer. Math. Soc. 80 (1955), 402-447.

12. W.H. Hesselink : Singularities in the nilpotent scheme of a classical group. Trans. Amer. Math. Soc. 222(1976), 1-32.

13. W.H. Hesselink : Nilpotency in classical groups over a field of characteristic 2. Math. Z. 166 (1979), 165-181.

14. R. Hotta, T.A. Springer : A specialization theorem for certain Weyl group representations and an application to the Green polynomials of the unitary groups. Inventiones Math. 41 (1977), 113-127.

15. R. Hotta, N. Shimomura : The fixed point subvarieties of unipotent transformations on generalized flag varieties and the Green functions -- combinatorial and cohomological treatment centering GL_n. Math. Ann. 241 (1979), 193-208.

16. J.E. Humphreys : Linear algebraic groups. Berlin-Heidelberg-New York : Springer-Verlag 1975.

17. D.E. Knuth : Permutation matrices and generalized Young tableaux. Pacific J. Math. 34 (1970), 709-727.

18. G. Lusztig : On the finiteness of the number of unipotent classes. Inventiones Math. 34 (1976), 201-213.

19. G. Lusztig : Coxeter orbits and eigenspaces of Frobenius. Inventiones Math. 38 (1976), 101-159.

20. G. Lusztig : Irreducible representations of finite classical groups. Inventiones Math. 43 (1977), 125-175.

21. G. Lusztig : A class of irreducible representations of a Weyl group. Proc. Kon. Akad. v. Wet. 82 (1979), 323-335.

22. G. Lusztig, N. Spaltenstein : Induced unipotent classes. J. London Math. Soc. 19 (1979), 41-52.

23. K. Mizuno : The conjugate classes of Chevalley groups of type E_6. J. Fac. Sci. Univ. Tokyo 24 (1977), 525-563.

24. K. Mizuno : The conjugate classes of unipotent elements of the Chevalley groups E_7 and E_8. Tokyo J. Math. 3 (1980), 391-461.

25. R.W. Richardson : Conjugacy classes in Lie algebras and

algebraic groups. Ann. of Math. 86 (1967), 1-15.

26. R.W. Richardson : Conjugacy classes in parabolic subgroups of semisimple algebraic groups. Bull. London Math. Soc. 6 (1974), 21-24.

27. M.-P. Schützenberger : La correspondance de Robinson. In : Combinatoire et représentation du groupe symétrique (Strasbourg 1976). Lecture Notes in Math. 579. Berlin-Heidelberg-New York : Springer-Verlag 1977.

28. N. Shimomura : A theorem on the fixed point set of a unipotent transformation on the flag manifold. J. Math. Soc. Japan 32(1980), 55-64.

29. K. Shinoda : The conjugacy classes of Chevalley groups of type (F_4) over finite fields of characteristic 2. J. Fac. Sci. Univ. Tokyo Sec. I 21 (1974), 133-159.

30. K. Shinoda : The conjugacy classes of the finite Ree groups of type (F_4). J. Fac. Sci. Univ. Tokyo Sec. I 22 (1975), 1-15.

31. T. Shoji : The conjugacy classes of Chevalley groups of type (F_4) over finite fields of characteristic $p \neq 2$. J. Fac. Sci. Univ. Tokyo Sec. I 21 (1974), 1-17.

32. T. Shoji : On the Springer representations of the Weyl groups of classical algebraic groups. Comm. Alg. 7 (1979), 1713-1745. Correction, Comm. Alg. 7 (1979), 2027-2033.

33. T. Shoji : On the Springer representations of Chevalley groups of type F_4. Comm. Alg. 8 (1980), 409-440.

34. N. Spaltenstein : On the fixed point set of a unipotent transformation on the flag manifold. Proc. Kon. Ak. v. Wet. 79(5) (1976), 452-456.

35. N. Spaltenstein : On the fixed point set of a unipotent element on the variety of Borel subgroups. Topology 16 (1977), 203-204.

36. T.A. Springer : The unipotent variety of a semisimple algebraic group. In : Algebraic geometry (Papers presented at the Bombay colloquium), 373-391. Oxford University Press 1969.

37. T.A. Springer : Trigonometric sums, Green functions of finite

groups and representations of Weyl groups. Inventiones Math. 36 (1976), 173-207.

38. T.A. Springer : A construction of representations of Weyl groups. Inventiones Math. 44 (1978), 279-293.

39. T.A. Springer, R. Steinberg : Conjugacy classes. In : A. Borel et al. : Seminar on algebraic groups and related finite groups. Lecture Notes in Math. 131. Berlin-Heidelberg-New York : Springer-Verlag 1970.

40. B. Srinivasan : Green polynomials of finite classical groups. Comm. Alg. 5 (1977), 1241-1258.

41. R. Steinberg : Endomorphisms of linear algebraic groups. Memoirs of A.M.S. 80 (1968).

42. R. Steinberg : Conjugacy classes in algebraic groups. Lecture Notes in Math. 366. Berlin-Heidelberg-New York : Springer-Verlag 1974.

43. R. Steinberg : On the desingularization of the unipotent variety. Inventiones Math. 36 (1976), 209-224.

44. U. Stuhler : Unipotente und nilpotente Klassen in einfachen Gruppen und Lie-Algebren vom Typ G_2 . Proc. Kon. Akad. v. Wet. 74 (1971), 365-378.

45. J. Vargas : Fixed points under the action of unipotent elements. Ph. D. Thesis, U.C.L.A. (1976).

46. G.E. Wall : On the conjugacy classes in the unitary, sympletic and orthogonal groups. J. Austral. Math. Soc. 3 (1963), 1-62.

INDEX

LISTE DES SYMBOLES

ADDENDUM

La théorie de Springer (représentations du groupe de Weyl dans la cohomologie de $\mathfrak{B}_u^G$) n'est pas abordée dans ces notes. Des progrès importants ont été réalisés récemment dans ce domaine et ils ont des applications très concrètes aux questions considérées ici. La clé de ces progrès est l'utilisation de l'homologie d'intersection sous la forme proposée par Deligne [B4] . En particulier il est maintenant possible de définir des représentations de Springer sans restriction sur la caractéristique [B5] . Borho et Macpherson [B2] , [B3] ont donné une forme beaucoup plus précise aux résultats de Springer, ce qui en fait un outil très puissant pour l'étude de $\mathfrak{B}_u^G$. Par exemple pour les groupes de type E_n $(n = 6,7,8)$ en bonne caractéristique, Alvis et Lusztig [B1] et l'auteur [B7] ont pu calculer les représentations de Springer dans $H^{2d}(\mathfrak{B}_u^G)$, $d = \dim \mathfrak{B}_u^G$. On obtient comme corollaire le nombre de composantes de $\mathfrak{B}_u^G$ et le caractère de la représentation de permutation de $C_G(u)/C_G^0(u)$ sur l'ensemble de ces composantes. D'autre part Shoji [B6] a calculé toutes les représentations de Springer pour les groupes de type F_4 (bonne caractéristique) en étudiant de manière approfondie $\mathfrak{B}_u^G$ dans ce cas particulier. Les résultats de Borho et Macpherson montrent qu'une grande partie des propriétés utilisées par Shoji (et démontrées par des méthodes ad hoc) sont en fait vraies en général. Il en résulte que sa méthode peut s'appliquer par exemple à E_6, E_7 et E_8 , ce qui a été fait par W.M. Beynon et l'auteur. La principale application de ces calculs est la détermination des fonctions de Green [7] , [37] pour les groupes de Chevalley finis du même type, mais on peut aussi en déduire divers résultats concernant les classes unipotentes. En particulier on peut retrouver de cette manière les résultats de Mizuno [24] sur la relation d'ordre entre classes unipotentes, au moins si la caractéristique est bonne. Il faut remarquer ici que les tables contenues dans l'article de Mizuno contiennent plusieurs erreurs, mais que dans tous les cas où nos tables diffèrent de celles de Mizuno nos résultats sont en accord avec les divers lemmes de [24] .

Références supplémentaires

B1. D. Alvis, G. Lusztig: On Springer's correspondence for simple groups of type E_n $(n = 6,7,8)$. Math. Proc. Camb. Phil. Soc. (à paraître).

B2. W. Borho, R. Macpherson: Représentations des groupes de Weyl et homologie d'intersection pour les variétés nilpotentes. C.R. Acad. Sci. Paris, Sér. I, 292 (1981), n° 15, 707-710.

B3. W. Borho, R. Macpherson: Partial resolutions of nilpotent varieties. Astérisque (à paraître).

B4. M. Goreski, R. Macpherson: Intersection homology theory II. Preprint.

B5. G. Lusztig: Green polynomials and singularities of unipotent classes. Advances in Math. 42 (1981), 169-178.

B6. T. Shoji: On the Green polynomials of Chevalley groups of type F_4 . Preprint.

B7. N. Spaltenstein: Appendix. Math. Proc. Camb. Phil. Soc. (à paraître).